U0389355

"十三五"江苏省高等学校重点教材

重点教材编号：2017-2-016

走 近 化 学

徐冬梅　主编

科学出版社

北 京

内 容 简 介

　　本书从化学与众多领域的相关性、化学的基础知识、生命体中的化学、衣食住行中的化学、日用化学品以及环境中的化学多个角度展示与人类及人类活动密切相关的化学世界，揭开化学的神秘面纱，引导读者了解化学的基础知识并用辩证思维看待化学。通过对热点问题的探讨，培养读者积极面对全球化带来的各种挑战，跨领域、多角度思考问题的能力，批判性思维能力和包容性理解能力。帮助读者拓宽知识面，优化知识结构，培养科学和人文素养，提高公民意识和社会责任感。全书注重科学性、知识性、趣味性和思辨性相结合，各章相对独立又不乏系统性，写作力求由浅入深、条理清晰、详略得当。

　　本书既可用作高等院校本科生通识课程教材，又是一本通俗易懂的大众科普读物。

图书在版编目（CIP）数据

走近化学/徐冬梅主编. —北京：科学出版社，2018.3
"十三五"江苏省高等学校重点教材
ISBN 978-7-03-056828-1

Ⅰ. ①走…　Ⅱ. ①徐…　Ⅲ. ①化学-高等学校-教材　Ⅳ. ①O6

中国版本图书馆 CIP 数据核字（2018）第 048287 号

责任编辑：李涪汁/责任校对：彭　涛
责任印制：张　伟/封面设计：许　瑞

科　学　出　版　社 出版
北京东黄城根北街 16 号
邮政编码：100717
http://www.sciencep.com

北京凌奇印刷有限责任公司 印刷
科学出版社发行　各地新华书店经销

*

2018 年 3 月第 一 版　　开本：720×1000　B5
2020 年 8 月第三次印刷　　印张：17 3/4　插页：1
字数：350 000

定价：59.00 元
（如有印装质量问题，我社负责调换）

前　言

有人说"我们爱化学",有人说"我们恨化学",大多数人则似乎将自己定位于迷惑不解的旁观者。但是,我们每一个人都无时无刻不在享受着化学提供的便利,同时又不可避免地面临着化学带来的问题。化学,就是这么让我们又爱又恨,却又与我们息息相关。毫不夸张地说,世界和生命本身就是由化学物质组成的,我们一生都生活在不断变化的化学世界中,我们的衣食住行、喜怒哀乐和生老病死都与化学密不可分。那么,我们怎么能不关心化学!让我们一起走近化学,了解化学!

为了普及化学知识,化学工作者们已经作出了巨大贡献。如已经出版的《现代生活与化学》《化学与社会》《化学与人类文明》《化学与健康》《化学与材料》和《化学与环境》等著作以各自的主题从不同的视角用各具特色的文笔对化学进行了介绍。本书将在它们的基础上,以存在于每个人身边、每个人都能接触到的化学为切入点,介绍化学基础知识、基本原理和一些应用,引导读者在初步了解化学基础知识和基本原理及其应用的前提下,辩证认识化学的两面性,关爱生命,关爱环境,自觉为发挥化学的积极作用作贡献。

本书设计了绪论、化学的基础知识、生命体中的化学、"衣"中的化学、"食"中的化学 、"住"中的化学、"行"中的化学、日用化学品和环境中的化学共 9章内容。有意识地将化学中的一些重要概念、对生命和环境有重大作用的多种化学元素、人体的七大营养成分、大部分高分子化合物、常见的天然材料、著名的三大合成材料、部分环境评价指标等知识,以及食品安全、转基因、雾霾等热门话题纳入到本书的合适章节中。编写力求立足化学基础知识、放眼科学发展前沿、紧扣主题、条理清晰、简明扼要,既严谨科学,又通俗易懂,各章既相对独立,全书又自成一体,对重要知识的介绍由浅入深,并且具有一定的深度和系统性,以满足不同层次读者的需要。

　　本书的第 2 章、第 4 章和第 7 章中部分内容的编写得到了苏州大学材料与化学化工学部何金林副教授的帮助，在此特表感谢！由于我们身边的化学知识异常丰富，有些问题仍存在争议，我们的认识也在随着科学研究不断地深入和发展，因此，疏漏甚至错误在所难免，真诚希望专家和读者提出宝贵意见和建议。

编　者

2017 年 10 月

目　　录

第1章

绪 论

> **本章要点**：从世界的组成，生命的起源和本质，材料，能源，以及人类的衣、食、住、行、美化、清洁、娱乐等多个方面简要介绍化学与众多领域的相关性，以及化学的两面性。

1.1 无处不在的化学

1.1.1 世界与化学

世界之大，包罗万象，其中的一草一木都与化学有着千丝万缕的联系。就其本质而言，恒星、行星、大气、水、土壤、生物、房屋建筑、交通工具、各种生活学习用品，甚至肉眼几乎无法看到的灰尘，这些物体都是由物质组成的，而物质是由化学元素组成的。从微观的角度看，大部分物质是由肉眼无法分辨的微粒——分子组成的，分子则由更小的微粒——原子构成，原子又由质子、中子和电子构成。质子和中子属于强子，强子由夸克构成，夸克又可分为上夸克、下夸克、奇异夸克、粲夸克、底夸克、顶夸克。电子属于轻子，轻子还包括电子中微子、μ子、μ子中微子、τ子、τ子中微子。

有趣的是，"夸克"一词来自爱尔兰作家、诗人詹姆斯·奥古斯汀·艾洛依休斯·乔伊斯（James Augustine Aloysius Joyce，1882.2.2—1941.1.13）的小说《芬尼根的苏醒》（*Finnegan's Wake*）中的词语"quark"，其在书中的含义之一是一种海鸟的叫声。美国物理学家、1969 年诺贝尔物理学奖获得者默里·盖尔曼（Murray Gell-Mann，1929.9.15—）取夸克作为构成物质的一种微粒的名称，有三层用意，一是他觉得"夸克"适合他最初认为的"基本粒子不基本、基本电荷非整数"的奇特想法；二是表示他对矫饰的科学语言的抵制；三是表示他对鸟类的喜爱。值得关注的是，夸克也还不能说是构成物质的最基本微粒，目前科学家预言，所有的基本粒子可能都是由很小很小的线状的"弦"构成，包括有端点的"开弦"和圈状的"闭弦"或"闭合弦"。弦的不同振动和其他运动产生出各种不同的基本粒子。弦论是最有希望将自然界的基本粒子和四种相互作用（引力、电磁力、弱核力和强核力）统一起来的理论。

一般而言，谈论物质组成时，说物质的元素"组成"，属于宏观上的概念；而"构成"则常用来指分子由原子构成，原子由质子、中子和电子构成等微观上的概念。从化学的角度看，世界很简单，目前已知的组成世间万物的化学元素只有一百多种；但是世界又很复杂，这一百多种化学元素组成了不胜枚举的物质和形形色色的物体，而且这些物质和物体都在不断地变化着，其中很多是化学变化，如电闪雷鸣和雨水循环可以使无机化合物转变成有机化合物，熊熊大火可以将有机化合物变成二氧化碳和水。

1.1.2 生命与化学

在整个世界中，生命体是最鲜活、最重要的组成部分。自古以来，生命的起源是多个领域的科学家不断探究的奥秘。自然界在极其漫长的时间里，由非生命物质经历极其复杂的化学过程形成了生命，这是被普遍接受的生命起源假说——化学起源说。化学起源说将生命的起源分为四个阶段。第一个阶段，从无机小分子生成有机小分子。这一阶段是生命起源的化学进化过程，是在原始的地球条件下进行的。第二个阶段，从有机小分子物质生成生物大分子物质。这一过程是在原始海洋中发生的，氨基酸和核苷酸等有机小分子物质，经过长期积累和相互作用，在黏土吸附等适当条件下，通过缩合作用或聚合作用形成了原始的蛋白质分子和核酸分子。第三个阶段，由生物大分子物质组成多分子体系。这一过程是怎样形成的？答案只有团聚体假说、微球体假说和脂球体假说等一些假说。第四个阶段，有机多分子体系演变为原始生命。这一阶段是在原始的海洋中完成的，是生命起源过程中最复杂和最有决定性意义的阶段，但是至今人们还无法在实验室里验证这一过程。

化学起源说的重要依据之一是两位著名科学家和他们的创造性实验。美国芝加哥大学的化学家、生物学家史坦利·劳埃德·米勒（Stanley Lloyd Miller，1930.3.7—2007.5.20）和加州大学圣地亚哥分校的著名宇宙化学家、物理学家、1934年诺贝尔化学奖得主哈罗德·克莱顿·尤里（Harold Clayton Urey，1893.4.29—1981.1.6），于1953年在实验室里进行了一项模拟假设性早期地球环境的实验，即著名的米勒–尤里实验（Miller-Urey experiment），其研究目的是考察在原始地球环境中化学变化发生的可能性及结果。米勒–尤里实验是关于生命起源的经典实验，其实验装置和过程的图解如图 1-1 所示。

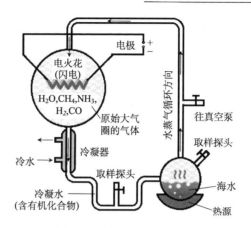

图 1-1　米勒-尤里实验图解

资料来源：http://tieba.baidu.com/p/4376022953

　　他们用一个装有一些海水的烧瓶代表原始的海洋，其上部通过管道连接一个球形空间，里面充满了水蒸气（H_2O）、甲烷（CH_4）、氨气（NH_3）、氢气（H_2）和一氧化碳（CO）等气体，以模拟原始大气圈的气体。他们首先给装有海水的烧瓶加热，使水蒸气在管中循环，接着通过两个电极放电产生火花，激发球形空间中的气体发生化学反应，以模拟原始天空闪电对原始大气圈气体的作用。在球形空间的下部连接一支冷凝管，使反应后的产物和水蒸气冷凝，形成液体回到烧瓶的底部，以模拟原始的降雨过程。经过一周持续不断的实验后，取样分析烧瓶里的水中的化学成分，发现有氨基酸等多种新的有机化合物，以及氢氰酸。氢氰酸可以合成腺嘌呤，腺嘌呤是核苷酸的组成部分，而核苷酸是组成生命遗传物质——核酸的基本单元。通过化学实验，米勒和尤里向人们证明了在生命起源的第一步，从无机小分子形成有机小分子，在原始地球条件下是完全可以实现的。也许生命本身就是化学反应的产物。当然，可以想象，从有机小分子的生成到地球生命的出现，是一个极其复杂而漫长的过程。

　　化学对生命的贡献体现在以下几个方面：①生命体由化学元素组成。组成动植物体的化学元素绝大部分形成无机化合物和有机化合物，如氯化钠和氨基酸。②维持生命的要素：氧气、水、蛋白质、脂肪、碳水化合物、维生素、矿物质和微量元素等各种营养物质都是化学物质。③生命体中进行着多种化学反应。例如：小分子物质的脱水缩合反应，如氨基酸合成蛋白质；水解反应，如脂肪水解成甘油和脂肪酸；氧化分解反应，如葡萄糖分解为丙酮酸；酶催化反应，如唾液淀粉酶将淀粉转化为麦芽糖，胃蛋白酶将蛋白质转变为多肽，肠肽酶将多肽分解为氨基酸等。据估计，人体内的化学物质平均每 80 天左右就有一半被分解。④生命体的健康与多种化学平衡有关，如酸碱平衡、电荷平衡、水平衡、沉淀溶解平衡、维生素和微量元素平衡等。一旦某个平衡被打破，生命体就表现出某种疾病。因此，从化学的角度，人体可以看作是一个具有智慧和自主行为能力的复杂而神奇的化学反应体系，人的生存、生长发育、喜怒哀乐和生老病死都与化学物质密切相关。1950~1955 年，全人类的平均寿命为 45 岁左右，至 2010~2015 年增长到了 68 岁左右，这期间的生命保障，化学也是功不可没。

1.1.3 材料与化学

材料（material）是具有特定用途或可以用于制造其他产品的物质。材料是人类赖以生存和发展的物质基础。首先，无论是青铜、铁、铝合金等金属材料，还是石材、胶合板、塑料等非金属材料，其本身都是由化学物质组成的。例如，青铜器的青铜主要是铜锡合金，为了改善合金的工艺性能和机械性能，大部分青铜内还加入其他合金元素，如铅、锌、磷等。锡是一种稀缺元素，所以现在工业上还使用许多不含锡的青铜，它们不仅价格便宜，还具有所需要的性能。无锡青铜主要有铝青铜、铍青铜、锰青铜、硅青铜等；铝合金由铝和其他金属，如镁，按照一定比例熔炼而成。铝镁合金硬度大、质量轻，常用于制造飞机的机身、火箭的箭体，也可以用于管道设施、居室门窗等领域。其次，材料的生产过程离不开化学化工技术，例如包括塑料在内的性能各异、用途广泛的各种合成高分子材料，都是通过小分子物质之间发生化学反应制备的。

因此，化学是材料发展的源泉和保障，而人们对新材料的需求又为化学发展增添了动力、开辟了新的空间。随着科学技术的发展和生活水平的提高，人们对材料提出了越来越高的要求，比如要求材料具有高强度、耐高温、隐形、自修复、形状记忆等性能。具有特定功能的新材料的设计和合成一直是化学化工领域的一大研究热点。

1.1.4 能源与化学

能源（energy）是能提供某种形式能量的物质资源，是人类和社会赖以生存和发展的必要条件。虽然世界各国都在积极开发利用太阳能、风能、水能（包括河流水库水能、潮汐能、波浪能、海流能等）、地热能、生物能、氢能、核能等新能源，但是石油、煤和天然气等传统天然资源仍然是目前能源中的中坚力量。这三种天然资源都是由化学物质组成的。石油是从地下深处开采出来的黄色至黑色的可燃性黏稠液体，其主要成分是由碳和氢组成的烃类。煤是古代植物长期埋于地下，处于空气不足的条件下，经历复杂的生物化学和物理化学变化后逐步形成的可燃性矿物，含硫酸盐、硫铁矿等无机化合物及碳、氢、氧、氮、硫等组成的有机化合物，还有一些水分。天然气是聚集在地层内的低分子量饱和脂肪烃类气体，主要成分是甲烷，另有含六个碳原子以下的其他烷烃及约 5%的硫化氢、二氧化碳和氮气等非烃成分。石油、煤和天然气除了作为能源以外，还可以提供化学工业所需的大量基本原料，如甲烷、乙烯、丙烯、乙炔、苯、甲苯和萘等，由这些基本化工原料通过化学反应几乎可以得到所有其他化工原料和产品。

随着地球人口逐渐增多，以及工业化进程的加快，石油、煤和天然气等不可再生的天然资源不久后将消耗殆尽，这是有识之士共同感知的危机。太阳能、风能、水能、地热能、氢能和核能等新能源的开发是全世界面临的一项迫在眉睫而又充满挑战的工程，新能源的开发过程中遇到的很多问题都需要依靠化学化工技术进行解决。

1.1.5 我们的生活与化学

从衣、食、住、行、清洁、美化、娱乐到疾病的发生与治疗，我们的生活与化学结下了不解之缘。当我们穿上各色服装时，其实我们就与纤维、染料和各种织物整理剂形影不离。纤维是天然或合成的高分子材料，丰富多彩的合成纤维是化学对人类的一大贡献；化学染料和颜料则为我们的外表添色添彩；而且人们还通过化学的方法，使衣服的保暖性、舒适性更好，耐用性、观赏性更强。我们一日三餐所吃的粮食中，所含的人体必需的营养成分都是天然的化学物质；要保障粮食丰产丰收也离不开化肥和农药等人工合成的化学品。另外，要想把食物加工成色香味俱全的食品，尤其是超市里琳琅满目的包装食品，需要的各种食品添加剂都是天然或合成的化学物质。我们能感知到酸、甜、苦、辣、咸、鲜等各种美味，也是化学物质的作用。吃饱穿暖后，当我们在温馨的家里休息时，我们其实也是处于一个小小的化学世界中，无论是建筑和装修用的砖瓦、水泥、金属、木材、玻璃、塑料、涂料、黏合剂等材料，还是居室中的气息，都和化学密不可分。当我们出行的时候，从我们穿的鞋子、走的路面，到汽车等代步工具，以及令人头痛的交通污染，无不与化学相关。清洁是健康的前提，而美化是对生活的高层次追求。无论是牙膏、肥皂、沐浴露、洗衣粉、洗洁精等清洁用品，还是润肤乳、防晒霜、爽肤水、粉底、眼影、唇膏、染发剂等护肤美容用品，都是化学品。礼花和美酒几乎是节日或喜庆的必备之物，礼花由多种化学成分经过多道工序制作而成，美酒则是含有乙醇及其他化学成分的水溶液。当我们不幸生病的时候，免不了化验、扎针、吃药、输液，甚至手术，化验中常常要用到化学物质和化学反应，而从药物、针管、输液导管、绑带、胶布，到手术用的一次性帽子和乳胶手套，化学品的身影同样无处不在。

1.2　化学的两面性

1.2.1　化学的重要性

从本质上说，世界和生命体都是由化学元素组成的。材料、能源，以及我们的衣食住行和各种活动都离不开化学，可以说，人类离开化学，无法生存。不仅如此，世间存在的万事万物，许多都在发生着化学变化。我们生活在化学世界中，利用化学知识和原理影响和改变着世界。尽管在科学的殿堂上，相对于历史、地理、哲学、物理等学科，化学以一门独立学科出现的时间相对较晚，但追溯数千年的人类文明发展史，化学的重要作用无以替代。美国哥伦比亚大学教授 R.布里斯罗认为化学是一门中心的、实用的和创造性的科学。中国著名物理化学家、无机化学家、教育家徐光宪院士认为：化学是不断发明和制造对人类更有用的新物质的科学，化学是现代科学技术发展的重要基础学科。而中国科学院院长、发展中国家科学院院长白春礼院士这样描述化学：化学是最具有创新性的一个学科，化学是唯一的一个能够合成新物质的学科。化学支撑了人类社会可持续发展，引领了科学技术进步。

图 1-2　诺贝尔

化学对人类的贡献还可以通过诺贝尔奖的获奖情况略窥一斑。诺贝尔奖（The Nobel Prize），是以瑞典著名的化学家、硝化甘油炸药的发明人阿尔弗雷德·贝恩哈德·诺贝尔（Alfred Bernhard Nobel，1833.10.21—1896.12.10）（图 1-2）的部分遗产作为基金在 1900 年创立的。诺贝尔奖初设物理、化学、生理学或医学、文学、和平五个奖项，以基金每年的利息或投资收益授予世界上在这些领域对人类作出重大贡献的人，于1901 年首次颁发。在诺贝尔奖颁发的 100 多年里，诺贝尔化学奖除了 1916、1917、1919、1924、1933、1940、1941、1942年未评奖以外，每年都有获奖者，这是化学不断为人类作出巨大贡献的最好证明。

值得敬仰的是法国籍波兰裔科学家玛丽亚·斯克沃多夫斯卡-居里（Marie Skłodowska-Curie，1867.11.7—1934.7.4）（图 1-3），通常被称为玛丽·居里或居里夫人，她是第一位获得诺贝尔奖的女性，也是第一位两次在不同领域获得诺贝尔奖的人。1903 年因发现放射性与钋（Po）元素而获诺贝尔物理学奖，1911 年又因提炼出放射性元素镭（Ra）而获诺贝尔化学奖。另一位是英国科学家弗雷德里克·桑格（Frederick Sanger，1918.8.13—2013.11.19）（图 1-4），他是第一位两次在化学领域获得诺贝尔奖的人。1958 年因测定胰岛素分子的结构而获诺贝尔化学奖，1980 年因发现核酸 DNA 序列的确定方法而又一次与两位美国科学家共同荣获诺贝尔化学奖。

图 1-3 居里夫人　　　　图 1-4 桑格

2008 年 12 月 30 日，联合国第 63 届大会通过了一项议案，为纪念化学学科所取得的成就以及对人类文明的贡献，将 2011 年作为国际化学年（International Year of Chemistry）。因为 2011 年正值居里夫人获得诺贝尔化学奖 100 周年，也恰逢国际纯粹与应用化学联合会（International Union of Pure and Applied Chemistry，IUPAC）的前身国际化学会联盟成立 100 周年。图 1-5 是国际化学年标识。

International Year of CHEMISTRY 2011

图 1-5 国际化学年标识

资料来源：http://s4.sinaimg.cn/orignal/695ff4c7t7723e0c182f3&690

2017 年 7 月 2 日起，中国上海教育电视台于每天上午 10 点 50 分播出六集大型系列科普纪录片《我们需要化学》，将化学科普这一公益活动搬上了荧屏。纪录片分别以"化学的起源""化学与人类饮食""化学与材料科学""化学与生命科学"，以及"展望未来化学"为主题，形象生动地为观众呈现化学的重要贡献，以及我们的生活的化学本质。在第四集结尾，有这样一段话："驻足现代，我们身处的是由化学缔造的建筑王国，我们穿着的是由化学引领的时尚舒适，我们使用的是由化学生产的各种用具，借助前沿化学成果探索着未知的世界，而我们最终还能够利用化学将这些一一记录。化学，让你我拥有便利，也生活得更加绚丽！"

1.2.2 化学的潜在危害性

虽然化学如此重要，我们也需要化学，但是化学已经带来的问题和潜在的危害同样值得重视。化学的危害可能源自化学物质本身的毒性、生产过程中产生的废弃物、正常使用过程中产生的有毒物质、废弃以后的残留毒性，以及不正确使用带来的危害等多个方面，比较突出的有以下几类。

1. 食品安全问题

在物质日益丰富、生活水平不断提高的当今社会，集市、饭店、超市里的各种食品让人眼花缭乱，在大饱口福的同时，食品安全问题也不断发生。苏丹红属于化工染色剂和工业用增色剂，对人体的肝肾器官有明显的毒性作用，并有致癌性，但 2005 年在某著名快餐的调料中发现有苏丹红。三聚氰胺本身毒性不大，但若长期喂食会导致以三聚氰胺为主要成分的肾结石和膀胱结石，2008 年，很多食用某品牌奶粉的婴儿被发现患有肾结石，随后在其奶粉中发现三聚氰胺，由此爆发了"毒奶粉"事件。2011 年 4 月 11 日，媒体曝光了上海某食品有限公司违规加工生产馒头，并在上海多家大型超市销售的情况，该公司在小麦馒头、玉米面馒头制作过程中以甜蜜素代替白糖，加入防腐剂山梨酸钾防止馒头发霉，用柠檬黄色素对面粉进行染色假冒玉米面。塑化剂又称增塑剂，是合成高分子材料助剂，2011 年 5 月 24 日，中国台湾地区有关方面向质检总局通报，台湾某个香料有限公司制售的食品添加剂"起云剂"中含有塑化剂邻苯二甲酸二(2-乙基)己酯(简称邻苯二甲酸二辛酯或邻苯二甲酸异辛酯，代号为 DEHP 或 DOP)。2012 年 4 月 15 日，中国中央电视台《每周质量报告》曝出"皮革废料所产明胶被制成药用胶囊"的内幕。硼砂是国家禁用的非法添加剂，2015 年 6 月 7 日，中国广州市食品药品监管部门在检查中发现从化市鳌头镇的一个黑作坊制作含有"硼砂"的毒粽子。

2. 人为毒害事件

在第二次世界大战期间，纳粹德国在奥斯维辛集中营中用主要成分为氰化氢的毒气（被称为齐克隆 B）对犹太人进行大屠杀，灭绝人性的日本侵略者在中国东北使用糜烂性毒剂芥子气（化学名称为 2,2′-二氯乙硫醚）残害中国人民，这些都是与化学有关的触目惊心的大规模人为毒害事件。人类文明发展到今天，相信不太可能再发生类似惨无人道的灾难性事件，但发生在我们身边的化学品人为毒害事件，后果也非常严重。清华大学化学系 1992 级的一名学生在 1994 年 11 月底出现铊中毒症状，最后在互联网帮助下才得到确诊和救治，但最终仍然 100%伤残：全身瘫痪、双目近乎失明、大脑迟钝、体形肥胖、基本语言能力丧失。2013 年 3 月 31 日中午，复旦大学一名 2010 级硕士研究生将其做实验后剩余并存放在实验室内的剧毒化合物带至寝室，注入饮水机槽。2013 年 4 月 1 日早上，与其同寝室的一名硕士研究生起床后喝了饮水机中的水，过后便出现干呕等中毒现象，最后送医院医治无效死亡。民间用汞、毒鼠强等投毒，用硫酸毁容的事件也时有发生。

3. 环境问题

在化工产品生产过程中，或各种化工产品和材料使用过程中一般都会有副产物和废水、废气和固体废物（简称固废）产生，它们进入环境会引起一系列环境问题。例如居室内常见的甲醛污染，地区性酸雨、温室效应、雾霾，以及其他大气、水体和土壤污染问题。

可以说化学是一把非常锋利的双刃剑，正如它既能彻底清洁环境又能严重污染环境、既能治病救人又能害人夺命那样。只有用辩证的思维认识化学，用正确的方法应用化学，才能使化学尽可能多地展现出其美丽和光辉。

思　考　题

1. 组成物质的微粒有哪些？
2. 人类在哪些方面运用了化学？
3. 国际化学年是哪一年？设立的目的和依据是什么？
4. 如何正确看待化学？

第2章

化学的基础知识

> **本章要点**: 简介化学发展史,元素、单质、化合物、原子、分子、纳米粒子、小分子、高分子、有机化合物、无机化合物、酸、碱、盐等基本概念,以及一些化学基本原理、应用实例和基础化学物质。

　　在人类历史的长河中,化学也许只是一股年轻而充满活力的涓涓细流,但就化学本身而言,其形成和发展也可谓源远流长。大自然的许多现象,如电闪雷鸣、火山爆发、动植物腐烂、铁器生锈,都蕴含着化学的奥秘,而烧煮食物、炼丹炼金、烧制陶器、冶炼青铜都是远古时期人类在不知不觉中对化学的运用。正是这些运用,极大地促进了当时社会生产力的发展,加快了人类文明的进程。

　　中文"化学"一词出现于 100 多年前,据说是由清末英国来华传教士戴德生(James Hudson Taylor,1832.5.21—1905.6.3)(图 2-1)所创造。戴德生在 1854 年 3 月受英国教会派遣来到上海,不久结识了上海墨海书馆的学者王韬(1828.11.10—1897.5.24)(图 2-2)。1855 年 3 月的一天,王韬和朋友郁泰峰到墨海书馆及附近各园游玩并造访戴德生,戴德生为他们表演了水加硫酸的实验。王韬的日记中记载:"十有四日丁未,是晨郁泰峰来,同诣各园游玩,戴君特出奇器,盛水于杯,交相注,曷顿复变色,名曰化学,想系黄镪水所制"。黄镪水是当时硫酸的名称,而戴君就是戴德生,日记中的"化学"便是迄今为止发现的最早的"化学"一词。两年以后,在中国工作多年的英国汉学家、伦敦传道会传教士亚历山大·伟烈亚力(Alexander Wylie,1815.4.6—1887.2.10)(图 2-3)在编辑出版综合刊物《六合丛谈》的过程中,需要制定包括"chemistry"在内的西方近代各学科的汉文名称,于是通过王韬了解到、并最终采用了戴德生所创造的"化学"一词作为"chemistry"的汉文译名。伟烈亚力在《六合丛谈》中还对化学学科进行了简单的介绍,并将"化学"解释为化学是研究物质本质变化的学问。

图 2-1　戴德生

图 2-2　王韬

图 2-3　伟烈亚力

从此以后，中国的出版刊物开始普遍使用化学一词。特别要提出的是，由"中国迷"英国人傅兰雅（1839.8.6—1928.7.2）和中国清末科学家、中国近代化学的启蒙者徐寿（1818.2.26—1884.9.24）在 1870～1883 年间系统翻译的中国第一套近代化学基础理论著作的书名中均有"化学"一词，如《化学鉴原》《化学鉴原续编》《化学鉴原补编》《化学求质》《化学求数》《中西化学材料名目表》等，这些著作对"化学"一词在中国的普及起了决定性的作用。

2.1　化学发展简史

化学作为一门重要的基础学科，在与物理学、生物学、天文学等学科的相互渗透中经历了漫长而快速的发展过程。不同的文献和资料对化学的发展时期划分有所不同。有的分为远古的工艺化学时期、炼丹术和医药化学时期、燃素化学时期、近代化学时期（或定量化学时期）、现代化学时期（或科学相互渗透时期）五个时期；有的划分为天上的化学、神仙的化学、人间的化学、今天的化学和未来的化学五个时期。本书以时间为主线，将化学的发展过程分为古代化学、近代化学和现代化学三个时期。

2.1.1　古代化学

从化学的萌芽至 17 世纪中期为古代化学时期，它是化学史的重要构成部分。无论我们是否注意，自然界的一切始终在变化着，米勒和尤里通过实验向我们展示了在原始自然条件下的化学反应可能可以缔造生命。我们暂时无法确信生命是否真正起源于原始自然条件下的化学反应，也没有人知道世界上第一个化学反应是什么时候发生的。但是，化学界公认：从火的使用开始，人类进入到了有意识利用化学反应的阶段。

人类最早对火非常敬畏。一方面，熊熊大火的奇特现象和强大破坏力使人们非常害怕；另一方面，照明、取暖、驱赶野兽、烧烤食物等多种用途又使人们觉得火非常神奇而重要。所有像火的燃烧一样与化学有关的现象在那时都充满了神秘色彩，人们无法解释这些现象，于是就把它们与神联系起来，从中国的火神祝融，到西方盗取天火的普罗米修斯，都体现了火在古代人们心中的神圣地位。

在使用火的过程中，人们发现，烧结的泥土不易粉碎，于是学会了用烈火焙烧黏土制造陶器。在长期的生产和生活实践中，人们还学会了染色和酿酒等技术。这些经过长期实践、总结经验得到的生产技术，便是最早的化学工艺，虽然那时还没有形成化学知识和化学学科。

随着对火的使用越来越得心应手，人们试图利用它引起的变化（实际上就是化学反应）创造出可以长生不老的仙丹和象征荣华富贵的黄金，于是有了人类历史上的炼丹和炼金。炼丹是指古人为追求长生而炼制丹药的方术。炼丹术最先诞生于中国，其社会背景是封建社会已发展到一定阶段，生产力有了较大的提高，统治阶级产生了两种奢望：拥有更多财富并能够长生不老，而炼丹和炼金恰好迎合了他们的心意。炼丹家们认为，人的肉体可以借助于某种神奇的药物而获得永生，于是开始了寻找和制造这种神奇药物的过程，也就是最早的化学实验。"丹"原指丹砂，化学名称是硫化汞，是硫与汞（水银）形成的无机化合物，呈红色，易挥发，是古代炼丹的主要材料，后来泛指被认为是"长生药"或"点金药"的各种药物。将红色的丹砂加热会分解出汞，而如果将汞与硫反应会生成黑色的硫化汞，再经过加热使其升华，又可以得到红色的丹砂。用丹砂炼汞和将汞与硫化合而成丹砂，实际上是属于化学中的还原反应和氧化反应。古人对这种变化感到十分神奇，进而选择其他金石药物按照一定配方和汞混合烧炼，反复进行还原反应和氧化反应，以炼成"九转还丹"或称"九还金丹"，这是人类历史上最早的化学反应产物，在古代被认为是具有神奇效用的长生不老之药。图 2-4 描绘了一个炼丹场景。与炼丹相似的炼金术，又称"点金术"或"黄白术"，是指通过用点金的神丹点化铜、铁等普通金属以转变为黄金和白银的方术。

显而易见，炼丹家和炼金术士们都以失败而告终，然而在他们炼制长生不老药和探索点石成金的过程中，了解了许多物质及其发生化学变化的条件和现象，实现了物质的转换，为化学的发展积累了丰富的实践经验。中国古代拥有最先进的炼丹术，出现了一批炼丹家和炼金术士，东汉的魏伯阳、西晋的葛洪、唐代的孙思邈就是其中的代表。古代的炼丹家们在炼丹过程中，写下了大量著作，总结了化学反应的规律，对化学的发展起了极大的推动作用。魏伯阳所著《周易参同契》是现存的世界上最早记载炼丹术的理论著作，书中提到当时已有《火记》600篇，可见那时火法炼丹已积累了大量的经验性知识。葛洪在其著作《抱朴子》中提到："变化者，乃天地之自然，何嫌金银之不可以异物作乎？"即变化是天地间的自然规律，为什么金银不可以由其他东西制得呢？这表明葛洪已经认识到了物

图 2-4　炼丹

资料来源：http://pic13.997788.com/pic_search/00/26/04/12/se26041284e.jpg

质之间是可以相互转化的，这些炼丹家们已经具备了原始的化学思想。中国的炼丹术后来传到了阿拉伯国家，与古希腊哲学融合而形成了阿拉伯炼金术，阿拉伯炼金术传入欧洲，并进一步演变为近代化学。在欧洲文艺复兴时期（14～16 世纪），出版了一些有关化学的书籍，第一次有了"chemistry"这个名词。英语的 chemistry 起源于 alchemy，即炼金术、炼丹术，而 chemist 的中文含义为：化学家、药剂师、炼金术士，这些足以让我们联想到化学与炼金术和制药业的历史和文化渊源。

炼丹术和炼金术几经盛衰，人们看到了它荒唐的一面。化学方法转而在医药和冶金方面得到了正确的应用。值得一提的是，从炼丹起火爆炸事故中，中国炼丹术士们多次冒着生命危险进行实验，终于总结得到了一项重大发明：黑火药，即一定比例的硝酸钾、硫黄和木炭的混合物。黑火药是中国对人类文明的一大贡献，火药技术随炼丹术一起先从中国传到阿拉伯国家，然后传入欧洲。

古代人们就试图探索构成世界万物的本原，于是有了古代物质观。中国有"阴阳五行"说，如《国语》中的《郑语》里写道："以土与金、木、水、火杂，以成百物"。古希腊有"四元素" 学说，认为世界万物由水、火、气、土四种"元素"组成。古印度有"五元素"说，认为万物由地、火、水、风、空五种元素组成。15～16 世纪欧洲医药化学家帕拉塞尔斯（原名菲利普斯·奥里欧勒斯·德奥弗拉斯特·博姆巴斯茨·冯·霍恩海姆，Philippus Aureolus Theophrastus Bombastus von Hohenheim，1493.11.11—1541.9.24）的"三原质"说则认为万物由盐、硫、汞三种元素以不同比例构成，盐是不易挥发、不易燃烧的元素，代表肉体；汞是易挥发的元素，代表灵魂；硫是易燃烧的元素，代表精神。

总结古代化学的特点：化学虽经历了漫长的岁月，但知识来源于炼丹、炼金、医药、冶金、制陶、造纸和制造火药等实践，较为零散，没有建立严格的化学概念，更谈不上化学理论。

古代化学的代表性活动是炼丹、炼金、医药和冶金，其中炼金术是古代化学发展的最高形式。古代化学有以下三方面的贡献：

（1）这一时期研制出来的物质和实验器皿，为化学科学的发展作出了重大贡献；

（2）医药化学和冶金化学在从炼金术到科学化学的转变中起了桥梁作用；

（3）形成了原始化学物质观。

2.1.2 近代化学

从 17 世纪中叶到 19 世纪 90 年代末是近代化学时期。从 17 世纪开始，欧洲的生产技术有了显著的进步，随着冶金工业和实验室经验的积累，人们掌握了大量关于化学变化的知识，为化学学科的建立和发展提供了丰富的材料。

图 2-5　玻意耳

1661 年英国化学家罗伯特·玻意耳（Robert Boyle，1627.1.25—1691.12.31）（图 2-5），在用微粒说统一说明自然界各种物质及其运动的基础上，发表了向原始化学物质观挑战的名著《怀疑的化学家》，指出：元素是确定的、实在的、可观察到的实物，它们应该是用一般的化学方法不能再分为更简单物质的某些实物。玻意耳首次提出了元素的概念，并明确地把化学划为一门学科，奠定了近代化学的基础。

从 17 世纪下半叶到 18 世纪初，人们在长期观察研究火和燃烧现象的基础上，总结感性知识形成了解释各种燃烧反应和许多化学现象的燃素说。17 世纪末德国化学家，燃素说的发起人，约翰·乔西姆·贝歇尔（Johann Joachim Becher，1635.5.6—1682.10）认为：燃烧是一种分解作用，动、植物和矿物燃烧后，留下的灰烬是成分更简单的物质，按照他的理论，不能分解的物质尤其是单质，是不能燃烧的。德国化学家格奥尔格·恩斯特·施塔尔（Georg Ernst Stahl，1659.10.22—1734.5.24）于 1703 年更系统地阐述、发挥了燃素说。按照燃素说，火是无数细小而活泼的微粒构成的实体，这种火的微粒既能同其他元素化合而形成化合物，也能以游离的方式存在，大量游离的火微粒聚集在一起就形成明显的火焰，它弥散于大气之中便给人以热的感觉，由这种火微粒构成的火的元素就是"燃素"。燃素说解释燃烧现象时，认为一切与燃烧有关的化学变化都可以归结为物体吸收燃素与释放燃素的过程。物体失去燃素，变成死的灰烬；灰烬获得燃素，物体就会复活。燃素说在当时似乎完美地解释了金属溶于酸及金属的置换反应，例如铁溶于酸是酸夺取了铁中的燃素而导致铁不复存在，金属铁置换溶液中的铜是由于铁中的燃素转移到铜中去了，因此铁消失、铜复活。这种理论作为占统治地位的化学思想，一直延续到 18 世纪末。燃素说是化学领域第一个把化学现象统一起来的伟大理论，是近代化学建立的重要基础之一。但是随着实践和认识的发展，人们很快发现，燃素说存在严重的不足之处，例如，它不能解释金属煅烧后重量会增加、有机化合物燃烧后重量会减轻等现象。

18 世纪末，法国著名化学家和生物学家安托万−洛朗·德·拉瓦锡（法语：Antoine-Laurent de Lavoisier，1743.8.26 —1794.5.8）（图 2-6）提出了科学燃烧理论——氧化学说，它有以下四个要点：

（1）燃烧时放出光和热。

（2）物体只有在氧气存在时才能燃烧。

（3）空气由两种成分组成，物质在空气中燃烧时，吸收了其中的氧气，因而加重，所增加的重量恰为其吸收的氧气的重量。

图 2-6　拉瓦锡

（4）一般的非金属可燃物质燃烧后通常变为酸，氧是酸的本原，一切酸中都含氧元素；金属煅烧后即变为灰，它们是金属的氧化物；而动物的呼吸实质上是缓慢氧化。

水的合成和分解实验成功，氧化学说被举世公认，拉瓦锡被尊称为"近代化学之父"。除了氧化学说，拉瓦锡对化学的重要贡献还有：

（1）提出了规范的化学命名法。

（2）撰写了第一部真正的现代化学教科书《化学基本论述》（*Traité Élémentaire de Chimie*）。

（3）倡导并改进了定量分析方法并用其验证了质量守恒定律。

（4）促使 18 世纪的化学更加物理及数学化。

1803 年，英国化学家和物理学家约翰·道尔顿（John Dalton，1766.9.6—1844.7.27）（图 2-7）的原子学说标志着近代化学发展的开始，促进了化学的巨大进展。原子学说包含以下要点：

（1）元素（单质）的最终粒子称为简单原子，它们极其微小，是看不见的，是既不能创造，也不能毁灭和不可再分割的。它们在一切化学变化中保持基本性质不变。

图 2-7　道尔顿

（2）同一元素的原子，其形状、质量及各种性质都是相同的，不同元素的原子，其形状、质量及各种性质则各不相同。每一种元素以其原子的质量为最基本的特征。

（3）不同元素的原子以最简单数目的比例相结合，就形成化学中的化合现象。化合物的原子称为复杂原子。复杂原子的质量为所含各种原子质量的总和。同一化合物的复杂原子，其组成、形状、质量和性质也必然相同。

图2-8　阿伏伽德罗

道尔顿的原子学说用原子的结合和分解来说明各种化学现象的本质，使当时的很多化学现象和化学定律得到了合理的解释。但是，原子学说却与法国化学家和物理学家约瑟夫·路易·盖-吕萨克（Joseph Louis Gay-Lussac，1778.12.6—1850.5.9）的气体化合体积定律（盖-吕萨克定律）发生了矛盾。在这样的背景下，1811 年，意大利物理学家和化学家阿莫迪欧·阿伏伽德罗（Amedeo Avogadro，1776.8.9—1856.7.9）（图2-8），在原子学说的基础上，结合盖-吕萨克的实验结果，发表了阿伏伽德罗分子假说，引入了分子概念，并把分子与原子进行了区别和联系。他指出：所谓原子者是参加化学反应时的最小质点，所谓分子者是在游离状态下单质或化合物能独立存在的最小质点。分子是由原子组成的，单质的分子是由相同元素的原子组成，化合物的分子则由不同元素的原子组成。在化学变化中不同物质的分子间各原子重新组合。分子概念的引入既解决了原子学说与盖-吕萨克定律之间的矛盾，也解决了道尔顿未能解决的测定物质分子量和原子量的问题，以及正确书写化学式的问题。分子假说进而发展成为分子学说，同原子学说结合在一起，构成了近代原子-分子学说。

在化学理论不断发展的同时，俄国著名化学家德米特里·伊万诺维奇·门捷列夫（俄语：Дми́трий Ива́нович Менделе́ев，1834.2.8—1907.2.2）（图2-9）多年致力于元素性质及其变化规律的研究。1869 年 2 月 17 日，门捷列夫根据原子量的大小，将元素进行分类排队，终于发现了自然界中一个极其重要的规律——元素周期律，即元素性质随原子量的递增呈明显的周期性变化的规律。门捷列夫把他的发现先写在一个旧信封上，第二天又进行整理，终于制成了人类

图2-9　门捷列夫

历史上第一张元素周期表，并进一步据其预见了一些尚未发现的元素。第一张元素周期表中元素按原子量递增的顺序排列，横排是族，纵排是周期。在此基础上，门捷列夫继续潜心研究，又于1871 年 12 月发表了第二张元素周期表，将第一张元素周期表中的行和列进行了互换，改成了横排是周期，纵排是族，第二张元素周期表已经非常接近现代元素周期表（附录四）的形式。元素按原子量递增的顺序排列，每一横行化学元素的性质都从金属变为非金属，每一纵行化学元素的性质都相近，整个元素系列呈现周期性变化。元素周期律的发现，是继原子-分子学说之后，近代化学史上又一座光彩夺目的里程碑，元素周期律与原子-分子学说一

起形成了近代化学理论体系。

随着化学实验的不断深入、化学知识的不断丰富和化学理论的不断发展，化学形成了无机化学、有机化学、分析化学和物理化学四个分支。

总结近代化学的特点：这个时期的化学，从一般的知识积累发展到了系统的整理阶段，明确了化学的科学性，创造和建立了化学的理论体系，出现了化学的四个分支。

近代化学时期有影响的成果是：

（1）英国化学家玻意耳提出了元素的概念；

（2）法国化学家拉瓦锡开创了化学实验定量分析的科学方法，建立了氧化学说；

（3）道尔顿提出了原子的科学概念，创立了原子学说；

（4）阿伏伽德罗提出了分子假说；

（5）门捷列夫发现了元素周期律，创建了元素周期表。

2.1.3　现代化学

从 19 世纪 90 年代末至今为现代化学时期。19 世纪末，物理学出现了三大发现：X 射线、放射性和电子。伴随着物理学的发展，化学进入了探索微观世界更深层次奥秘的现代时期，其研究重点是原子的内部结构和微观粒子运动规律。

1911 年，新西兰著名物理学家和化学家，知名原子核物理学之父，欧内斯特·卢瑟福（Ernest Rutherford，1871.8.30—1937.10.19）（图 2-10）借助一个放射源，通过用 α 粒子轰击金箔的散射实验，发现了原子核，从而提出了最早的原子结构模型，即"天体行星模型"（图 2-10）。在这个模型中，把微观的原子看成"太阳系"，带正电的原子核好比"太阳"，电子在绕核的固定轨道上运动，就像行星绕着太阳运动一样。卢瑟福首先提出放射性半衰期的概念，证实放射性涉及从一种元素到

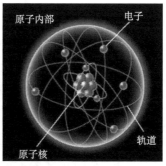

图 2-10　卢瑟福和他的原子结构模型

资料来源：http://s16.sinaimg.cn/large/001gHc4rgy6OyL58jmf5f&690

另一种元素的嬗变。他又将放射性物质按照贯穿能力分类为 α 射线与 β 射线。卢瑟福因 1903 年开始"对元素蜕变以及放射化学的研究"成就，荣获了 1908 年的诺贝尔化学奖。

1924 年法国物理学家路易·维克多·德布罗意（Louis Victor de Broglie，1892.8.15—1987.3.19）提出了微观实物粒子运动的波粒二象性，引起了人们科学思想的重大变革，其直接结果是促进了量子力学的产生，并成为研究原子和分子的重要工具。在此基础上化学家成功解释了化学元素周期性的微观本质，并正确理解了微观粒子运动轨道的含义：轨道不是运动物体遵循的固定路线，而是一个出现频率的统计值，比如，电子轨道是电子在原子核周围出现的概率。这些研究揭示了原子的内部结构和微观粒子的运动规律，揭示了分子运动的本质。

用量子力学的理论方法来研究化学问题，产生了一个新的边缘学科：量子化学（quantum chemistry）。量子化学的发展又促进了结构化学和计算化学的发展，主要表现为物质结构理论和化学键理论的发展。化学键理论的发展经历了如下过程：离子键理论、共价键理论、价键理论（又称电子配对理论）、分子轨道理论、晶体场理论、配位场理论。从化学键和量子化学理论的发展来看，化学家花了半个世纪左右的时间，由浅入深地认识了分子的本质及其中微粒之间的相互作用，从而进入了理性设计分子的高层次领域。这是 20 世纪化学的一个重大突破。

在现代化学时期，化学除了本领域研究的不断深入和发展，出现了高分子化学、合成化学等新兴学科之外，还与物理、计算机、生物、环境等多学科交叉渗透，出现了固体化学、计算机化学、生物化学、环境化学等多个边缘学科。

总结现代化学，有两大特点：

（1）化学进入了探索微观世界更深层次奥秘的时期；

（2）化学的发展高度分化和交叉渗透，产生了许多新兴学科和边缘学科。

现代化学时期主要成果有：

（1）卢瑟福提出含核原子的天体行星模型；

（2）揭示了原子的内部结构和微观粒子的运动规律，以及分子运动的本质；

（3）提出了量子力学基础上的原子结构模型和化学键理论。

今天，化学已经发展成为一个与多个学科交叉渗透的学科，化学已成为系统研究物质的存在、性质、组成、结构、制备、变化和应用的科学，以及人类用以认识和改造物质世界的主要方法和手段之一。从古至今，化学已为人类社会做出了巨大的贡献，展望未来，化学必将向更深、更广的方向延伸。相关学科的发展，新方法和新工具的不断发明和应用，将促进化学的创新和发展，绿色化学将引起化学化工生产方式的革命性改变，化学在解决全球饥饿和疾病、材料和能源、保障人类生存环境和提高人类生活质量等战略性、全局性和前瞻性重大问题当中，将持续发挥更大的作用。

2.2 化学中的基本概念

2.2.1 物质的组成与分类

物质从宏观的角度看由元素组成，从微观的角度看由分子、原子、离子等微粒构成。

元素（element）是具有相同核电荷数（即质子数）的同一类原子的总称。比如氢元素是 $_1^1H$、$_1^2H$、$_1^3H$ 三种原子的总称，分别称为氕、氘、氚，对应元素符号为 H、D、T，其中氘又称重氢，氚又称超重氢。用一般的化学方法不能使元素变得更为简单，元素可以单独地或组合地组成一切物质，而且是组成物质的最小单位。例如水由氢元素和氧元素组成。随着核技术和核反应的发展，更多的新元素将会被创造出来。到目前为止，人类一共发现和创造了 118 种元素。

原子（atom）是指化学反应中不可再分的基本微粒，即化学变化中的最小微粒，但是原子不是构成物质的最小微粒，原子由原子核和绕核运动的电子构成。原子可以构成分子。例如水分子（H_2O）由 2 个氢原子（H）和 1 个氧原子（O）构成。

分子（molecule）是独立存在而保持物质化学性质的最小微粒。分子可以构成物质，例如水这种物质由水分子构成。分子在化学变化中可以被分成更小的微粒——原子。

离子（ion）是指原子由于自身或外界的作用而失去或得到一个或几个电子后形成的微粒。简单地说，带电荷的原子或原子团叫做离子，带正电荷的叫做阳离子（cation），带负电荷的叫做阴离子（anion）。阴、阳离子可以由于静电作用而形成不带电荷的分子。原子团是不同原子按照一定方式形成的作为一个整体参加化学反应的组合，带电荷的原子团通常被叫做"根"，如氢氧根（OH^-）、硫酸根（SO_4^{2-}）、磷酸根（PO_4^{3-}）、铵根（NH_4^+）。

有固定的组成、固定的物理性质和化学性质、专门的化学符号、能用一个化学式表示的物质叫做纯净物（pure substance）。与之相对，无固定组成和性质、不能用一个化学式表示的物质叫做混合物（mixture）。由同种元素组成的纯净物叫做单质（elementary substance）；由多种元素组成的纯净物叫做化合物（compound）。在混合物中，每种单质或化合物都保留着各自原有的性质。可以用物理方法将混合物中所含的物质加以分离。物质一般进行如下分类：

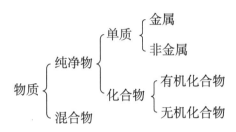

金属（metal）还可以根据不同标准分为黑色金属（铁、铬、锰）和有色金属（除铁、铬、锰以外的金属）；轻金属（如钠、镁、铝）和重金属（如铁、铜、镍、镉）；以及常见金属（如铁、铜、铝）和稀有金属（如锆、铌）。

根据分子中是否含有碳原子，化合物可以分成有机化合物（organic compound）和无机化合物（inorganic compound），简称有机物和无机物。狭义的有机化合物是主要由碳元素和氢元素组成的化合物及其衍生物的总称，但是不包括碳酸（H_2CO_3）及其盐、氰酸（HCNO）及其盐、氢氰酸（HCN）及其盐、硫氰酸（HSCN）及其盐。有机化合物除含碳元素和氢元素外，还可能含有氧、氮、氯、磷和硫等元素。广义的有机化合物可以不含碳元素。只由碳和氢两种元素组成的有机化合物称为烃或碳氢化合物（hydrocarbon），如乙烷（CH_3CH_3）。有机化合物是生命产生的物质基础，所有的生命体都含有蛋白质、糖、脂肪、酶、核酸、激素等有机化合物。有机化合物包括脂肪族化合物（aliphatic compound）和芳香族化合物（aromatic compound）。脂肪族化合物是链状烃类（又称开链烃类）及除芳香族化合物以外的环状烃类及其衍生物的总称，如乙醇（CH_3CH_2OH）、四氢呋喃（⬠）。属于脂肪族的碳环化合物又称脂环族化合物（alicyclic compound），如环己烷（⬡）。芳香族化合物是指分子中至少含有一个苯环，具有与开链化合物或脂环烃不同的独特性质（称为芳香性，aromaticity）的一类化合物，如苯（⬡）、萘（⬡⬡）、蒽（⬡⬡⬡）及其衍生物。苯是最简单、最典型的芳香族化合物。芳香性是指：①具有平面或接近平面的环状结构；②键长趋于平均化；③具有较高的 C/H 比值；④芳环难以发生氧化反应和加成反应，而易于发生亲电取代反应。芳香族化合物广泛分布于自然界中，许多都具有芳香气味。

除有机物以外的由各种元素组成的化合物叫做无机化合物。绝大多数的无机化合物可以归入酸（acid）、碱（alkali 或 base）、盐（salt）和氧化物（oxide）四大类。酸和碱有不止一种定义。在酸碱质子理论中，酸是指能给出氢离子的物质，如硝酸（HNO_3）；碱是指能接受氢离子的物质，如氢氧化钾（KOH）。在酸碱电子理论中，凡是可以接受电子对的物质称为酸；凡是可以给出电子对的物质称为碱。通常，盐是指酸碱发生中和反应生成的产物，一般由金属元素（或铵根离子）与酸根组成。例如硝酸与氢氧化钾发生化学反应生成的产物硝酸钾（KNO_3）就是盐。广义的盐是由阳离子（或称正电荷离子）与阴离子（或称负电荷离子）所组成的中性（不带电荷）离子化合物。需要注意的是，在酸碱电子理论中，只有酸、碱、酸碱络合物，而没有盐的概念，酸碱反应的产物称为酸碱络合物。广义的氧化物是指氧元素与另外一种化学元素组成的二元化合物，如二氧化碳（CO_2）、氧化钙（CaO）等。但氧与电负性更大的氟结合形成的化合物一般称为氟化物。

根据分子量的大小，可以把化合物分成小分子化合物（small molecular compound）和高分子化合物（macromolecular compound 或 polymeric compound）。小分子化合物是指包含的原子不多、相对分子质量较小的化合物。高分子化合物是由很多原子构成的、相对分子质量大、具有重复结构单元的化合物，可简称为高分子或大分子（macromolecule）。一般把相对分子质量高于一万的分子称为高分子。大多数高分子的相对分子质量在一万到百万之间。高分子化合物与小分子化合物的特征区别是：小分子化合物是有固定的分子量的纯净物，而高分子化合物是不同大小分子量的许多分子的混合物。我们所说的某一高分子的分子量其实是它的一种分子量平均值。由于合成高分子多是由小分子通过聚合反应制得的，因此也常被称为聚合物或高聚物（polymer），用于进行聚合反应的小分子则被称为单体（monomer）。由单体合成聚合物有加成聚合反应和缩合聚合反应两种反应类型。加成聚合反应，简称加聚反应，是指在加热、引发剂和催化剂等条件作用下，含有不饱和键（主要是双键或三键）的小分子化合物或环状小分子化合物通过加成反应生成高分子化合物的反应，一般没有小分子副产物产生。加聚反应可以生成两种聚合物：均聚物和共聚物。均聚物是指由一种单体经过加聚反应生成的高分子化合物；共聚物是指由两种及两种以上单体经过加聚反应生成的高分子化合物。缩合聚合反应，简称缩聚反应，是指不同单体的官能团之间的缩合反应多次重复进行形成聚合物的过程，一般有小分子副产物产生。特殊情况下，缩聚反应仅由一种单体参与，则无小分子副产物产生。

原子或分子由于相互之间的作用力会发生聚集而使物质以一定的聚集状态存在。其中比较特殊的一种是纳米粒子（nano particle），又称超细微粒、纳米微粒、纳米颗粒、纳米尘埃、纳米尘末，是指粒度在 1～100 nm 的粒子，属于胶体粒子大小的范畴。纳米粒子是由数目不多的原子或分子组成的集团，处于微观体系和宏观体系之间，因此既非典型的微观系统亦非典型的宏观系统，处于这种状态的物质有一些特殊的性质，例如低红外反射特性和高催化活性。

不同的物质之间可以通过化学反应相互转化。化学反应引起的变化称为化学变化。化学变化是指相互接触的分子间发生原子或电子的转换或转移，生成新的分子并伴有能量变化的过程，其实质是旧化学键的断裂和新化学键的生成。化学变化普遍存在于生产和生活中，都是由化学反应引起的，如木材的燃烧、铁的生锈、节日的焰火等。判断是否发生化学变化或化学反应的依据是看有没有新的物质生成，有新物质产生的变化即为化学变化，有新物质产生的反应即为化学反应。需要注意的是，核反应不属于化学反应。

2.2.2 一些概念的比较

1. 元素、原子、分子和离子的区分

元素——由核电荷数（即质子数）决定，如前面提到的 $_1^1H$、$_1^2H$、$_1^3H$ 质子数都是 1，所以属于同一种元素，氢元素；$_8^{16}O$、$_8^{17}O$、$_8^{18}O$ 质子数都是 8，属于同一种元素，氧元素。

原子——由质子数和中子数两者共同决定，如 $_1^1H$、$_1^2H$、$_1^3H$ 是同一种元素（氢元素）的不同原子；$_8^{16}O$、$_8^{17}O$、$_8^{18}O$ 是同一种元素（氧元素）的不同原子。

分子——由原子的种类、个数及结合方式共同决定，如 O_2（氧）与 O_3（臭氧）、H_2O（水）与 H_2O_2（过氧化氢）虽然所含原子种类分别相同，但是原子个数不同，所以是不同分子。CH_3COOH（乙酸）与 $HCOOCH_3$（甲酸甲酯）所含原子种类和个数都相同，但是原子结合方式不同，所以也为不同分子。

离子——由组成、结构及电荷数共同决定，如 SO_3^{2-}（亚硫酸根）和 SO_4^{2-}（硫酸根）是不同离子；MnO_4^-（高锰酸根）与 MnO_4^{2-}（锰酸根）也是不同离子。

2. 原子、分子和离子的异同

原子、分子、离子的区别和联系见表 2-1。

表 2-1　原子、分子、离子的异同

比较项目		原子	分子	离子
相同点		均是构成物质的微粒；均有大小、质量，且不停运动；微粒间有间距、存在相互作用		
不同点	概念	化学变化中的最小微粒	保持物质化学性质的一种微粒	带电的原子或原子团
	电荷	电中性	电中性	带（正或负）电荷
相互联系		分子 $\underset{结合}{\overset{分解}{\rightleftharpoons}}$ 原子（或原子团） $\underset{\pm电子}{\overset{\pm电子}{\rightleftharpoons}}$ 离子		

3. 纯净物与混合物、单质与化合物的比较

纯净物与混合物、单质与化合物的比较见表 2-2 和表 2-3。

表 2-2　纯净物与混合物的比较

比较项目	纯净物	混合物
宏观组成	由同种物质组成	由不同种物质组成
微观构成	由同种分子构成	由不同种分子构成
特点	有固定组成和性质 能用一个化学式表示	无固定组成和性质 不能用一个化学式表示

表 2-3　单质与化合物的比较

比较项目	单质	化合物
宏观组成	同种元素组成的纯净物	不同种元素组成的纯净物
微观构成	分子由同种元素的原子构成	分子由不同种元素的原子构成
特点	一般不发生分解、元素呈游离态	可发生分解、元素呈化合态

2.3　化学中的基本原理

化学原理非常丰富，以下是其中一些最基本而重要的内容。

2.3.1　元素周期律

大部分化学物质是由分子构成的，分子中的不同元素的原子以一定的方式连结在一起。目前已知的元素有 100 多种，它们都可以被按照一定的规律排列在一个表中，这个表就是元素周期表（periodic table of the elements），表中元素性质的变化规律即元素周期律（periodic law of the elements）。规律之一是这些元素是按照它们核内质子数目的递增顺序排列的；规律之二是每一周期（表中的行，period）从左至右逐渐从金属元素变为非金属元素，元素性质明显变化，而每一族（表中的列，group）元素的性质相似，下一周期的元素又重复上一周期同族元素的性质，即整个元素系列元素的性质表现出周期性变化。同一周期元素的原子核外电子层数相同；同一主族元素的原子最外层电子数相同。

2.3.2　原子的连结方式

原子连结的方式强烈地影响化学物质的性质。常见的原子连结方式有共价键（covalent bond）、配位键（coordinate bond）、离子键（ionic bond）等。共价键是原子间通过共用电子对所形成的相互作用，例如甲烷（CH_4）中 C 和 H 之间的化学键就是共价键，C 和 H 各提供一个电子形成共用电子对。当共价键中共用的电子对是由其中一原子单独供应，另一原子提供空轨道时，就形成配位键，例如氨分子（NH_3）和氢离子（H^+）可以通过配位键形成铵根离子（NH_4^+），其中 NH_3 中的氮原子（N）单独提供一对电子与具有空轨道的 H^+中的 H 原子共用。离子键是指阴离子和阳离子之间通过静电作用形成的化学键，例如氯化钠（NaCl）中的化学键是阴离子氯离子（Cl^-）和阳离子钠离子（Na^+）之间通过静电作用形成的离子键。有一种特殊的原子连结方式，称为氢键（hydrogen bond），是指以共价键结合的 X 原子（电负性大、半径小）和 H 原子，与电负性大、半径小的 Y 原子接近，在 X 与 Y 之间以 H 为媒介，形成的 X–H···Y 相互作用。其中 X 与 Y 一般为 O、F、N 等原子。氢键可以存在于分子内或分子间，分子间氢键可以在同种分子之间形成，也可以在不同种分子之间形成。

　　用元素符号表示纯净物分子组成及相对分子质量的式子叫做分子式（molecular formula）。分子中原子相互结合的顺序和方式称为化学结构。用元素符号和短线表示分子化学结构的式子叫做化学结构式（chemical structural formula）。突显分子中所含官能团的简化结构式称为示性式，又称结构简式。完全相同的原子种类和个数，即分子式相同，如果化学结构不同，则化学物质不同，具有相同分子式而化学结构不同的化合物叫做同分异构体（isomer），例如乙醇（CH_3CH_2OH）和二甲醚（CH_3OCH_3）的分子式都是 C_2H_6O，但是它们是两种完全不同的有机化合物，互为同分异构体。

2.3.3　原子的空间排列

　　分子中的原子在空间还有三维排列，完全相同的原子种类和个数，化学结构式也相同，如果原子的空间排列不同，则化学物质也不同。如果一个碳原子与四个不同的原子或基团相连结，则这个碳原子被称为手性碳原子，包含它的化合物可以具有像左右手那样彼此互为镜像的空间排列，称为手性对称，形成两种化学物质，被称为手性异构体，又称为旋光异构体、对映体（enantiomer）等，它们能使偏振光的振动面旋转（即具有旋光性）。旋光异构体分左旋和右旋，它们性质差别很大，比如味精，只有左旋的物质有鲜味，很多药物也只有一种旋光异构体有活性。如果化合物使偏振光的振动面左旋，在化合物名称前用符号"−"表示；反之，如果化合物使偏振光的振动面右旋，则在其名称前用符号"+"表示，等量互为旋光异构体的两种物质均匀混合，旋光性互相抵消，就组成了外消旋体，则在化合物名称前用符号"±"表示。旋光异构体还有 D、L 构型表示法，用符号 L 表示左旋，用符号 D 表示右旋，一般以互为镜像的 L-甘油醛和 D-甘油醛为标准确定化合物的相对构型，如果化合物与 L-甘油醛结构类似，则为 L 型，与 D-甘油醛结构类似，则为 D 型。通常会将旋光性和构型同时用于表示手性化合物，例如一个化合物属于 D 构型且能使偏振光的振动面向左转动，就在它的名称前面冠以 D（−）。D、L 构型表示法能反映立体异构体之间的构型关系，但有一定的局限性，比如有的化合物不易与甘油醛比较，因此已被由基团排列顺序决定的 R、S 标记法取代。将手性中心连接的 4 个取代基按卡恩-英格尔-普雷洛格 （Cahn-Ingold-Prelog，CIP）规则排列，使最小的基团位于观测者的对面（离观察者最远处），其余基团从大到小按顺时针方向排列的称为 R 型，表示右旋，反之则为 S 型，表示左旋。用 R、S 标记法表达的是化合物的绝对构型，优点是比较可靠，不足之处是不能反映立体异构体之间的构型关系，因此在糖类和氨基酸中，仍习惯使用 D、L 构型表示法。

2.3.4 化学反应进行的条件和方向

从一种化学物质转变成另一种化学物质需要经过化学反应。化学反应会向着能量降低和混乱度变大的方向进行。但是，即使产物的能量比起始物质低，混乱度比起始物质大，反应也不一定自发地进行得很快，期间可能需要提供一定条件以便通过高能量和不稳定的过渡阶段，就像从山的一边到更低的另一边要先翻过山一样。升高温度和使用催化剂（catalyst）是加快化学反应速率的常用方法。催化剂一般是指能提高化学反应速率而不改变化学平衡，且本身的质量和化学性质在化学反应前后都不发生改变的物质。催化剂的作用是降低反应发生所需要的活化能（activation energy），本质上是把一个比较难发生的反应变成两个比较容易发生的反应。

2.4 化学的应用举例

在绪论中已经简述了化学与世界、生命、材料、能源、人类生活等许多方面的关系，这里举一些化学在我们身边的应用实例。

2.4.1 清除热水瓶的水垢

热水瓶用久了，在瓶胆的内壁会留下一层棕褐色很坚硬的水垢。水垢的主要成分是碳酸钙（$CaCO_3$）和碳酸镁（$MgCO_3$），能溶解于酸中，因此可以取食醋（或米醋，或白醋）30 mL 左右，倒入空热水瓶内，塞好瓶盖，将其平放，每隔 15～20 分钟转动一次热水瓶，使瓶胆内壁各部分都被醋浸泡过。约 1 小时，瓶胆内水垢表面与醋酸反应而脱落，将其倒出，用清水冲洗热水瓶，就可以使瓶胆恢复成光亮的银白色。反应方程式如下：

$$CaCO_3+2CH_3COOH \Longrightarrow Ca(CH_3COO)_2+H_2O+CO_2\uparrow$$
$$MgCO_3+2CH_3COOH \Longrightarrow Mg(CH_3COO)_2+H_2O+CO_2\uparrow$$

2.4.2 测试是否酒后驾驶

通过检测司机呼出的气体中含有乙醇的量可以判断他是否酒后驾驶。原理是在水溶液中，重铬酸根（$Cr_2O_7^{2-}$）是橙色的，在酸性条件下，可以与乙醇发生化学反应生成绿色的三价铬离子（Cr^{3+}）。如果司机呼出的气体能使橙色溶液变成绿色，就可以证明其喝过酒。化学反应方程式如下：

$$2K_2Cr_2O_7+3C_2H_5OH+8H_2SO_4 = 2Cr_2(SO_4)_3+3CH_3COOH+2K_2SO_4+11H_2O$$

2.4.3 烧不坏的手帕

将手帕在50%的乙醇水溶液中浸透，取出后点燃其一角，迅速不断挥动，待火焰熄灭，观察手帕，完好无损。其原理是：乙醇燃烧，放出的热量靠挥动手帕和水分蒸发散去，故火焰温度不高，达不到制作手帕的纤维的燃点。但要注意的是：如果乙醇浓度过高，且挥动不快，则乙醇全部燃烧后手帕也会烧着。

2.4.4 保密信

用特殊的墨水可以写需要在一定条件下才能看见内容的保密信。这种特殊的墨水叫隐墨水。第一种：钴水。取5 g六水氯化钴（$CoCl_2 \cdot 6H_2O$）晶体溶于100 mL水即得。用它在白纸上写字，干后看不见字迹，但烘烤或用电吹风热风吹会显蓝色；用水蒸气熏字迹又可隐去。其中原理是：六水氯化钴本身是红色至深红色晶体，其稀水溶液呈浅粉红色，用它在纸上写字，等纸干了以后，几乎看不出纸上有字。六水氯化钴受热会失去结晶水成为蓝色的无水氯化钴（$CoCl_2$），从而显色。用水蒸气熏，无水氯化钴重新结合水分子，字迹又可隐去。第二种：1%酚酞的酒精溶液。用碱涂抹显红色，用酸涂抹呈无色。原理：酚酞是一种酸碱指示剂，在酸性和碱性环境中结构不同而呈现不同的颜色，遇酸无色，遇碱呈红色。第三种：1%淀粉水溶液。书写后用碘液涂抹呈蓝色，烘烤后由于碘挥发而褪色。原理是淀粉与碘结合生成蓝色的包合物，加热时包合物解离放出碘而恢复无色。

2.4.5 灭火剂

（1）泡沫灭火剂。又分为化学泡沫和空气泡沫两种，前者以 $Al_2(SO_4)_3$ 和 $NaHCO_3$ 水溶液分隔储存在器体内，使用时倒过来，两者发生如下化学反应：

$$Al_2(SO_4)_3 + 6NaHCO_3 = 2Al(OH)_3\downarrow + 6CO_2\uparrow + 3Na_2SO_4$$

生成的 CO_2 产生内压，将混有发泡剂的药液喷射出来，泡沫附在着火物上，起到窒息和冷却作用。化学泡沫灭火剂可以扑灭油类起火，但对被救物有污染。空气泡沫灭火剂一般用于消防车，起泡药剂由植物性蛋白质如豆饼水解后加防腐剂制成，用空气压力喷射到火源上，把火扑灭。

（2）二氧化碳灭火剂。是把 CO_2 在高压下装入钢筒内。打开阀门时，喷射出温度很低的 CO_2 气体，它比空气重，笼罩在火源上，起到冷却和窒息的双重作用。它的优点是扑救后不留痕迹，物资不受污染，尤其适用于扑救电器火灾。

（3）四氯化碳灭火剂。CCl_4 是一种挥发性液体，它的蒸气比空气重五倍多，笼罩于火源上，起到窒息作用。平时将 CCl_4 密封在玻璃球里，用时掷于火堆。CCl_4 灭火的缺点是会产生有毒的光气（$COCl_2$），同时遇火在高温下水解会生成有刺激性和腐蚀性的 HCl。

（4）干粉灭火剂。主要用 $NaHCO_3$、$KHCO_3$ 或 $(NH_4)_3PO_4$ 为原料，加入硬脂酸铝、滑石粉研磨成细粉，使用时利用压缩 N_2 将粉末喷到火源上加以覆盖，对油类及金属（如锂、钠、钾、镁合金、电石）等火灾有效。

（5）哈龙灭火剂。这些灭火剂以四位数字为代号，每位上的数字即分子式中次序为 C、F、Cl、Br 的各元素的原子数。如"1211"表示 CF_2ClBr，即二氟一氯一溴甲烷，又如"1202"，表示 CF_2Br_2（二氟二溴甲烷），"1301"表示 CF_3Br（三氟一溴甲烷）等。"1211"灭火剂沸点是-4℃，常温常压下是气体，在钢瓶中受压处于液化状态，密度 1.83 g/cm^3，它的灭火效能很强，当接触到火焰后分解产生溴自由基，和火焰中的自由基结合成稳定的原子团，切断火焰中的自由基反应链，使火焰很快熄灭，适用于大型油轮着火后的扑救，以及高压电气火灾扑救。但价格贵，且有污染，曾在特殊情况下使用。

2.4.6 礼花

礼花源于焰火，而焰火源于火药。在喜庆的日子，或者享受胜利的时刻，人们会燃放"礼花"，表达祝福与喜庆。礼花需要有发光效应、焰色效应、声响效应、气动效应、发烟效应，这些都是由化学物质或者通过化学反应产生的。礼花的强光来自化学性质活泼的金属，如铝、镁、钛、锆等粉末。这些金属粉末在空中与氧化合，剧烈燃烧，温度可高达三千余度，因而放出耀眼强光（发光效应），这些金属粉末被称为发光剂。金属盐类是发色剂，它们在高温下分解放出具有不同辐射光谱的金属蒸气，使我们看到五彩缤纷的颜色（即焰色效应），例如：红色火焰是利用氯化锶的分子辐射光谱；绿色火焰是利用氯化钡、氧化钡的分子辐射光谱；蓝色火焰是利用氯化铜的分子辐射光谱；橙色和紫色火焰则是利用光谱色混合规律而创造出来的，用红色光和黄色光可配成橙色光；用红色光和蓝色光可配制成紫色光。产生气动效应的是一些类似黑火药的专用爆炸药，如稻壳炸药、谷糠炸药、棉籽炸药等，称为喷射药。它们不但能炸开礼花的外壳，使发射物质飞到空中，形成美丽的图案，而且爆炸以及高速运动与空气摩擦能产生各种声响（即声响效应）。在含有氧化剂、可燃剂和有机染料的烟花药剂中，由于燃烧时氧化剂和可燃剂反应放出热量，使有机染料直接升华成蒸气，并在大气中冷凝成为有色烟，这种现象就是"发烟效应"。根据上述产生有色烟的原理，可制成各种颜色的烟云。例如加入酞菁蓝可获得蓝色烟；加入碱性嫩黄可获得黄色烟；加入烟雾红可获得红色烟；加入槐黄和次甲基蓝可获得绿色烟。随着科学技术的发展，烟火、礼花已形成一门学科。

2.4.7 安全气囊

安全气囊已成为汽车中常用的保护设施。对前排乘员进行保护的气囊，一般装在仪表板内，防止乘员与仪表板、前挡风玻璃发生碰撞。对后排乘员进行保护的气囊，一般安装在前排座椅的靠背后上部或头枕内部，或侧面车门上，防止乘员与前排座椅发生碰撞。安全气囊系统（supplemental restraint system，SRS）包括传感器、点火器、气体发生器、气囊和电子控制单元（electronic control unit，ECU）部分。安全气囊的工作原理示意如图 2-11 所示：当传感器感知到撞击时，电子控制单元会判断撞车程度，然后决定是否需要触发充气装置，如果需要，就会触发点火器，点火器产生的能量使气体发生器内的化学物质发生化学反应，产生氮气，或者冲破耐压容器壁，释放氩气，使气囊展开。产生氮气的化学反应如下：

$$NaN_3 \longrightarrow Na + N_2 \uparrow$$

$$KNO_3 + SiO_2 \longrightarrow K_2SiO_3 + N_2 \uparrow$$

制作安全气囊的聚酰胺（俗称尼龙）织物强度大、弹性好、耐磨性好，但是长时间放置于高温环境中会发黏，因此要添加涂层，增加织物的滑动性，便于气囊展开。硅酮（又称硅油）是较好的涂层材料，它化学性质不活泼、环境稳定性高、耐磨性好、摩擦系数低、短时热阻力好，不影响聚酰胺织物的性能和气囊的循环利用。

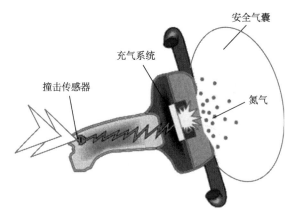

图 2-11　汽车安全气囊的工作原理

资料来源：http://auto.changsha.cn/h/126/20110609/70335.html

2.5 基本化学物质简介

2.5.1 硫酸

硫酸，CAS 号：7664-93-9，分子式：H_2SO_4，常见的浓硫酸质量分数为 98.3%，密度为 1.8361 g/cm^3（20℃），沸点为 338℃，能与水以任意比例互溶，得到不同浓度的硫酸水溶液，同时放出大量的热，甚至会使水沸腾，所以稀释或制备硫酸溶液时，应把酸慢慢加入水中，避免沸腾和飞溅伤人。硫酸是一种活泼的二元无机强酸，能和许多金属发生化学反应，因此又是一种重要的工业原料，可用于制造化肥、药物、炸药、颜料、洗涤剂、蓄电池等，也常用于石油净化、金属冶炼以及染料工业中。浓硫酸具有强烈的吸水性、腐蚀性和氧化性，在有机合成中可用作脱水剂和磺化剂，也可用作脱水剂炭化木材、纸张、棉麻织物及生物皮肉等含碳水化合物的物质。浓硫酸接触皮肤后会迅速将皮肤炭化，严重时造成毁容等伤害，因此一旦皮肤接触浓硫酸，要立即用大量水冲洗，再涂上 3%～5%的碳酸氢钠溶液，并迅速就医。

2.5.2 氢氧化钠

氢氧化钠，CAS 号：1310-73-2，分子式：NaOH，俗称烧碱、火碱、苛性钠，为一种具有很强腐蚀性的无机碱，纯品是无色透明的晶体，密度为 2.130 g/cm^3（20℃），熔点：318.4℃，沸点：1390℃，工业品含有少量的氯化钠和碳酸钠，是白色不透明的晶体，一般为片状或颗粒状，有潮解性，易吸收空气中的水蒸气，易溶于水，溶解时放出大量的热并形成强碱性溶液。NaOH 用途极广，是重要的工业原料，用于肥皂、染料、人造纤维、造纸、制铝、石油净化、棉织品整理、煤焦油产物的提纯，以及食品加工、木材加工和机械工业。NaOH 粉尘或烟雾会刺激眼睛和呼吸道，腐蚀鼻中隔，皮肤和眼与 NaOH 直接接触会引起灼伤，误服可造成消化道灼伤，黏膜糜烂、出血和休克。皮肤接触后可用 5%～10%硫酸镁溶液清洗，并立即就医，眼睛接触后应立即用 3%硼酸溶液冲洗，并及时就医。氢氧化钠对玻璃制品有轻微的腐蚀性，会使玻璃仪器的盖子难以打开，因此盛放氢氧化钠溶液时不可以用带玻璃塞或盖的玻璃容器。

2.5.3 氯化钠

氯化钠，CAS 号：7647-14-5，分子式：NaCl，是一种无机盐，外观为无色立方结晶或细小结晶粉末，密度为 2.165 g/cm^3（20℃），熔点：801℃，沸点：1465℃。其主要来源是海水，味咸，易溶于水，氯化钠在空气中有潮解性。重要的基础化工——氯碱工业采用电解饱和氯化钠水溶液的方法生产氢气、氯气、氢氧化钠和其他化工产品，农业上常用氯化钠水溶液选种，医疗上常用氯化钠配制生理盐水。氯化钠也可用于金属冶炼，如电解熔融的氯化钠晶体生产活泼金属钠。氯化钠也是食用盐的主要成分，是我们生活中必不可少的调味品，但是食用过多容易引起血压升高等不健康症状。

2.5.4　甲烷

甲烷，CAS 号：74-82-8，分子式：CH_4，是最简单的有机化合物，也是最简单的烃，密度为 0.717 g/cm^3（0℃），沸点：−161.6℃，在常温常压下是无色无味的气体，有可燃性，不溶于水。甲烷在自然界中分布很广，是天然气、沼气、油田气及煤矿坑道气等的主要成分，俗称瓦斯，空气中的瓦斯含量为 5%～15% 时十分易燃。甲烷是一种重要的燃料，在天然气中约占 87%，甲烷本身无味，家用天然气的特殊气味是为安全而添加的甲硫醇或乙硫醇所致。甲烷也是一种重要的基本有机化工原料，可以用于生产炭黑、甲醇、乙炔、氯仿和四氯化碳等重要的化工原料和产品，甲烷还可以用作热水器、燃气炉热值测试的标准燃料，以及可燃气体报警器的标准气和校正气，还可用作太阳能电池非晶硅薄膜气相化学沉积的碳源。甲烷对人基本无毒，但当空气中甲烷达 25%～30% 时，氧含量明显降低，可引起头痛、头晕、乏力、注意力不集中、呼吸和心跳加速、共济失调，若不及时远离，可致窒息死亡。另外，甲烷也是一种温室气体。

2.5.5　乙烯

乙烯，CAS 号：74-85-1，分子式：C_2H_4，结构简式：$CH_2{=\!=}CH_2$，是一种无色稍有气味的气体，密度为 1.261 g/cm^3（0℃），沸点：−103.7℃。乙烯是最简单的不饱和有机化合物，也是最简单的烯烃，两个碳原子之间以双键连接。乙烯不溶于水，溶于四氯化碳等有机溶剂。乙烯也是重要的基本有机化工原料，可以用于生产乙醇、环氧乙烷、醋酸等众多基本有机化合物，以及聚乙烯、聚氯乙烯、乙丙橡胶等重要高分子材料，另外，乙烯能促进植物发育，可用作水果和蔬菜的催熟剂，以乙烯为有效成分的乙烯利等乙烯释放剂是一类植物生长调节剂。乙烯是世界上产量最大的化学产品之一，乙烯工业是石油化工产业的核心，乙烯及其衍生产品在国民经济中占有重要的地位，乙烯产量是衡量一个国家石油化工发展水平的重要标志之一。

2.5.6　乙醇

乙醇，CAS 号：64-17-5，分子式：C_2H_6O，结构简式：C_2H_5OH，属于有机化合物中的醇类，俗称酒精，是一种易燃、易挥发的无色透明液体，密度是

0.789 g/cm^3（20℃），沸点是 78.3℃，能与水以任意比例互溶，它的水溶液具有酒香的气味，并略带刺激性，其蒸气能与空气形成爆炸性混合物。乙醇可用于制造醋酸、饮料、香精、染料、燃料等，在国防工业、医疗卫生、有机合成、食品工业、工农业生产中都有广泛的用途。医疗上 95%的酒精用于器械消毒，70%～75%的酒精用于一般杀菌和消毒，其中 75%的酒精消毒效果最好。乙醇是白酒的主要成分，但饮用酒内的乙醇不应该人为添加，而是发酵产生的。白酒的度数表示 20℃时酒中含乙醇的体积百分比（即标准酒度），如 50 度的酒，表示在 100 mL 的酒中，含有乙醇 50 mL。但是，啤酒度数是表示麦芽汁的浓度，如 12 度的啤酒是麦芽汁发酵前浸出物的浓度为 12%（质量比），啤酒中乙醇浓度一般低于 10%。乙醇为中枢神经系统抑制剂，首先引起兴奋，随后抑制，且具有成瘾性及致癌性，但乙醇并不是直接致癌，而是能溶解多种致癌物质。

2.5.7　丙酮

丙酮，CAS 号：67-64-1，分子式：C_3H_6O，结构简式为 CH_3COCH_3，又名二甲基酮，是一种无色透明液体，密度是 0.784 g/cm^3（25℃），沸点：56.05℃，有特殊的辛辣气味，易溶于水和甲醇、乙醇、乙醚、氯仿、吡啶等有机溶剂，易燃，易挥发。丙酮在工业上主要作为溶剂用于炸药、塑料、橡胶、纤维、制革、油脂、涂料等行业中，也可作为合成其他化学物质的重要原料。丙酮虽然毒性较小，但是对眼、鼻、喉有刺激性，长期接触会出现眩晕、乏力、易激动、灼烧感、咽炎、支气管炎、皮炎等，急性中毒主要表现为对中枢神经系统的麻醉作用，出现乏力、恶心、头痛、头晕、易激动，重者发生呕吐、气急、痉挛，甚至昏迷。

2.5.8　苯

苯，CAS 号：71-43-2，分子式为 C_6H_6，是最简单的芳香族有机化合物，在常温常压下为一种无色、有甜味的透明液体，密度是 0.876 g/cm^3（20℃），沸点为 80.1℃，具有强烈的芳香气味，能与醇、醚、丙酮和四氯化碳互溶，微溶于水，易挥发，易燃，其蒸气有爆炸性。苯是一种重要的化工原料，用其可以制造很多种类的芳香族有机化合物，苯也是工业上一种常用的溶剂。苯可通过皮肤和呼吸道进入人体，对皮肤和黏膜有刺激作用，在体内极难降解，毒性较高，已被国际癌症研究中心（International Agency for Research on Cancer，IARC）确认为致癌物。经常接触苯，皮肤可因脱脂而变干燥，脱屑，有的出现过敏性湿疹，长期吸入苯能导致白细胞减少和血小板减少，严重时可使骨髓造血机能发生障碍，导致再生障碍性贫血，引发白血病等癌症，因此常用甲苯、二甲苯等毒性较小的溶剂代替苯。

2.5.9 甲苯

甲苯，CAS 号：108-88-3，分子式：C_7H_8，结构简式：$C_6H_5CH_3$，是苯的一甲基取代产物，又称甲基苯或苯基甲烷，是一种芳香族有机化合物。甲苯是无色透明液体，有苯样气味，能与乙醇、乙醚、丙酮、氯仿、二硫化碳和冰乙酸混溶，极微溶于水，密度 0.867 g/cm³（20℃），沸点为 110.6℃，易燃，蒸气能与空气形成爆炸性混合物，爆炸极限为 1.2%～7.0%（体积）。甲苯低毒，高浓度气体有麻醉性和刺激性。甲苯大量用作溶剂和高辛烷值汽油添加剂，也是有机化工的重要原料，广泛用于染料、医药、农药、炸药、助剂、香料等精细化学品的生产，也用于合成材料工业。甲苯是居室中挥发性污染物的主要成分之一，人体经呼吸道、皮肤及消化道吸收，甲苯进入血液后大部分被氧化，继而发生一系列变化最终随尿液排出体外，高浓度吸入时对中枢神经有较强的麻醉作用，并对皮肤和黏膜有刺激作用，低浓度长期吸入，可出现乏力、头昏、恶心、食欲不振、感觉异常及失眠，并可影响肝、肾功能。

思 考 题

1. 什么是化学？其形成和发展经历了哪三个时期？
2. 古代的炼丹和炼金是指什么？在化学发展中有什么作用？
3. 古代、近代和现代化学分别有哪些重要成果？
4. 道尔顿的原子学说要点是什么？有什么贡献和缺陷？
5. 阿伏伽德罗的分子学说要点是什么？有什么贡献？
6. 分子、原子、离子有何异同？
7. 单质与化合物，混合物与纯净物各有什么区别？
8. 什么是高分子化合物？什么是纳米粒子？各有什么特点和应用？
9. 生活中还有哪些化学的应用实例，其原理是什么？

第3章

生命体中的化学

> **本章要点**：介绍动植物体及人体内的化学成分、人体内重要的化学反应和化学平衡，以及矿物质、维生素、糖类、脂类、氨基酸、蛋白质、酶、核酸和基因的化学组成及作用。

3.1 动植物体内的化学

3.1.1 动植物体内的化学成分

动物与植物的化学组成十分相近。目前已知的 100 多种化学元素中，动植物体内已发现 80 多种，以碳（C）、氢（H）、氧（O）、氮（N）含量为最多，约占生物体的 96%。碳、氢、氧、氮、磷（P）、硫（S）、钙（Ca）七种元素占生物体的 99% 以上。

动植物体内的化学元素并非都游离存在，绝大部分组成复杂的有机或无机化合物，碳、氢、氧、氮几种元素以水、糖类（又称碳水化合物）、脂类、蛋白质和维生素的形式存在，其余元素主要以无机盐（又称矿物质或灰分）的形式存在。组成动植物体的化合物可以进行如下分类：

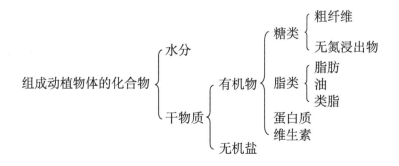

其中无氮浸出物（nitrogen free extract，NFE），又称可溶性碳水化合物，是非常复杂的一组物质，包括淀粉、可溶性单糖和双糖、一部分果胶、木质素、有机酸、单宁、色素等。

1. 动物体内的化学成分

（1）水分：水是动物体内所占比例最大的化学成分，平均为体重的 50%～67%。动物体内水分含量随年龄的增加而大幅度降低，以牛为例，胚胎期含水高达 95%，初生犊牛含水 75%～80%，5 月龄幼牛含水 66%～72%，成年牛体内含水 40%～60%。不同器官和组织水分含量也不同，血液含水分 90%～92%，肌肉含水分 72%～78%，骨骼组织含水分约 45%，牙齿珐琅质含水分仅 5%左右。

（2）有机物：蛋白质和脂肪是动物体内两种重要的有机物。动物体内蛋白质含量较高，蛋白质是动物体的结构物质，是组成动物体各组织器官的重要成分，另外，动物体内各种酶、抗体以及使动物机体具有消化、代谢、保护功能的一些特殊物质多为蛋白质。脂类是动物体的贮备物质，动物体内的脂类主要是结构性的复合脂类，如磷脂、糖脂、鞘脂、脂蛋白质等。不同种类动物体内的脂肪含量不同，一般来说，猪体内脂肪贮量较高，牛、羊次之，鸡、兔、鱼等动物体内脂肪贮量较少。脂肪含量和水分含量呈显著负相关。动物体内碳水化合物含量少于1%，主要以肝糖原和肌糖原形式存在，动物体内几乎没有粗纤维。

（3）矿物质：动物体内含有钙、镁（Mg）、钾（K）、钠（Na）、磷、硫、氯（Cl）、铁（Fe）、铜（Cu）、碘（I）、锌（Zn）、锰（Mn）、钼（Mo）、钴（Co）、铬（Cr）、锡（Sn）、钒（V）、硅（Si）、镍（Ni）、氟（F）、硒（Se）等几十种矿物元素，其中钙和磷是动物体内含量最多的矿物元素，平均占体重的 1%～2%，镁是体内常量元素中含量最少的矿物元素，人体平均含镁 20～30g。90%以上的钙、约 80%的磷和 65%左右的镁分布在动物骨骼和牙齿中，其余钙、磷、镁则分布于软组织和体液中。

2. 植物体内的化学成分

（1）水分：植物体内水分含量变化范围很大，一般在 5%～95%，随植物从幼龄至老熟逐渐减少。

（2）有机物：植物中蛋白质和脂类的含量随植物种类、部位和生长期不同差异很大。除米面类和豆类作物以外的大部分植物体中蛋白质含量较少，而且植物蛋白质的氨基酸组成及比例与动物蛋白质也不同，如植物蛋白质中赖氨酸、蛋氨酸、色氨酸的含量比动物蛋白质中低。除菜籽、棉籽、桐籽、花生、大豆、芝麻、玉米以外的大多数植物中含有的脂类（又称为油）不多，性质也与动物脂肪有别。植物叶片是制造养分的主要器官，叶片中蛋白质和脂类的含量高于茎、秆。植物成熟后，将大量营养物质输送到籽实中贮存，因而籽实中蛋白质和脂类的含量高于茎、叶。植物体内碳水化合物含量较高。碳水化合物是植物的主要组成成分，是植物体的结构物质和贮备物质。碳水化合物中的粗纤维是植物细胞壁的组成物质，一般植物中都含有粗纤维，而且在茎、秆中含量较高。纤维素、半纤维素、木质素和果胶等结构性多糖也是植物细胞壁的组成物质，主要分布于根、茎、叶和种皮中。

（3）矿物质：植物体内含有氮、磷、钾、钙、镁、硫、硅、铁、锰、硼（B）、锌、铜、钼、氯、镍等矿物元素，其中氮、磷、钾、钙、镁、硫、硅含量较大，铁次之，其余元素含量较少。对植物体最重要的矿物元素是氮、磷和钾。

3.1.2　人体内的化学元素

人体也是由化学元素组成的，组成人体的元素有 60 多种，而在人体中发现的元素有 80 多种。根据这些元素对人体的意义，将其分为必需元素、非必需元素和污染元素。必需元素是维持正常生命活动不可缺少的元素。如碳、氢、氧、氮、磷等。人体缺少某一必需元素时不能维持正常的生命活动。非必需元素是指生理功能尚未确定或在人体内可有可无的元素，如铷（Rb）、砷（As）、硼、钛（Ti）、铝（Al）、钡（Ba）、铌（Nb）、锆（Zr）等。污染元素是指对人体有毒而无生理功能的元素，如汞（Hg）、镉（Cd）、铅（Pb）、铋（Bi）、锑（Sb）、铍（Be）等。

根据元素在人体内的含量不同，可分为宏量元素（又称为常量元素）和微量元素两大类。凡是占人体总质量的 0.01% 以上的元素，如碳、氢、氧、氮、磷、硫、氯、钙、镁、钠、钾等，称为常量元素，它们的总量占了人体总质量的 99.7%；凡是占人体总质量的 0.01% 以下的元素，如铁、锌、铜、锰、硅、锡、铬、硒、碘、氟、钒、钼、钴、镍等，称为微量元素，其中铁由于相对来说含量较高又被称为半微量元素。维持生命所必需的元素有 26～28 种。以上常量和微量元素都属于必需元素。其中钙、钠、钾、镁四种元素的离子约占人体中金属离子总量的 99% 以上。

常量元素是人体中的主要元素，它们在生命活动和人类健康中起着决定性的作用。碳是生命的基本单元氨基酸、核苷酸的骨架，也是糖类、蛋白质和脂肪等的重要组成部分。在人体内的各种元素中，碳元素具有特别重要的作用，碳原子相互连接成链或成环，形成各种生物大分子的骨架结构，碳骨架结构的排列和长短决定了生物大分子的基本性质。氢是水、糖类、蛋白质、脂肪和酶等的组成成分，并且参与体液酸碱度的调节。氧是水、糖类、蛋白质、脂肪等的组成成分，并且参与人体多种氧化过程。氮是组成蛋白质的重要元素，占蛋白质分子质量的 16%～18%，此外，氮也是构成核酸、脑磷脂、卵磷脂、维生素的重要成分。钠和氯在人体中以氯化钠的形式出现，起调节细胞内外渗透压和维持血浆等体液平衡的作用。钠主要来源于食盐，人体每天必须补充 4～10 g 食盐，钠缺乏可出现生长缓慢、食欲减退、肌肉痉挛、恶心、腹泻和头痛等症状，但是体液中钠离子过多，易使血压升高，心脏负担加重，因此，心脏病和高血压患者要减少食盐摄入量。钾可以调节细胞渗透压和体液平衡，参与细胞内糖和蛋白质的代谢，帮助维持神经健康和心跳频率正常，并协助肌肉正常收缩。钾缺乏可引起心跳不规律和加速、心电图异常、烦躁、肌肉衰弱，甚至导致心搏停止。镁是多种酶的激活剂，参与维持核酸结构稳定，与钙、磷一起组成牙齿和骨骼的主要成分。钙在人体中含量仅次于 C、H、O、N，是最丰富的常量金属元素，正常人体内含钙大约1～1.25 kg。钙是人体骨骼和牙齿等硬组织的重要成分，钙还参与人体的许多酶反应，与神经传递和肌肉收缩有密切的关系，还能调节细胞渗透压、保持细胞膜的完整性。缺钙会引起软骨病、神经松弛、腰腿酸痛、抽搐、骨质疏松、凝血机能差。人体每天应补充 0.6～1g 钙，动物骨、鸡蛋、鱼虾和豆类等含钙丰富，但要注意避免与能和钙生成水不溶物的食物一起食用。磷约占体重的 1%，是体内重要化合物三磷酸腺苷（简称 ATP）、脱氧核糖核酸（简称 DNA）等的组成元素，是生物合成和能量代谢所必需的元素。人体每天需补充 0.7 g 左右的磷，磷在人体内主要分布于骨骼、牙齿、血液、脑和 ATP 中，其中 ATP 是人体的能量仓库。硫是蛋白质的组成成分，与氨基酸的代谢有关，人体的毛发、指甲、皮肤、内脏器官和结缔软组织等都含有硫的化合物。

微量元素虽然在人体内含量很少，但其作用至关重要。微量元素不足或过量都会导致人体出现病症。以下对一些微量元素进行简介。

1. 铁（Fe）

铁是人体内含量最高的金属微量元素，也是日需要量最大的微量元素。铁是血红蛋白、肌红蛋白和多种氧化酶的成分，与细胞内的生物氧化过程和组织的呼吸过程均有密切关系。正常成年人每天需要摄入铁 10～15 mg，缺乏时会引起缺铁性贫血或营养性贫血。但铁含量过高会引起铁质沉着病，增加患心肌梗死和肿瘤的危险。富含铁的食物有动物肝脏、血和瘦肉、禽蛋类、豆类、绿叶蔬菜、黑木耳、海带等。人乳中的铁的吸收率高达 70%，所以母乳喂养有利于婴儿获得需要量的铁。使用铁锅炒菜也是一种日常补铁的方法。医学上常用硫酸亚铁、琥珀酸亚铁、氨基酸（或蛋白质）螯合铁剂等补充人体需要的铁。

2. 锌（Zn）

锌是人体内含量较高的必需微量元素，也是日需要量与铁相当的微量元素，在人体中总量不到黄豆大小的锌元素，参与着体内两百多种酶的合成，在人体生长发育、生殖遗传、免疫、内分泌等重要生理过程中起着极其重要的作用，还能促进微量元素锰和铜的吸收，因此被冠以"生命之花"和"婚姻和谐素"的美称。锌分布在机体的各种组织中，如眼球组织、肝脏、胰腺、牙齿、骨骼、毛发、前列腺、性腺组织等。正常人每天需要摄入锌 $10\sim15$ mg。缺锌时，易患口腔溃疡、肝脾肿大、男性前列腺炎等疾病，并引起胎儿畸形率升高、生长发育不良和免疫力下降。锌过量时，会抑制铜和铁的吸收，产生生理功能障碍、高胆固醇血症和顽固性缺铁性贫血等疾病。富含微量元素锌的食物有生蚝、山核桃、扇贝、香菇、羊肉、葵花子、猪肝等。补充锌有硫酸锌（第一代）、葡萄糖酸锌、甘草锌胶囊（第二代）和生物补锌制剂（第三代）。

3. 氟（F）

氟是人体内含量和日需要量都较高的必需微量元素。氟对骨骼与牙齿有重要作用，氟能与骨骼中的羟基磷灰石形成坚硬的氟磷灰石，适量的氟有利于钙和磷的利用及在骨骼中沉积，加速骨骼的形成，并维护骨骼的健康，据调查在氟适宜地区骨质疏松症较少。氟被牙釉质中的羟基磷灰石吸附后，在牙齿表面形成一层抗酸性腐蚀的、坚硬的氟磷灰石保护层，有防止龋（音 qǔ）齿的作用。但氟过量会引起氟中毒，表现为氟斑牙、氟骨症等病症。氟斑牙又称氟牙症或牙斑病，表现为牙齿着色（一般为黄褐色）、变脆和缺损，不但影响美观，而且影响牙齿功能。氟骨病会引起骨痛及腰腿痛，严重者四肢变形、运动受限，甚至自发性骨折或瘫痪。成人的适宜氟摄入量为每人每天 $0.5\sim1.7$ mg。经检测发现每 100 g 绿茶中含氟量为 $10\sim15$ mg，且 80%为水溶性成分。目前市场上的绿茶牙膏就是利用绿茶含氟这一特点，来达到坚齿防龋的目的。若每人每天饮绿茶 10 g，理论上最多可吸收水溶性氟 $1\sim1.5$ mg，既能补充人体对氟的需求，也不用担心氟过量的问题。

4. 铜（Cu）

铜是人体中含量和日需要量都较高的必需微量元素，广泛分布于机体组织中，大部分以有机复合物形式存在，很多是金属蛋白，以酶的形式起作用，生命系统中许多涉及氧的电子传递过程和氧化还原反应都是由含铜的酶催化的。铜的成人适宜摄入量为每人每天 2 mg 左右，缺铜时人体内各种血管与骨骼的脆性增加、脑组织萎缩，易患贫血、白癜风和门克斯（Menkes）病，铜过量可引起威尔逊氏（Wilson）病。牡蛎和贝类等海产品以及坚果是铜的良好来源，动物肝、肾、谷类胚芽和豆类次之，使用铜水管可能也是补铜的有效方法，医学上的补铜剂有硫酸铜。

5. 锰（Mn）

锰是人体内含量不高、但日需要量较高的必需微量元素，是多种酶的激活剂，参与脂类、碳水化合物的代谢和结缔组织基质黏多糖的合成，维持骨骼正常发育。成人每天需要 0.3～5 mg 锰，锰缺乏会引起骨骼畸形、性功能障碍，锰过量则会损害中枢神经系统及引起内分泌功能紊乱。锰的食物来源有茶叶、粗粮、面粉、豆类、蛋类、花生、土豆及甘蓝等绿叶蔬菜，茶叶含有丰富的锰，被称为聚锰植物，喝茶是一种很好的补充锰的方式。

6. 锡（Sn）

锡也是人体内含量不高，但日需要量较高的必需微量元素。锡被定为人体必需微量元素的时间较晚，而且现在还有争议。一般认为锡在人体的胸腺中能够产生抗肿瘤的含锡化合物，抑制癌细胞的生成，锡还能促进蛋白质和核酸的合成，有利于身体的生长发育。成人锡推荐摄入量为每人每天 2～3 mg，缺锡容易出现生长发育障碍，锡过量会引起胃肠炎，影响肝肾功能和骨代谢。含锡丰富的食品有新鲜的绿色蔬菜、水果、猪肝、猪肾、谷类、麦类等，另外，罐头食品含有较为丰富的锡。一般通过普通膳食及饮水就能摄取足够的锡。

7. 碘（I）

碘是人体内含量和日需要量都较小的必需微量元素，是甲状腺球蛋白的组成成分，与甲状腺的机能密切相关，在人体需要时甲状腺球蛋白会很快水解为有活性的甲状腺素，每个甲状腺素分子中含有 4 个碘原子。甲状腺素是人体内多种酶的活性元素，对人体的健康、生长与繁殖均有重要影响。成人碘推荐摄入量为每人每天 0.1～0.14 mg，缺碘时会导致甲状腺肿大，即俗称的"大脖子病"，儿童则患克汀病；碘过量可导致甲状腺功能减退症或甲状腺功能亢进，自身免疫甲状腺病和乳头状甲状腺癌的发病率显著增加。碘在海带、紫菜、海鱼、海盐中含量丰富，尤其是海带碘含量较高，碘的存在形式稳定，生物利用率高，所以食用海带是很好的补碘方法，另外，使用碘盐也是补碘的良好形式，补碘的药物主要有碘片。

8. 硒（Se）

硒曾经被认为是有毒元素，但后来研究发现，硒是动物生命活动的必需微量元素。硒在人体内含量较小，日需要量非常小，但硒在酶系统和血液系统中起重要作用，能提高机体的免疫功能，对心肌和肝脏也有保护作用。血硒水平的高低与肿瘤的发生息息相关，因此硒被科学家称为人体微量元素中的"抗癌之王"。正常成人硒推荐摄入量为每人每天 0.03～0.06 mg，缺硒是克山病和大骨节病两种地方性疾病的主要诱因，硒含量过高则会引起脱发、失明、癌症，甚至死亡。含硒高的食物有蘑菇、紫薯、蛋类、虾类、大蒜、芝麻、小麦胚芽、啤酒酵母等。食物补硒的效果不是很明显，有机硒保健品有硒酵母、硒蛋、富硒藻类、富硒蘑菇和硒麦芽等，补硒制剂有硒维康口嚼片、亚硒酸钠片等。

9. 铬（Cr）

铬是人体内含量很少、日需要量不大的必需微量元素，能增强体内胰岛素的作用，通过胰岛素影响机体内糖类、蛋白质、脂肪和核酸的代谢。铬广泛存在于人体骨骼、肌肉、头发、皮肤、皮下组织、主要器官（肺除外）和体液之中，而且人体内的铬几乎都是+3 价的。正常成人铬需求量为每人每天 0.02～0.05 mg，缺铬时易患糖尿病和动脉粥样硬化，还可引起高血脂，铬过量则损伤肝脏、诱发肿瘤。铬在天然食品中的含量较低，但均以+3 价的形式存在。苹果皮、香蕉、马铃薯、面粉、干酪、蛋、牛肉、鸡肉、动物肝脏、啤酒酵母、废糖蜜等为铬的主要来源。医学上常用的补铬剂有富铬酵母、烟酸铬、氨基酸铬和吡啶铬等。值得注意的是+6 价铬被认为是一种致癌物质。

10. 钴（Co）

钴是人体内含量和日需要量都很小的必需微量元素。钴作为维生素 B_{12} 的组成部分，对蛋白质、糖类和脂肪的代谢和细胞的造血功能有重要作用，并可扩张血管、降低血压。正常成人钴推荐摄入量为每人每天 0.02～0.16 mg，钴缺乏易导致贫血症、老年痴呆症、青光眼、性功能障碍，以及心血管疾病；钴含量太高则会引起红细胞增生症、哮喘、尘肺和心肌炎等。钴含量比较丰富的食物有动物肝脏（猪肝、鸡肝等）、菌藻类（香菇、蘑菇、海带、紫菜）、鸡肉、羊肉、牛肉等肉类和沙丁鱼、青鱼等鱼类，补钴制剂有氯化钴等。

常量元素和微量元素以离子、分子、络合物等多种形式存在于人体中，或者组成各种各样的生命小分子和大分子，它们各司其职又团结协作，传递着生命所必需的各种物质，维持着人体正常的新陈代谢。总体而言，人体内化学元素的作用有：构成肌肉、器官、细胞和软组织；促进动物骨架坚硬；控制体液平衡；活化酶体系；参与维生素的协同作用。除了氧可以通过呼吸以氧气的形式从空气中摄入外，其他元素主要从食物和饮用水中获得。

常量元素和微量元素广泛参与人体细胞内的代谢过程。当机体严重缺乏生命所必需的某些元素时会死亡，但一种元素过量也能引起机体内代谢紊乱，甚至中毒死亡。现代矿物质营养方面一个重要的进展是关注了矿物质元素之间的相互作用——协同或拮抗，这种作用直接影响矿物质元素的吸收和利用，从而产生了矿物质元素的平衡理论。有些动物发生某种营养问题，可能并非是由于缺乏某种或某些矿物质元素，而是由于某些元素之间的不平衡造成的。另外，矿物质元素与其他营养素，例如与维生素之间的关系也非常重要，钙与维生素 D 之间的关系就是一个典型的例子。

3.1.3 人体内的化学反应

人体正常的新陈代谢和人体内的物质输送、信息传递、生物催化、能量转换等过程都伴随着化学反应。人体细胞里每分钟要进行一百多次生化反应。例如氧气的输送、淀粉的水解、金属离子的氧化还原反应、表面化学反应、电化学反应、蛋白质的合成、遗传信息的复制等。人体中的反应非常神奇，都能在常温、常压、接近中性的温和条件下，快速、高效、专一选择性地进行。以下简单介绍一些人体内的化学反应。

1. 氧气输送

人若不呼吸大概 10 分钟左右就会死亡，原因是缺乏氧气使各种器官无法工作。人类所需氧气来自呼吸的空气，靠血液循环送达全身。以人类为代表的大部分动物是依靠血液中红血球的血红蛋白完成输氧任务的。血红蛋白的核心部分是血红素，其分子结构如下所示，为卟啉大环化合物，中心有一个+2 价铁离子(Fe^{2+})，能与氧分子发生络合反应生成氧合血红蛋白，随血液流动把氧气输送到全身的细胞和组织中，释放氧气，转而结合细胞和组织呼吸产生的二氧化碳，将其运走。血红蛋白的特性是：在氧含量高的地方，容易与氧结合；在氧含量低的地方，又容易与氧分离。血红蛋白的这一特性，使红细胞具有运输氧气的功能。血红蛋白除了结合氧气和二氧化碳以外，也容易结合其他物质，如果结合一氧化碳，就会发生一氧化碳中毒，煤气中毒是典型的实例；如果结合氰根离子（CN^-），就会发生氰化物中毒。与氧气不同的是，一氧化碳和氰根离子一旦和血红蛋白结合就很难分离。

血红素的分子结构

2. 淀粉水解

淀粉类食物是人体摄入的一个食物大类。淀粉是一种多糖碳水化合物,人在食用时,首先要进行咀嚼,这时,在唾液淀粉酶的作用下多糖发生水解,转变为麦芽糖、蔗糖等有甜味的糖,这就是淀粉的水解反应。吃饭时,如果把米饭在嘴里多嚼一会儿,会感觉到甜味,就是淀粉水解的最好例证。

3. 金属离子的氧化还原反应

食物中的铁绝大多数是+3 价铁(Fe^{3+}),摄入人体后,在胃和肠中被还原成+2 价铁,并被吸收。吸收的+2 价铁又被氧化成+3 价铁储存,需要时释放,又被还原成+2 价铁的形式起作用,例如生成血红蛋白。

4. 表面化学反应

人体内有许多特殊的表面化学反应。例如,牙齿形成的正常矿化,动脉壁硬化等病理矿化,细胞壁表面配合物的形成,以及柠檬酸铝对细胞膜的保护作用,都是生物体内的表面化学反应。柠檬酸铝对细胞膜的保护作用可以用于防治矽肺。

5. 电化学反应

人体肌肉细胞和神经细胞具有接受和传导兴奋和传递信息的作用,这种作用都是细胞膜的原浆膜产生瞬间电化学反应的结果。细胞膜是细胞表面的半透过性膜,主要由磷脂和蛋白质组成,特点是内外表面不对称,细胞在安静状态时,细胞膜内表面电位为负,外表面电位为正,因此产生约 80 mV 的膜电位,兴奋或抑制的刺激引起电化学反应和膜电位变化。

3.1.4　人体内的化学平衡

虽然人体内不停地进行着多种化学反应,但是人体本身可以看成是一个平衡体系。前面提到人体内的必需元素缺乏和过量都可能导致疾病甚至死亡,可见人体内化学元素平衡的重要性,除此之外,人体中还有水平衡、酸碱平衡等多种重要的平衡。

1. 水平衡

水约占人体总质量的 2/3,它参与了人体中所有的化学反应和化学平衡,因此体内严重缺水或水过剩都会影响健康。人体中的水主要有三个来源:液体食物提供约 27%;固体食物提供约 18%;体内代谢水,即食物分解产生的水占 50%以上。人体中水的排出也主要有三条途径:皮肤蒸发和呼吸出水蒸气约占 42%;肾脏排尿约占 54%；肠道排粪约占 4%。在正常情况下，人体通过丘脑下部的神经中枢控制渴感和便意，调节水平衡。

2. 酸碱平衡

人体是一个酸碱缓冲体系，酸性、碱性物质进入人体而体液的 pH 不发生显著变化。人体中的三种缓冲体系是：蛋白质缓冲体系、碳酸氢盐缓冲体系和磷酸盐缓冲体系，人体血浆的 pH 由以上几种缓冲体系维持在 7.40 左右。人体中的碳脱水酶能催化酸碱平衡反应，帮助人体体液酸碱度的快速调节。在三种缓冲体系中，最重要的是碳酸氢盐缓冲体系，它存在于所有体液中，碳酸氢盐缓冲体系的工作原理是碳酸（H_2CO_3）、碳酸氢根（HCO_3^-）和氢离子（H^+）之间的平衡与转化，方程式如下：

$$H_2CO_3 \rightleftharpoons HCO_3^- + H^+$$

3. 电荷平衡

电荷平衡是人体中的基本平衡，人体中的电荷平衡主要是指细胞内外的阴阳离子平衡。细胞外液中主要的阳离子是钠离子（Na^+）和钙离子（Ca^{2+}），主要的阴离子是氯离子（Cl^-）和碳酸氢根离子（HCO_3^-）；细胞内液中主要的阳离子是钾离子（K^+）和钙离子（Ca^{2+}），主要的阴离子是磷酸氢根离子（HPO_4^{2-}），细胞内外的电荷平衡不仅影响信息传导，还影响渗透压平衡。

4. 沉淀溶解平衡

人体骨骼和牙齿中决定硬度的无机盐在体内都存在着平衡。骨骼中的无机盐以钙和磷的化合物为主，在正常情况下，骨中钙盐的溶解和血中钙盐在骨中的沉淀同时进行，骨中的钙、磷和血中钙、磷维持动态平衡。牙齿的釉质是人体中最硬的组织，主要成分是羟基磷灰石：$Ca_{10}(OH)_2(PO_4)_6$，它存在这样一个平衡：

$$Ca_{10}(OH)_2(PO_4)_6 + 8H^+ \rightleftharpoons 10Ca^{2+} + 2H_2O + 6HPO_4^{2-}$$

当遇到酸性物质时，酸中的 H^+ 向釉质内扩散，使羟基磷灰石溶解，Ca^{2+} 和磷酸氢根（HPO_4^{2-}）游离出来，这个过程称为脱矿。若外部环境中钙离子和磷酸氢根浓度比釉质间隙内更高时，可以向釉质内扩散沉积，这个过程称为再矿化，再矿化过程是人体自身防龋齿的过程。矿化和再矿化速率大致相等则牙齿健康。

分析现代人生病的原因，除了外伤和意外事件，大多数与人体中化学平衡状态被扰乱有关，生病时使用药物进行治疗的过程，实际上是依靠外来化学物质的作用使人体内被破坏的某种化学平衡得到恢复的过程。

3.2　维　生　素

3.2.1　概述

维生素（vitamin）同酶、激素一样，被视作"活性物质"，是生命的催化剂。动物体需要的每种维生素的量都很少，但它们是维持正常新陈代谢所必需的物质。动物体能自身合成酶和激素，但所需的维生素主要从饮食中获得。除维生素 A 和 D 外，其他各种维生素都能由植物合成，植物还能合成维生素 A 和 D 的维生素原，即维生素的前体，维生素原进入动物体后能在体内转化为相应的维生素。机体内的各种维生素必须保持平衡，机体才能健康，过多和过少一般都会使机体表现出某种疾病。

3.2.2　品种及作用

维生素通常可分为两大类，一类是脂溶性（又称油溶性）维生素，有维生素 A、维生素 D、维生素 E 和维生素 K；另一类是水溶性维生素，有 B 族（包括 B_1、B_2、B_6、B_{12}、叶酸、泛酸、烟酰胺、生物素）维生素和维生素 C。

1. 维生素 A（又叫视黄醇）

来源：动物的肝脏、奶、蛋黄，胡萝卜、番茄中有维生素 A 原。维生素 A 过去主要从鱼肝中提取，现在可以通过人工合成。

作用：维持黏膜和上皮组织的正常机能，增强对疾病的抵抗力，防止癌肿。

不足：易引起角膜软化，夜盲症，皮肤干燥，神经麻痹，肌肉萎缩等。

过量：会中毒，无食欲，头痛，视觉模糊，甚至死亡。

成人每天需要 3000～4000 国际单位。

2. 维生素 D

维生素 D 家族中最重要的成员是麦角钙化醇 D_2 和胆钙化醇 D_3。

来源：鱼肝、鱼籽、猪肝、乳汁、蛋黄、奶油等。

作用：促进钙、磷的吸收和骨骼钙化。

不足：易患佝偻病，骨软化，手足痉挛。

过量：引起中毒、发烧、过敏、呕吐、腹泻、胃功能障碍。

成人每天约需 400 国际单位。

3. 维生素 E

维生素 E 是包括生育酚的一组化合物，其中 γ-生育酚最常见，α-生育酚最具生物活性。

来源：天然植物油（如棉籽油、黄豆油）和谷类原粮。

作用：①维持正常生殖机能，治疗不孕症和习惯性流产；②防止不饱和脂肪酸、以及维生素 A 和 D 氧化，延缓衰老。由于其中 α-生育酚具有抗氧化作用，因此维生素 E 被认为是一种天然抗氧剂。

不足：未老先衰，易生病。

4. 维生素 K

来源：绿色蔬菜、水果和蛋黄。

作用：促进肝脏中凝血酶原的合成，有凝血作用。

不足：血液不易凝固，大量使用抗生素或手术后出血不止。

5. B 族维生素

1）维生素 B_1（又叫硫胺素）

来源：酵母、米糠、小麦、瘦猪肉、杨梅、花生等。

作用：增进食欲，促进乳汁分泌，维持神经末梢兴奋传导正常进行。

不足：易得脚气病、多神经炎、麻痹症。

2）维生素 B_2（又叫核黄素）

来源：酵母、肝、肾、肉类、乳类。

作用：参与机体的氧化还原过程，维持眼睛和口腔的健康。

不足：易患口角炎、舌炎、眼结膜炎、脂溢性皮炎。

3）维生素 B_6

维生素 B_6 又叫吡哆素，包括吡哆醇、吡哆醛及吡哆胺。

来源：酵母、肉类、谷物、绿色蔬菜、牛奶、蛋黄和动物内脏。

作用：参与蛋白质、脂肪代谢，调节神经系统，防止动脉硬化和肾结石，治疗妊娠呕吐、脂溢性皮炎等。

不足：造成婴儿生长缓慢和贫血，成人肢痛病和糙皮病（一种表现在皮肤、消化及神经系统的复杂病症）。

4）维生素 B_{12}

维生素 B_{12} 又称钴胺素，是唯一含有金属的维生素。

来源：肝、鱼、蛋、乳、黄豆。

作用：促进维生素 A 在肝脏中贮存，提高血浆中蛋白质含量，促进血红蛋白中巯基的形成，参与制造骨髓红细胞，防止大脑神经受到损伤。

不足：易引起巨幼红细胞性贫血（又称恶性贫血）和消化道黏膜炎症。

5）叶酸

来源：绿色蔬菜，动物肝、肾。

作用：刺激机体红血球、白血球、血小板生成，有生血作用，可治疗贫血。

不足：易患恶性贫血。

6）泛酸

来源：日常饮食能提供丰富的泛酸。

作用：①是辅酶的主要组成成分，在有机体内的活性形式即辅酶 A；②参与碳水化合物和氨基酸的分解及脂肪、磷酸和固醇的合成等。

7）烟酰胺（包括烟酸）

来源：广泛存在于动物性及植物性食物中。

作用：构成脱氢酶的辅酶成分，促进消化功能，维持皮肤和神经系统健康。

不足：易引起皮炎、腹泻和痴呆。

8）生物素 H

来源：肝、乳、肉和蔬菜。

作用：在蛋白质和脂肪等代谢及 CO_2 的分离和结合中起重要作用，并帮助叶酸和泛酸代谢正常进行。

不足：易造成皮炎、毛发脱落、肌肉萎缩、生长迟缓。

6. 维生素 C

维生素 C 又称 L-抗坏血酸。

来源：新鲜蔬菜和水果，如橘、橙、枣、番茄、菠菜等。

作用：①是机体氧化还原反应递氢体；②对铅、砷、苯、甲苯有解毒作用；③帮助铁和色氨酸的吸收；④增强对坏血病、传染病和癌症的抵抗能力。

不足：易发生皮下和牙龈出血，牙齿脱落，下肢疼痛，身体衰弱，以及伤口愈合慢。

3.3　糖类和脂类

3.3.1　糖类

从化学结构特征来说，糖类（saccharide）是含有多羟基的醛类或酮类化合物，或是经水解能转化成为多羟基醛类或酮类的化合物。糖类与蛋白质、脂肪为生物体三大基础物质，是一切生命体维持生长、运动、繁殖等生命活动所需能量的主要来源，而且糖类是为人体提供能量的三大基础物质中最廉价的一种。糖类除了充当营养物质之外还具有一些特殊的生理活性，例如：肝脏中的糖类化合物——肝素有抗凝血作用；核酸中的糖类化合物——核糖和脱氧核糖参与构成遗传物质。糖类也是自然界中含量丰富的有机化合物，主要由绿色植物经光合作用合成。

　　糖类化合物由 C、H、O 三种元素组成，分子中 H 和 O 的比例通常为 2∶1，与水分子中的比例一样，故又称为碳水化合物（carbohydrate），可用通式 $C_m(H_2O)_n$ 表示（其中 m、n 为正整数）。但是后来发现有些化合物按其结构和性质应属于糖类化合物，可是它们的组成并不符合通式 $C_m(H_2O)_n$，如鼠李糖（$C_6H_{12}O_5$）、脱氧核糖（$C_5H_{10}O_4$）；而有些化合物如甲醛（CH_2O）、乙酸（$C_2H_4O_2$）、乳酸（$C_3H_6O_3$），其组成虽符合糖类通式，但结构和性质与糖类化合物完全不同。所以，碳水化合物这个名称并不确切，但至今仍被习惯性使用。

　　糖类可以分为单糖（如核糖、葡萄糖和果糖）、低聚糖（如蔗糖和麦芽糖）、多糖（如淀粉和纤维素），以及糖的衍生物。食物中的糖类分成两类，一类是人可以消化、吸收和利用的有效碳水化合物，如：单糖、二糖和多糖中的淀粉；另一类是人不能消化的无效糖类，如：多糖中的纤维素。食草动物由于消化道寄生一些可以产生纤维素水解酶的微生物，因此能以纤维素为生。人体中糖类的存在形式主要有三种，分别是葡萄糖、糖原（结构与淀粉类似，但分支较多）和糖复合物。

　　葡萄糖和果糖的化学分子式均为 $C_6H_{12}O_6$。葡萄糖含有一个醛基、六个碳原子，又叫己醛糖，具有还原性，因此可以用于制作银镜和检测尿液中的葡萄糖含量。果糖含有一个酮基、六个碳原子，又叫己酮糖，没有还原性。自然存在的葡萄糖为 D-(+)-葡萄糖，有直链结构和环状结构两种类型，环状结构又有六元环和五元环两种情况，由于它们的骨架分别与吡喃环和呋喃环相似，因此把具有六元环和五元环结构的糖分别称为吡喃糖和呋喃糖。D-(+)-葡萄糖主要以六元环结构存在，包括 α-D-(+)-吡喃葡萄糖和 β-D-(+)-吡喃葡萄糖，简称 α-葡萄糖和 β-葡萄糖，前者接在 1 号碳和 4 号碳上的羟基（—OH）方向一致，后者两个羟基方向相反。葡萄糖的三种化学结构及其之间的关系如图 3-1 所示。

　　一分子 α-葡萄糖和一分子 β-呋喃果糖脱去一分子水生成蔗糖，两分子 α-葡萄糖脱去一分子水生成麦芽糖。蔗糖和麦芽糖都属于二糖，也是最简单的低聚糖，化学分子式均为 $C_{12}H_{22}O_{11}$。蔗糖不具有还原性，麦芽糖具有还原性。

　　多个环状结构葡萄糖分子脱水生成淀粉和纤维素，它们属于多糖，是高分子化合物，虽然两者的分子都可以用 $(C_6H_{10}O_5)_n$ 表示，但是直链淀粉是由 α-葡萄糖通过 α-1,4-糖苷键连接组成的，支链淀粉中还含有少量 α-1,6-糖苷键；而纤维素分子是由 β-葡萄糖以 β-1,4-糖苷键连接组成的，淀粉和纤维素的化学结构示意

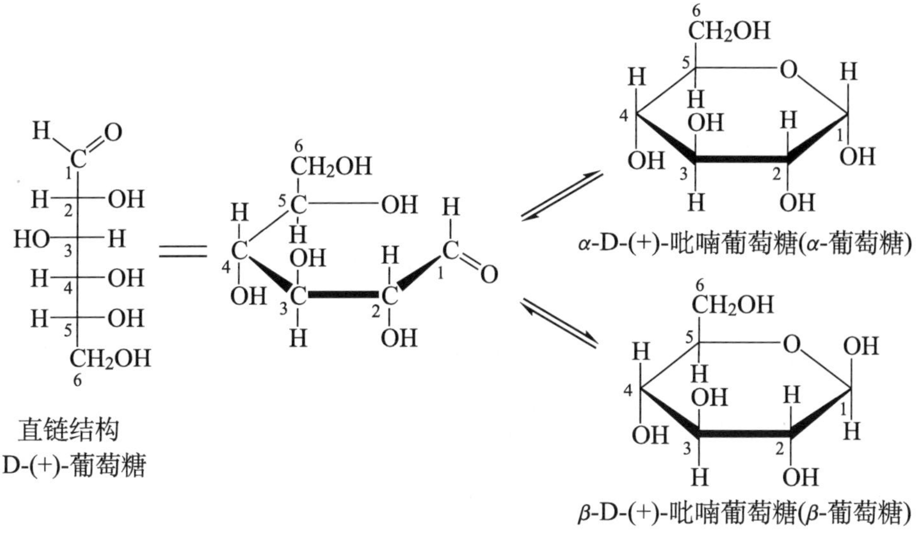

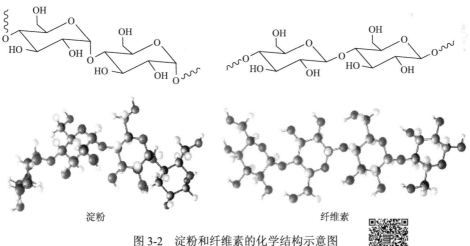

图 3-1　葡萄糖的三种化学结构及其之间的关系

如图 3-2 所示。由于葡萄糖单元以及连接方式的不同而使淀粉和纤维素的性质大相径庭。淀粉在水中能呈糊状，可以在人体内被水解、消化、吸收，成为人体的能源库，而纤维素不能在人体内被水解和消化吸收，不产生热量，但可以帮助处于消化系统中的食物顺畅地移动，防治便秘。纤维素的优势是具有较好的强度和化学稳定性，因此其另一个重要用途是纺丝织布。

淀粉　　　　　　　　　　纤维素

图 3-2　淀粉和纤维素的化学结构示意图

资料来源：http://www.52ij.com/xuesheng/huaxue/33870.html

糖类有以下几个方面的生理功能：

（1）构成细胞和组织：每个细胞中都含有碳水化合物，其含量为 2%～10%，主要以糖脂、糖蛋白和蛋白多糖等糖复合物的形式存在，分布在细胞膜、细胞器膜、细胞浆以及细胞间质中。

（2）储存和提供能量：每克葡萄糖产热约 16 kJ，人体摄入的碳水化合物在体内经消化变成葡萄糖或其他单糖参加机体代谢。中国营养专家认为每个人膳食中碳水化合物产热量以占总热量的 60%～65% 为宜。米、面等主食中多糖类碳水化合物含量较高。

（3）维持脑细胞的正常功能：葡萄糖是维持大脑正常功能的必需营养素，当血中的葡萄糖（简称血糖）浓度下降时，脑细胞功能会因缺乏能源而受损，造成功能障碍。成年人空腹血糖浓度低于 2.8 mmol/L 时即可诊断为低血糖，患者除脑细胞功能受损外，还会出现头晕、心悸、出冷汗、面色苍白，甚至昏迷等症状。

（4）节省蛋白质：食物中碳水化合物不足，机体不得不动用蛋白质来提供生命活动所需的能量，这将影响机体用蛋白质进行新蛋白质合成和组织更新。因此，完全不吃主食，只吃肉类是不适宜的，因肉类中含碳水化合物很少，这样机体组织将用蛋白质产热。所以减肥者或糖尿病患者每天摄入的主食不宜少于 150g。

（5）抗生酮作用：脂肪酸分解所产生的乙酰基需与草酰乙酸结合才能进入三羧酸循环而最终被彻底氧化，产生能量。若碳水化合物不足，则草酰乙酸生成不足，脂肪酸不能被彻底氧化而产生大量酮体。尽管肌肉和其他组织可以利用酮体产生热能，但如果酮体生成过多，可引起酮中毒（ketosis），破坏机体的酸碱平衡，导致酸中毒。故摄入足够的碳水化合物可预防体内酮体生成过多，即起到抗生酮作用。

（6）解毒：糖类代谢可产生葡萄糖醛酸，葡萄糖醛酸可与体内毒素（如药物）结合起到一定的解毒效果。

（7）加强肠道功能：膳食纤维可以帮助食物在肠道内移动，防治便秘和痔疮，预防结肠癌和直肠癌。

糖类的主要来源是植物性食物，如谷类（包括水稻、小麦、玉米、大麦、燕麦、高粱等）、薯类、蔬菜、水果、干果和豆类，另外是直接食用糖类。奶制品是唯一源自动物的含有大量糖类的食品。糖类只有经过消化分解成葡萄糖、果糖和半乳糖才能被吸收，而果糖和半乳糖又可经肝脏转换变成葡萄糖。血中的葡萄糖少部分直接被组织细胞利用、与氧气反应生成二氧化碳和水，放出热量供身体需要，大部分则存在于人体细胞中，如果细胞中储存的葡萄糖已饱和，多余的葡萄糖就会转化为高能量的脂肪储存起来，这便是多吃糖发胖的原因。过于肥胖可导致高血脂、糖尿病等疾病。

3.3.2 脂类

脂类（lipid）是机体内的一类有机化合物，是油脂和类脂的总称。脂类不溶于水而溶于脂溶性溶剂（如乙醚和氯仿），在水中可相互聚集形成内部疏水的聚集体。脂类与蛋白质、糖类构成人体的三大营养素，在供给人体能量方面起着重要作用。脂类也是人体细胞和组织的重要成分，细胞膜和神经髓鞘中都含有脂类。

按照化学结构，脂类可以分成油脂和类脂。油脂主要是油和脂肪，一般把常温下是液体的称作油，其主要存在于植物体中；把常温下是固体的称作脂肪，其主要存在于动物体中。人体内的脂肪约占体重的 10%～20%。类脂包括磷脂、糖脂、胆固醇及其酯和脂蛋白等。磷脂是含有磷酸的脂类，包括由甘油构成的甘油磷脂和由鞘氨醇构成的鞘磷脂。糖脂是糖与脂类通过糖苷键连接起来的化合物。根据连接的脂类的不同糖脂又可以分为甘油糖脂、鞘糖脂、磷酸多萜醇衍生的糖脂和类固醇衍生的糖脂。脂蛋白是脂类与蛋白质通过非共价键结合形成的产物。胆固醇及其酯主要包括胆固醇、胆酸、性激素及维生素 D 等。按照结构的复杂程度，脂类又可以分成单纯脂类（又称简单脂类）、复合脂类、结合脂类、脂的前体及衍生物，以及衍生脂类。单纯脂是指脂肪酸与醇脱水缩合形成的化合物，如油和脂肪。复合脂是单纯脂加上磷酸等基团产生的衍生物。人体内主要含磷脂和糖脂两种复合脂。结合脂是脂与其他生物分子形成的结合物，如脂蛋白。脂的前体及衍生物是指萜（音 tiē）类和甾（音 zāi）类及其衍生物。衍生脂类是脂类的水解产物，包括脂肪酸及其衍生物、甘油、鞘氨醇、前列腺素等。

脂类主要由碳、氢、氧三种元素组成，另外可能含有氮元素和磷元素。油和脂肪都是由甘油和脂肪酸脱水形成的，是甘油的三脂肪酸酯，简称甘油三酯，结构式可以写成 $C_3H_5(OCOR)_3$。其中的三个酰基（OCOR）一般不同，涉及的脂肪酸是含有多个碳原子的直链化合物，而且碳原子数是偶数，可以根据是否含有双键分成饱和脂肪酸和不饱和脂肪酸。油脂中常见的饱和脂肪酸（不含双键）有：

月桂酸：$CH_3(CH_2)_{10}COOH$ （$C_{12}H_{24}O_2$）

豆蔻酸：$CH_3(CH_2)_{12}COOH$ （$C_{14}H_{28}O_2$）

软脂酸：$CH_3(CH_2)_{14}COOH$ （$C_{16}H_{32}O_2$）

硬脂酸：$CH_3(CH_2)_{16}COOH$ （$C_{18}H_{36}O_2$）

油脂中常见的不饱和脂肪酸（含有双键）有：

油酸：$CH_3(CH_2)_7CH{=}CH(CH_2)_7COOH$ （$C_{18}H_{34}O_2$）

亚油酸：$CH_3(CH_2)_4CH{=}CHCH_2CH{=}CH(CH_2)_7COOH$ （$C_{18}H_{32}O_2$）

亚麻酸：$CH_3CH_2CH{=}CHCH_2CH{=}CHCH_2CH{=}CH(CH_2)_7COOH$ （$C_{18}H_{30}O_2$）

桐油酸：$CH_3(CH_2)_3CH{=}CHCH{=}CHCH{=}CH(CH_2)_7COOH$ （$C_{18}H_{30}O_2$）

蓖麻油酸：$CH_3(CH_2)_5CH(OH)CH_2CH{=}CH(CH_2)_7COOH$ （$C_{18}H_{34}O_3$）

植物油中不饱和脂肪酸比较多，而动物的脂肪中主要为饱和脂肪酸，不饱和脂肪酸很少。饱和脂肪酸太多，会和胆固醇一起在血管内壁上沉积而形成斑块，引起动脉粥样硬化，妨碍血液流动，产生心血管疾病。

多数磷脂的结构与油脂相似，相当于油脂结构中一个脂肪酸酯被磷酸酯代替，如磷脂酰胆碱（卵磷脂）、磷脂酰乙醇胺（脑磷脂）、磷酯酰肌醇（肌醇磷脂）。二磷脂酰甘油（心磷脂）是甘油的双磷酸酯。另外磷脂还包括磷脂酰丝氨酸等。鞘磷脂分子是一分子脂肪酸与鞘氨醇或二氢鞘氨醇相连的磷脂，人体含量最多的鞘磷脂是神经鞘磷脂。胆固醇属于甾类化合物，其化学名称是(3β)-胆甾-5-烯-3-醇，又称胆甾醇。

脂类具有以下生理功能：

1）供给和储存能量

脂肪是人体内发热量最高的一种能量供体，单位质量的供能：糖约 17 kJ/g，脂约 38 kJ/g，可见每氧化 1 g 脂肪释放的能量是糖类的两倍多。脂类又是人体内很好的能量存储器，脂类可以单独储存，而糖类储存时，1 储存体积的糖原或淀粉要配 2 储存体积的水，因此，把糖类转变成脂类储存体积较小。

2）构成人体组织

类脂中的磷脂、糖脂、胆固醇是组成人体细胞膜类脂层的基本原料，它们一起构成疏水性屏障，分隔细胞水溶性成分，将细胞划分为细胞器、细胞核等小的区室，保证细胞内同时进行多种代谢活动而互不干扰，维持细胞正常结构与功能。细胞膜的液态镶嵌模型如图 3-3 所示，其中包括磷脂双分子层、胆固醇、蛋白质、糖脂等。脂类也是神经和大脑的重要组成部分。胆固醇及其酯对生物体维持正常

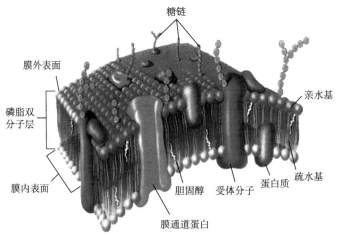

图 3-3　细胞膜的液态镶嵌模型

资料来源：https://gss0.baidu.com/-Po3dSag_xI4khGko9WTAnF6hhy/zhidao/pic/item/908fa0ec08fa513d153
0a45c3c6d55fbb3fbd99e.jpg

的新陈代谢和生殖过程，起着重要的调节作用，另外，胆固醇还是脂肪酸盐和维生素 D_3 以及类固醇激素等的合成原料，对调节机体脂类物质的吸收，尤其是脂溶性维生素 A、D、E 和 K 的吸收，以及钙和磷的代谢等均起着重要作用。

　　3）维持体温，保护器官

　　脂肪是热的不良导体，分布在皮下的脂肪可以减少体内热量的过度散失，起到维持体温和防寒保暖的作用。分布在器官、关节、神经组织等周围的脂肪，起到隔离、缓冲和衬垫的作用，减少体内器官之间的摩擦和缓冲外界压力，保护和固定器官。太瘦的人由于体内脂肪太少容易发生胃下垂和肾下垂等疾病。

　　4）其他作用

　　脂类是一些酶的激活剂，如卵磷脂可以激活 β-羟丁酸脱氢酶；脂类又是糖基的载体，如合成糖蛋白时，磷酸多萜醇是羰基的载体；另外，脂肪在皮下适量储存还可以滋润肌肤、增加肌肤弹性，延缓皮肤衰老。

　　油脂的分布十分广泛，各种植物的种子、动物的组织和器官中都有一定数量的油脂，特别是油料作物的种子和动物皮下的脂肪组织，油脂含量丰富。正常人一般每日从食物中摄取、消化、吸收和合成脂类。食物中的脂类在成人口腔和胃中不能被消化，这是由于口腔中没有消化脂类的酶，胃中虽有少量脂肪酶，但此酶只有在 pH 为中性时才有活性，因此在正常胃液中几乎没有活性，但是婴儿时期，胃酸浓度低，胃中 pH 接近中性，脂肪尤其是乳脂可被部分消化。脂类的消化及吸收主要在小肠中进行，首先在小肠上段，通过小肠蠕动，由胆汁中的胆汁酸盐使食物中的脂类乳化，使不溶于水的脂类分散成水包油的小胶体颗粒，提高了溶解度，增加了酶与脂类的接触面积，有利于脂类的消化及吸收。在形成的水油界面上，分泌入小肠的胰液中包含的酶类开始对食物中的脂类进行消化，这些酶包括胰脂肪酶、辅脂酶、胆固醇酯酶和磷脂酶 A2。被消化后进入上皮细胞内的中、短链甘油三酯水解产生的脂肪酸和甘油一酯是水溶性的，可直接进入血液被吸收利用。长链脂肪酸的甘油一酯，大部分重新合成甘油三酯，并与细胞中的载脂蛋白复合后离开上皮细胞进入血液。血浆中所含的脂类统称血脂，以脂类物质和载脂蛋白复合的水溶性脂蛋白形式存在。

　　脂肪代谢或运转异常使血浆中胆固醇和甘油三酯中的一种或多种脂质高于正常值的现象称为高脂血症，现代医学称之为血脂异常，高脂血症是一种全身性疾病。脂质不溶或微溶于水，必须与蛋白质结合以脂蛋白形式存在，因此，高脂血症通常为高脂蛋白血症，即血清脂蛋白浓度升高。目前已经公认高脂血症包括高胆固醇血症、高甘油三酯血症及二者都高的复合性高脂血症。另外，医学上有四个与脂类有关的常用指标。

　　（1）甘油三酯（TG）。甘油三酯的正常参考值为 $0.35 \sim 2.30$ mmol/L。甘油三酯升高与冠心病的发生有密切关系。原发性高脂血症、肥胖症、动脉硬化、阻塞性黄疸、糖尿病、极度贫血、肾病综合征、胰腺炎、甲状腺功能减退、长期饥饿及高脂饮食后均可增高，饮酒后甘油三酯可假性升高。甘油三酯降低见于甲状腺功能亢进、肾上腺皮质功能减退、肝功能严重损伤等。

（2）总胆固醇（CHOL）。总胆固醇的正常参考值为 2.90～5.72 mmol/L。总胆固醇升高见于动脉粥样硬化、肾病综合征、总胆固醇阻塞及黏液性水肿。在恶性贫血、溶血性贫血以及甲状腺功能亢进时，血清胆固醇含量降低，其他如感染、营养不良等情况下胆固醇总量也会降低。

（3）高密度脂蛋白胆固醇（HDL-C）。高密度脂蛋白胆固醇的正常参考值为 0.90～1.81 mmol/L。总胆固醇低而高密度脂蛋白胆固醇高对健康有利，总胆固醇与高密度脂蛋白胆固醇的比值越低，心脑血管系统就越健康。高密度脂蛋白胆固醇偏高的可能原因较多，如原发性高密度脂蛋白血症；体力劳动透支；注射雌激素、胰岛素；服用避孕药、烟酸、肝素、维生素 E 等药物；慢性肝炎、肝硬化、酒精中毒性肝损伤、脂肪肝等疾病。高密度脂蛋白胆固醇降低可见于急慢性肝病、应激反应、糖尿病、甲状腺功能亢进或减退、慢性贫血等。

（4）低密度脂蛋白胆固醇（LDL-C）。低密度脂蛋白胆固醇的正常参考值为 2.07～3.36 mmol/L。低密度脂蛋白胆固醇增高常见于高脂血征、低甲状腺素血症、肾病综合征、慢性肾功能衰竭、肝脏疾病、糖尿病综合征、动脉硬化症等。低密度脂蛋白胆固醇降低见于营养不良、骨髓瘤、急性心肌梗死、创伤、严重肝脏疾病、高甲状腺素血症等。

3.4 氨基酸、蛋白质和酶

3.4.1 氨基酸

氨基酸（amino acid）是分子结构中同时含有氨基（—NH$_2$）和羧基（—COOH）的一类有机化合物的通称。氨基酸是无色晶体，熔点一般在 200℃以上，有的无味，有的味甜，有的味苦，谷氨酸的单钠盐有鲜味，是味精的主要成分。氨基酸能溶解于稀酸或稀碱中，但不能溶于有机溶剂，通常乙醇能使氨基酸从其水溶液中沉淀析出，不同氨基酸在水中的溶解度差别很大。在同一个氨基酸分子中带有能接受质子的—NH$_2$基团和能释放质子的—COOH 基团，因此氨基酸是两性电解质，氨基酸的带电状况取决于所处环境的 pH，pH 低可以使氨基酸带正电荷，pH 高可以使氨基酸带负电荷，氨基酸所带正负电荷数相等即净电荷为零时的溶液 pH 称为氨基酸的等电点。

氨基连在羧基的 α-位、β-位和 γ-位碳原子上的氨基酸分别被称为 α-氨基酸、β-氨基酸和 γ-氨基酸，组成蛋白质的氨基酸均为 α-氨基酸，大约由 20 种氨基酸组成具有各种生理功能的蛋白质。

组成蛋白质的氨基酸具有独特的化学结构，除甘氨酸外，其他均为 L-α-氨基酸，脯氨酸是一种 L-α-亚氨基酸，其中的 α-碳原子均为不对称碳原子（即与 α-碳原子相连的四个取代基各不相同），因此这些氨基酸可以有 D-型与 L-型两种立体异构体。α-氨基酸的结构通式如下，其中 R 为可变基团。

$$\text{HOOC}-\overset{\overset{\displaystyle NH_2}{|}}{\text{CH}}-\text{R}$$

α-氨基酸的结构通式

生命体中的 20 种氨基酸的名称、代号和化学结构见表 3-1。

表 3-1　生命体中的 20 种氨基酸的名称、代号和化学结构

名称	代号	结构中的 R 基团	名称	代号	结构中的 R 基团
甘氨酸 glycine	Gly G	H	缬氨酸* valine	Val V	$CH(CH_3)_2$
异亮氨酸* isoleucine	Ile I	$CH(CH_3)CH_2CH_3$	亮氨酸* leucine	Leu L	$CH_2CH(CH_3)_2$
苯丙氨酸* phenylalanine	Phe F	H_2C—⟨苯环⟩	脯氨酸 proline	Pro P	⟨吡咯烷⟩—COOH **
色氨酸* tryptophan	Trp W	H_2C—⟨吲哚⟩	酪氨酸 tyrosine	Tyr Y	H_2C—⟨苯环⟩—OH
天冬氨酸 aspartate	Asp D	CH_2COOH	丝氨酸 serine	Ser S	CH_2OH
天冬酰胺 asparagine	Asn N	CH_2CONH_2	苏氨酸* threonine	Thr T	$CH(CH_3)OH$
半胱氨酸 cysteine	Cys C	CH_2SH	谷氨酸 glutamate	Glu E	CH_2CH_2COOH
赖氨酸* lysine	Lys K	$CH_2(CH_2)_3NH_2$	谷氨酰胺 glutarnine	Gln Q	$CH_2CH_2CONH_2$
精氨酸 arginine	Arg R	$CH_2(CH_2)_2NHC(=NH)NH_2$	蛋氨酸* （甲硫氨酸） methionine	Met M	$CH_2CH_2SCH_3$
丙氨酸 alanine	Ala A	CH_3	组氨酸 histidine	His H	H_2C—⟨咪唑⟩

注：*为必需氨基酸；"代号"栏上为三字母代号，下为单字母代号；**为脯氨酸结构。

组成蛋白质的氨基酸在结构上的差别取决于侧链基团 R 的不同，通常根据 R 基团的化学结构或性质将 20 种氨基酸进行分类。根据化学结构可以分成①脂肪族氨基酸：包括丙氨酸、缬氨酸、亮氨酸、异亮氨酸、蛋氨酸（又称甲硫氨酸）、天

冬氨酸、谷氨酸、赖氨酸、精氨酸、甘氨酸、丝氨酸、苏氨酸、半胱氨酸、天冬酰胺和谷氨酰胺；②芳香族氨基酸：苯丙氨酸、酪氨酸；③杂环氨基酸：组氨酸、色氨酸；④杂环亚氨基酸：脯氨酸。根据侧链基团的极性可以分为非极性氨基酸（疏水氨基酸）和极性氨基酸（亲水氨基酸），非极性氨基酸有 8 种，它们是丙氨酸、缬氨酸、亮氨酸、异亮氨酸、脯氨酸、苯丙氨酸、色氨酸、蛋氨酸；极性氨基酸有 12 种，包括甘氨酸、丝氨酸、苏氨酸、半胱氨酸、酪氨酸、天冬酰胺和谷氨酰胺 7 种不带电荷的氨基酸，赖氨酸、精氨酸、组氨酸 3 种可吸收质子后带正电荷的氨基酸（碱性氨基酸）和天冬氨酸、谷氨酸 2 种可失去质子后带负电荷的氨基酸（酸性氨基酸）。从营养学的角度氨基酸又可以分为必需氨基酸、半必需氨基酸（或称条件必需氨基酸）和非必需氨基酸。

1. 必需氨基酸

必需氨基酸是指人体（或其他脊椎动物）不能合成或合成速度远不能适应机体的需要，必须由食物蛋白供给的氨基酸。人体有 8 种必需氨基酸，它们是赖氨酸、色氨酸、苯丙氨酸、蛋氨酸、苏氨酸、异亮氨酸、亮氨酸和缬氨酸。这些氨基酸分别有各自的作用，赖氨酸能促进人体发育、增强免疫功能和中枢神经组织功能；色氨酸能促进胃液及胰液的产生；苯丙氨酸可以维持肾及膀胱的功能；蛋氨酸参与组成血红蛋白、组织与血清，促进脾脏、胰脏及淋巴的功能；苏氨酸可以调节氨基酸平衡，提高氨基酸的利用率；异亮氨酸参与胸腺、脾脏及脑下腺的调节及代谢；亮氨酸能平衡异亮氨酸；缬氨酸作用于黄体、乳腺及卵巢。人体对必需氨基酸的需要量随着年龄的增加而下降。

2. 半必需氨基酸

像精氨酸和组氨酸那样，人体虽能够合成但通常不能满足正常需要，必须从外界补充的氨基酸，称为半必需氨基酸或条件必需氨基酸。精氨酸和组氨酸在幼儿生长期是必需氨基酸，另外，精氨酸可促进尿素的生成和排泄，能纠正氨中毒，解除肝昏迷，精氨酸也是精子蛋白的主要成分，能促进精子生成，提高精子运动能量。组氨酸是一种营养强化剂，能促进铁的吸收，防治贫血，扩张血管，降低血压，还可用于氨基酸输液及综合氨基酸制剂。近年来有些文献将组氨酸列入成人必需氨基酸。

3. 非必需氨基酸

非必需氨基酸是指人（或其他脊椎动物）自己能由简单的前体合成，或需要量很小，或可以从其他氨基酸转变而来的，不需要从食物中获得的氨基酸。例如甘氨酸和丙氨酸。

氨基酸是蛋白质的基本组成单位，与生命活动有着密切的关系，是生物体内不可缺少的营养成分之一。如果人体缺乏任何一种必需氨基酸，就可导致生理功能异常，影响机体代谢的正常进行，机体就会表现出疾病。氨基酸在人体内通过代谢可以发挥下列作用：①合成组织蛋白质；②参与构成酶、激素和部分维生素；③转变为碳水化合物和脂肪；④氧化成二氧化碳、水及尿素，产生能量。因此，氨基酸在人体中不仅提供了合成蛋白质的重要原料，而且为进行正常的新陈代谢和维持生命提供了物质基础。

微生物和植物能在体内合成所有的氨基酸，但有一部分必需氨基酸不能在动物体内合成。合成非必需氨基酸所需的酶约 14 种，必需氨基酸的合成则需要约 60 种酶参与。人体需要的氨基酸一般是从食物获得，氨基酸含量比较丰富的食物有鱼类、牛肉、鸡蛋、豆类、花生、杏仁、银耳和新鲜果蔬等，也可以专门补充，比如服用氨基酸口服液等。

3.4.2　蛋白质

蛋白质（protein）是生命体中广泛存在的一类生物大分子，是生命体细胞和组织的重要组成成分，也是生命活动的主要承担者，没有蛋白质就没有生命。蛋白质是荷兰科学家格利特·马尔德（Gerardus Johannes Mulder，1802.12.27—1880.4.18）在 1838 年发现的。

蛋白质主要由碳、氢、氧、氮组成，还可能含有磷、硫、铁、锌、铜、硼、锰、碘、钼等元素。这些元素在蛋白质中的组成百分比约为：碳 50%、氢 7%、氧 23%、氮 16%、硫 0～3%，剩余为其他微量。

蛋白质一般占人体总重量的 16%～20%。人体内蛋白质的种类很多，性质和功能各异，但都是由约 20 种 α-氨基酸按不同比例缩合而成的。一个氨基酸分子的羧基（—COOH）和另一个氨基酸分子的氨基（—NH_2）脱去一分子水（H_2O）连接起来，这种结合方式叫做脱水缩合，通过脱水缩合反应，在羧基和氨基之间形成的连接两个氨基酸分子的化学键叫做肽键，由肽键连接形成的化合物称为肽，由两个氨基酸分子形成的肽称为二肽，二肽以上的肽统称为多肽。蛋白质是由 α-氨基酸按一定顺序脱水缩合形成一条多肽链，再由一条或多条多肽链按照特定方式盘曲折叠形成的、具有一定空间结构的高分子化合物，是一种复杂的有机化合物。多肽或蛋白质中的氨基酸单元称为氨基酸残基，多肽和蛋白质的区别在于多肽中氨基酸残基数一般少于 50 个，而蛋白质大多由 100 个以上氨基酸残基组成，但多肽和蛋白质中氨基酸残基的数量没有严格的界限。

蛋白质分子中氨基酸的种类、数目、排列顺序和肽链的空间结构决定了蛋白质结构的多样性。蛋白质具有一级、二级、三级、四级结构。

（1）一级结构（primary structure）：氨基酸残基在蛋白质肽链中的排列顺序称为蛋白质的一级结构，每种蛋白质都有确定且唯一的氨基酸序列。

（2）二级结构（secondary structure）：蛋白质分子中肽链按一定的规律卷曲（如 α-螺旋）或折叠（如 β-折叠）形成的特定空间结构称为蛋白质的二级结构。蛋白质的二级结构主要是依靠肽链上氨基酸残基中的亚氨基（—NH—）和羧基（$\overset{|}{\underset{|}{—C}}{=}O$）之间生成氢键而形成的。

（3）三级结构（tertiary structure）：在二级结构的基础上，肽链还可以按照一定的空间结构进一步卷曲或折叠形成更加复杂的三级结构，其内部形成一些特殊的区域，如疏水的空腔或结合金属离子的部位，以实现一定的功能，肌红蛋白和血红蛋白等正是通过这种结构使其表面的空穴恰好容纳一个血红素分子。以三级结构存在的蛋白质已经具有生物活性。

（4）四级结构（quaternary structure）：具有三级结构的多肽链按一定空间排列方式结合在一起形成的聚集体结构称为蛋白质的四级结构。如血红蛋白由 4 条具有三级结构的多肽链构成，其中两条是 α-链，另两条是 β-链，其四级结构近似椭球形状。蛋白质的各级结构如图 3-4 所示。

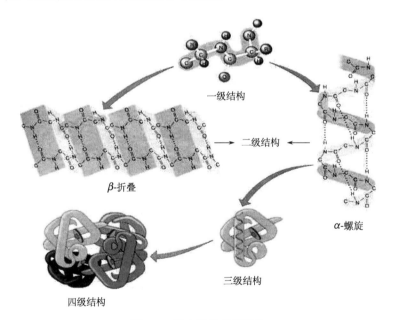

一级结构

二级结构

β-折叠

α-螺旋

三级结构

四级结构

图 3-4　蛋白质的各级结构

资料来源：http://tupian.baike.com/a1_53_65_01000000000000119086595208253_jpg.html

蛋白质分子的结构决定了它的功能，蛋白质的一级结构是蛋白质性质和功能的基础，并且决定了蛋白质的二级和三级等高级结构，蛋白质的二级和三级结构

对蛋白质的功能有重大影响，蛋白质的特定构象即蛋白质的三维空间结构和形态
对蛋白质的功能起决定性的作用，当蛋白质折叠异常，机体就会出现问题，例如
正常机体中称为朊病毒蛋白（又称感染性蛋白质或普列昂，英文为 prion）的蛋白
质负责神经系统的某些功能，感染疯牛病的机体中这种蛋白质与正常机体中的蛋
白质有同样的一级结构，而空间构型不同，不能完成正常的神经功能而表现出病
症，这样的病叫构象病，或折叠病。由蛋白质折叠异常而引起的疾病有老年痴呆、
家族性高胆固醇、白内障和某些肿瘤等。

蛋白质具有许多独特的性质：

（1）蛋白质的两性：蛋白质是由 α-氨基酸通过肽键构成的高分子化合物，
在蛋白质分子中存在着氨基和羧基，因此跟氨基酸相似，蛋白质也是两性物质。

（2）蛋白质的水解反应：蛋白质在酸、碱或酶的作用下发生水解反应，先生
成多肽，最后得到多种 α-氨基酸。

（3）蛋白质的胶体性质：有些蛋白质（如鸡蛋白）能够溶解在水里形成溶液，
由于蛋白质的分子直径达到了胶体微粒的大小（$10^{-9}\sim10^{-7}$ m），所以蛋白质水溶
液具有胶体性质。

（4）蛋白质的颜色反应：例如在鸡蛋白溶液中滴入浓硝酸，则鸡蛋白溶液呈
黄色；双缩脲试剂遇蛋白质生成紫色络合物。这些颜色反应可以用来检测蛋白质。

（5）蛋白质的气味反应：蛋白质在灼烧时，可以产生一种烧焦羽毛的特殊气
味，利用这一性质可以鉴别蛋白质。

（6）蛋白质沉淀：如果向蛋白质水溶液中加入浓的无机盐溶液，可使蛋白质
的溶解度降低而从溶液中析出，这种作用叫做盐析。盐析出的蛋白质可以重新溶
解在水中，而不影响原来蛋白质的性质，因此盐析是个可逆过程，利用这个性质，
采用分段盐析方法可以分离提纯蛋白质。

（7）蛋白质变性：在热、酸、碱、重金属盐、紫外线等作用下，蛋白质的天
然构象遭到破坏导致其生物活性丧失的现象叫做蛋白质变性。蛋白质变性是不可
逆过程，造成蛋白质变性的原因有物理因素和化学因素，物理因素包括加热、加
压、搅拌、紫外线或 X 射线照射、超声波振荡等。化学因素包括：强酸、强碱、
重金属盐、三氯乙酸、乙醇、丙酮等有机溶剂的作用。

（8）蛋白质折叠：在蛋白质的折叠过程中，有许多作用力参与，包括氢键、
范德瓦尔斯力（van der Waals force，又称范德华力）、空间阻碍、疏水效应、离子
相互作用、多肽和周围溶剂相互作用产生的熵驱动等。对于蛋白质获得天然结构
这一复杂过程的特异性，我们还知之甚少，许多实验和理论工作正在加深我们对
蛋白质折叠的认识。

蛋白质可以按照不同标准进行分类。

（1）根据营养价值可以将蛋白质分为完全蛋白质、半完全蛋白质和不完全蛋

白质三类。食物蛋白质的营养价值取决于其中所含氨基酸的种类和数量，完全蛋白质所含必需氨基酸种类齐全、数量充足、比例适当，不但能维持成人的健康，而且能促进儿童生长发育，如乳类中的酪蛋白、乳白蛋白，蛋类中的卵白蛋白、卵磷蛋白，肉类中的白蛋白、肌蛋白，大豆中的大豆蛋白，小麦中的麦谷蛋白，玉米中的谷蛋白等。半完全蛋白质所含必需氨基酸种类齐全，但有的氨基酸数量不足，比例不适当，可以维持生命，但不能促进生长发育，如小麦中的麦胶蛋白。不完全蛋白质所含必需氨基酸种类不全，既不能维持生命，也不能促进生长发育，如玉米中的玉米胶蛋白，动物结缔组织和肉皮中的胶质蛋白，豌豆中的豆球蛋白等。

（2）根据蛋白质分子的形状，可以将其分为球状蛋白质、纤维状蛋白质和膜蛋白质三类。球状蛋白质分子形状接近球形，水溶性较好，种类多，可行使多种多样的生物学功能。纤维状蛋白质分子外形呈棒状或纤维状，大多数不溶于水，是生物体重要的结构成分，或对生物体起保护作用。膜蛋白质一般折叠成近球形，插入生物膜，也有一些通过非共价键或共价键结合在生物膜的表面，生物膜的多数功能是通过膜蛋白质实现的。

（3）根据蛋白质的组成和功能可以将蛋白质分成很多种类。纤维蛋白：一类重要的不溶于水的蛋白质，通常都含有呈现相同二级结构的多肽链，许多纤维蛋白结合紧密，并为单个细胞或整个生物体提供机械强度，起保护或结构作用。球蛋白：含有折叠紧密的多肽链，近似球形的一类蛋白质，许多都溶于水，典型的球蛋白含有能特异识别其他化合物的凹陷或裂隙的部位。角蛋白：由处于 α-螺旋或 β-折叠构象的平行的多肽链组成的起保护或结构作用的蛋白质。胶原蛋白（或称胶原）：是动物结缔组织中最丰富的一种蛋白质，由原胶原蛋白分子组成，每个原胶原蛋白分子都是由 3 条特殊的左手螺旋的多肽链右手旋转形成的，是一种具有右手超螺旋结构的蛋白，胶原蛋白是人体皮肤、骨骼、软骨、肌肉、韧带、血管的构成材料，有支撑器官、保护和修复机体的作用。伴娘蛋白：能与一种新合成的多肽链形成复合物并协助它正确折叠成具有生物功能构象的蛋白质。伴娘蛋白可以防止不正确折叠中间体的形成和没有组装的蛋白亚基的不正确聚集，协助多肽链跨膜转运以及大的多亚基蛋白质的组装和解体。肌红蛋白：是由一条肽链和一个血红素辅基组成的结合蛋白，是肌肉内储存氧的蛋白质。血红蛋白：是由含有血红素辅基的 4 个亚基组成的结合蛋白，血红蛋白负责将氧由肺运输到外周组织。

蛋白质是一切生命的物质基础，是人体生长发育以及组织更新和修补的主要原料。人体的每个组织：毛发、皮肤、肌肉、骨骼、内脏、大脑、血液、神经等都是由蛋白质组成的。蛋白质也能被分解，为人体的生命活动提供能量。具体而言，蛋白质具有以下多方面的生理功能：

（1）提供生命活动的部分营养和能量。

（2）实现肌肉的松弛与收缩。心脏跳动、呼吸、肠胃蠕动，以及日常的各种劳动做功，都离不开肌肉的松弛和收缩。肌肉的松弛与收缩主要是由以肌球蛋白为主要成分的粗丝以及以肌动蛋白为主要成分的细丝相互滑动来完成的。有一种疾病叫做"重症肌无力"，病因是肌肉失去了正常收缩能力而发生进行性萎缩，使人的动作、行为受到影响，严重时不能自行翻身，甚至呼吸肌无力收缩无法呼吸而死亡。

（3）参与维持机体内的渗透压平衡。血浆中有多种蛋白质，对维持血浆的渗透压，维持细胞内外的压力平衡起着重要作用。

（4）催化功能。人体内有数千种酶，每一种只能催化一种生化反应。一种酶充足，相应的反应就会顺利、快捷地进行，人就精力充沛，不易生病。

（5）输送功能。载体蛋白对维持人体的正常生命活动是至关重要的，它们帮助在体内运载各种物质，比如血红蛋白输送氧（红血球更新速率达 250 万/秒），脂蛋白输送脂肪等。

（6）调节功能。在生命体代谢机能的调节，生长发育和分化的控制，生殖机能的调节以及物种延续等各种过程中，多肽和蛋白质激素起着极为重要的作用，此外，尚有接受、传递和调节信息的蛋白质，如各种激素的受体蛋白等。

（7）免疫和防御功能。生物体为了维持自身的生存，拥有多种类型的防御手段，其中不少是靠蛋白质来执行的，例如抗体也是一类蛋白质，它能高度专一地识别和结合侵入生物体的外来物质，如异体蛋白质、病毒和细菌等，消除其有害作用。

（8）机械支持和保护功能。高等动物具有机械支持功能的骨组织、结缔组织，以及具有覆盖保护功能的毛发、皮肤、指甲等组织主要由胶原蛋白、角蛋白和弹性蛋白组成。

蛋白质的主要来源是肉、蛋、奶和豆类食品，一般而言，来自动物的蛋白质有较高的品质，含有充足的必需氨基酸。植物性蛋白质通常会有 1～2 种必需氨基酸含量不足，所以素食者需要摄取多样化的食物，从各种组合中获得足够的必需氨基酸。食入的蛋白质在胃液消化酶的作用下初步水解，在小肠中被彻底水解成氨基酸而完成消化和吸收，然后用于合成人体所需的蛋白质，同时新的蛋白质又开始不断代谢与分解，这些过程时刻处于动态平衡中。正常成年人每天需要 70 g 左右的蛋白质，其中大部分被消化和吸收，未被吸收的蛋白质随粪便排出体外。

蛋白质过量或缺乏都会对机体产生危害，如果蛋白质摄取过量，一方面会在体内转化成脂肪，造成脂肪堆积，使血液的酸性提高，从而消耗大量储存于骨骼中的钙质，使骨质变脆；另一方面，过量的蛋白质需要排出体外，分解蛋白质时产生的大量氮素必然增加肾脏的负担。蛋白质缺乏的常见症状是代谢率下降，对疾病抵抗力减退，易患病，远期效果是器官受损。如果是儿童，则会表现出生长发育迟缓、营养不良、体质下降、淡漠、易激怒、贫血，以及干瘦或水肿，易感染而继发疾病。蛋白质严重缺乏时的一种营养性疾病称为加西卡病，是一种极度营养不良症，多见于断乳期的婴幼儿，症状是智力发育迟缓、肌肉萎缩、脂肪肝、月亮脸和水肿。

3.4.3　酶

1773 年，意大利科学家拉扎罗·斯帕兰扎尼（Lazzaro Spallanzani，1729.1.12—1799.2.11）设计了一个巧妙的实验：将肉块放入小巧的金属笼中，然后让鹰吞下去，过一段时间他将小金属笼从鹰体内取出，发现肉块消失了，于是，他推断胃液中一定含有消化肉块的物质。但是什么物质呢？他不清楚。一直到 1836 年，德国马普生物研究所科学家西奥多·施旺（Theodor Schwann，1810.12.7—1882.1.11）从胃液中提取出了消化蛋白质的物质，即现在的胃蛋白酶，才解开了肉块被消化之谜。

酶（enzyme），别称：酵素，是指具有生物催化功能的高分子化合物。人体和其他哺乳动物体内含有 5000 多种酶，每一种都有各自不可替代的作用，例如溶菌酶是人体的"青霉素"，谷胱甘肽酶是细胞的"营养师"，尿激酶溶解血栓，消化酶（蛋白酶、脂肪酶、淀粉酶等）调控食物代谢，乙酰胆碱酶调节细胞再生，纤维蛋白酶修复伤口，凝血酶止血等，众多酶的分工协作使生物体维持正常的生命活动。

所有的酶都含有 C、H、O、N 四种元素，都属于生物大分子，分子量一般在 1 万以上，大的可达百万。大部分酶是蛋白质，但有些酶除了蛋白质部分，还含有其他小分子或金属离子等。酶的活性中心只是酶分子中的很小部分，酶催化反应的特异性决定于酶活性中心的结合基团、催化基团及空间结构。

按照酶的化学组成可将酶分为单纯酶和复合酶两类。单纯酶分子中只有氨基酸残基组成的肽链，属于单纯蛋白质的酶类。复合酶分子中除了多肽链组成的蛋白质，还有非蛋白质成分，如金属离子、铁卟啉或 B 族维生素等小分子有机化合物。根据酶所催化的反应的性质，可以将酶分成六大类：①氧化还原酶。促进底物进行氧化还原反应的酶类，又可分为氧化酶和还原酶两类；②转移酶。催化底物之间进行某些基团的转移或交换的酶类，例如：甲基转移酶、氨基转移酶、乙酰转移酶、转硫酶、激酶和多聚酶等；③水解酶。催化底物发生水解反应的酶类，例如：淀粉酶、蛋白酶、脂肪酶、磷酸酶、糖苷酶等；④裂合酶。催化从底物（非水解）移去一个基团并留下双键的反应或其逆反应的酶类，例如：脱水酶、脱羧酶、碳酸酐酶、醛缩酶、柠檬酸合酶等；⑤异构酶。催化各种同分异构体、几何异构体或光学异构体之间相互转化的酶类，例如：异构酶、表构酶、消旋酶等；⑥合成酶。催化两分子底物合成为一分子化合物，同时偶联有 ATP 的磷酸键断裂释能的酶类，例如：谷氨酰胺合成酶、DNA 连接酶等。另外，还可以按照酶的存在形式和作用，将酶分成前体酶原、同工酶、别构酶、修饰酶、多酶复合体和多功能酶。

酶的功能有①催化功能。体内的化学反应除了个别自发进行外，绝大多数都由专一的酶催化，生物体内与生命过程关系密切的反应大多是酶催化反应，例如，氨基酸脱羧反应广泛存在于动、植物和微生物中，氨基酸脱羧酶专一性很强，每一种氨基酸都有一种脱羧酶。氨基酸脱羧生成的大多数胺类对动物有毒，然而体内有胺氧化酶，能将有毒的胺氧化为比较安全的醛和氨；②酶使进入人体的食物得到消化和吸收，并且维持内脏所有功能，包括：细胞修复、消炎排毒、新陈代谢、提高免疫力、产生能量、促进血液循环；③一些生物体中比较奇特的功能也有酶的参与，例如荧光素酶可以使萤火虫发光。

在酶催化的反应体系中，反应物分子被称为底物，底物通过酶的催化转化为另一种分子，被称为产物。与一般非酶催化剂相似，酶通过降低化学反应的活化能来加快反应速率，大多数酶可以将其催化的化学反应的速率提高上百万倍，其催化效率比一般非酶催化剂高几至十几个数量级，几乎所有的细胞活动进程都需要酶的参与以提高效率。酶催化一定化学反应的能力叫酶活力（或称酶活性）。酶催化反应有以下特点：

（1）高效性：酶的催化效率比非酶催化剂更高，使得反应速率更快。

（2）特异性和专一性：一种酶能从成千上万种反应物中找出自己作用的底物，这就是酶的特异性。一种酶只能催化一种或一类底物，如蛋白酶只能催化蛋白质水解成多肽，这就是酶的专一性。图 3-5 是酶 E 与底物 S 专一匹配并催化其生成产物 P，和用抑制剂 I 抑制反应的示意图。

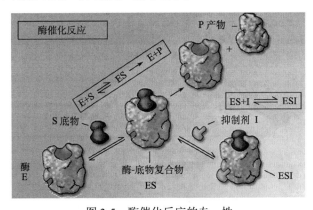

图 3-5　酶催化反应的专一性

资料来源：http://s10.sinaimg.cn/large/001fCEoHgy6Z8pYZNep79&690

（3）多样性：酶的种类很多，迄今为止已发现 5000 多种酶，实际生物体中的酶远远大于这个数量。

（4）温和性：是指酶所催化的化学反应一般可以在较温和（如常温、常压）的条件下进行。

（5）活性可调节性：包括抑制剂和激活剂调节、反馈抑制调节、共价修饰调节和变构调节等。反馈抑制调节是指生物合成的最终产物对合成中酶的活性的抑制作用；共价修饰调节是指通过其他酶对一种酶的多肽链进行可逆的共价修饰从而调节其活性；变构调节是指小分子化合物与酶活性中心以外的某一部位特异结合，引起酶蛋白分子构象变化从而改变酶的活性。

（6）易变性：一般来说，温血动物体内的酶最适宜温度在 35～40℃，植物体内的酶最适宜温度在 40～50℃。动物体内的酶最适宜 pH 大多在 6.5～8.0，植物体内的酶最适宜 pH 大多在 4.5～6.5。但是，这些温度和 pH 不是酶的特征常数，它们会随底物种类、作用时间、离子强度等因素发生变化。另外，大多数酶是蛋白质，因而会受高温、强酸、强碱、电磁波等条件影响而变性。

酶缺乏所致的疾病多为先天性或遗传性疾病，如白化病是因酪氨酸羟化酶缺乏。许多中毒性疾病几乎都是由于某些酶活性被抑制所引起的，如常见的有机磷农药（如敌百虫、敌敌畏、乐果等）中毒，就是因它们与胆碱酯酶活性中心必需基团丝氨酸上的一个羟基（—OH）结合而使酶失去活性。胆碱酯酶能催化乙酰胆碱水解成胆碱和乙酸，当胆碱酯酶被抑制失活后，乙酰胆碱的水解作用受抑，造成乙酰胆碱堆积，出现一系列中毒症状，如肌肉震颤、瞳孔缩小、多汗、心跳减慢等。某些金属离子引起人体中毒，则是因金属离子（如正二价汞离子 Hg^{2+}）可与某些酶活性中心的必需基团（如半胱氨酸的巯基—SH）结合而使酶失去活性。

有关酵素"减肥、美容、排毒、抗癌、抗衰老"的宣传经过各种渠道进行传播，被大家追捧的"酵素"本义是指酶。虽然酶有很多益处，但想仅通过口服酵素达到传说中的"神效"却是十分困难的。因为，酶大多是蛋白质，口服会被消化掉，分解成氨基酸，无法发挥作用，例如胰岛素，糖尿病人只能注射、不能口服，因为胰岛素是一种酶，口服无法发挥作用；其次排毒、防癌、抗衰老这些都是很笼统的概念，目前还没有医学上的研究表明能达到这样的效果；另外，所谓的"酵素自制"，制成的酵素类产品是糖和水果进行发酵之后的产物，类似"低度甜味水果酒"，不但不是酶，而且存在食品卫生安全问题。

3.5 核酸和基因

3.5.1 核酸

核酸（nucleic acid）是广泛存在于所有动植物细胞和微生物体内的生物大分子，核酸不仅和蛋白质一样，是一切生命活动的物质基础，而且是基本的遗传物质，在生长、遗传、变异等一系列重大生命现象中起着决定性作用。

核酸水解后得到核苷酸（nucleotide），因此核苷酸是组成核酸的基本单元，即组成核酸分子的单体。核苷酸是核苷与磷酸残基构成的化合物，是核苷的磷酸酯，一个核苷分子由一分子含氮的碱基和一分子五碳糖（又称戊糖）构成，所以一个核苷酸分子由一分子含氮的碱基、一分子戊糖和一分子磷酸组成。构成核苷酸的碱基分为嘌呤和嘧啶两类。嘌呤有腺嘌呤（adenine，A）和鸟嘌呤（guanine，G）。嘧啶有胞嘧啶（cytosine，C）、胸腺嘧啶（thymine，T）和尿嘧啶（uracil，U）。碱基的名称、代号及化学结构见表 3-2。

表 3-2　碱基名称、代号及化学结构

碱基中文名	腺嘌呤	鸟嘌呤	胞嘧啶	胸腺嘧啶	尿嘧啶
碱基英文名	adenine	guanine	cytosine	thymine	uracil
代　号	A	G	C	T	U
化学结构	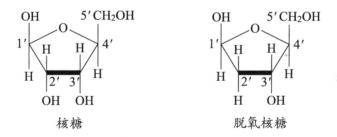				

戊糖有核糖和脱氧核糖，其化学结构如下所示：

核糖　　　　　　脱氧核糖

根据戊糖的不同可以将核苷酸分为脱氧核糖核苷酸和核糖核苷酸，相对应核酸可分为两类：脱氧核糖核酸（deoxyribonucleic acid，DNA）和核糖核酸（ribonucleic acid，RNA）。核酸及其组成部分之间的关系可以描述为：碱基+戊糖=核苷；核苷+磷酸=核苷酸；核苷酸聚合→核酸。

核酸分子中的磷酸酯键是在戊糖 C-3′ 和 C-5′ 所连的羟基上形成的，故构成核酸的核苷酸可视为 3′-核苷酸或 5′-核苷酸。依磷酸基团的多少，核苷酸有一磷酸核苷、二磷酸核苷、三磷酸核苷。核苷酸在体内除构成核酸外，尚有一些游离核苷酸参与物质代谢、能量代谢与代谢调节，如三磷酸腺苷（adenosine-5′-triphosphate，ATP）是体内重要的能量载体，其结构如下所示。

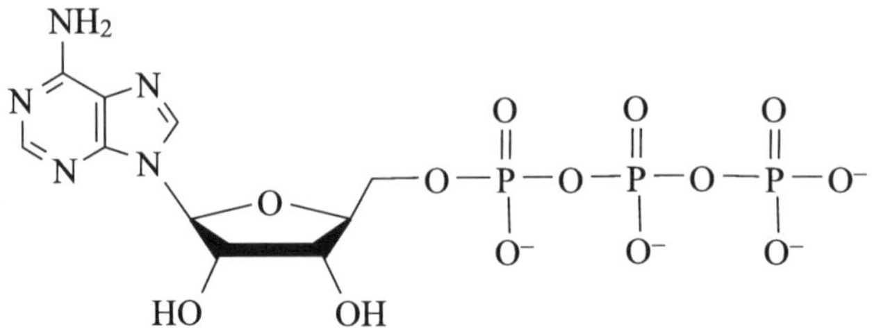

三磷酸腺苷

脱氧核糖核酸（DNA）分子中含有 A、G、C、T 四种碱基；核糖核酸（RNA）分子中含有 A、G、C、U 四种碱基。碱基可以通过氢键进行互补配对，根据碱基结构特征，只能形成嘌呤与嘧啶配对，即 A 与 T 相配对，形成 2 个氢键；G 与 C 相配对，形成 3 个氢键，因此 G 与 C 之间的连接较为稳定。碱基互补配对原则展示如下：

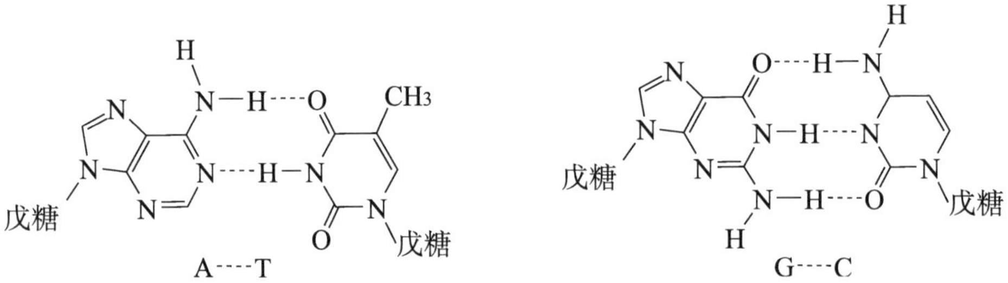

碱基互补配对原则

DNA 的一级结构是指脱氧核糖核苷酸通过磷酸酯键连接而成的一维链状大分子。DNA 的二级结构中最著名的就是由两条链根据碱基配对原则形成的右手双螺旋（double helix）结构，如图 3-6 所示。核酸研究中划时代的工作是美国分子生物学家詹姆斯·杜威·沃森（James Dewey Watson，1928.4.6—）和英国生物物理学家弗朗西斯·哈里·康普顿·克里克（Francis Harry Compton Crick，1916.6.8—2004.7.28）于 1953 年创立的 DNA 双螺旋结构模型。DNA 双螺旋结构具有如下特点：①两条 DNA 互补链反向平行；②由脱氧核糖和磷酸间隔相连而成的亲水骨架在螺旋分子的外侧，而疏水的碱基对则在螺旋分子内部，碱基平面与螺旋轴垂直，螺旋旋转一周正好为 10 个碱基对，螺距为 3.4 nm，相邻碱基平面间隔为 0.34 nm，并有一个 36° 的夹角；③DNA 双螺旋的表面存在一个大沟（major groove）和一个小沟（minor groove），蛋白质分子通过这两个沟识别碱基；④两条 DNA 链依靠彼此碱基之间形成的氢键结合在一起；⑤DNA 双螺旋结构比较稳定，维持这种稳定性主要靠碱基对之间的氢键以及碱基的堆积力（stacking force）。

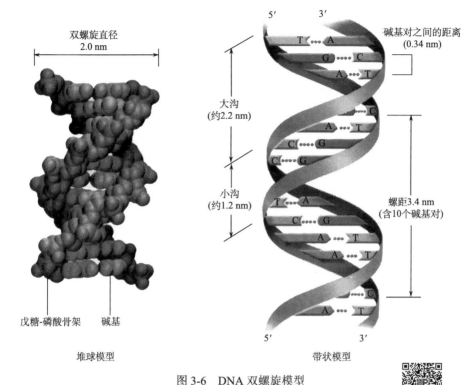

图 3-6　DNA 双螺旋模型

资料来源：http://swsck.fjsdfz.org/Photo/ShowPhoto.asp?PhotoID=4984

　　DNA 双螺旋结构模型不仅阐明了 DNA 分子的结构特征，而且提出了 DNA 作为执行生物遗传功能的分子，从亲代到子代的 DNA 复制过程中，遗传信息的传递方式及高度保真性。DNA 双螺旋结构模型的确立为遗传学进入分子水平奠定了基础，是现代分子生物学的里程碑，从此核酸研究受到了前所未有的重视。

　　与蛋白质一样，DNA 也可以进一步形成各种高级结构，DNA 的三级结构是指 DNA 链进一步扭曲盘旋形成超螺旋结构，DNA 的四级结构是指 DNA 与蛋白质形成复合物，染色体就是 DNA 结合了蛋白质后形成的超螺旋结构。

　　与 DNA 不同，RNA 一般为单链分子，不形成双螺旋结构，但是 RNA 分子的某些区域可自身回折进行碱基互补配对，形成局部双螺旋结构。有些 RNA 也需要通过碱基配对原则形成一定的二级结构乃至三级结构来行使生物学功能。RNA 的碱基配对原则基本和 DNA 相同，不过 RNA 有 U 而无 T，所以碱基配对原则为 A—U 和 G—C，另外 G—U 也可以配对。RNA 的具体工作是按照 DNA 的信息去组织氨基酸合成蛋白质，根据功能可以分为三类：信使 RNA（messenger RNA，mRNA）、转移 RNA（transfer RNA，tRNA）和核糖体 RNA（ribosomal RNA，rRNA）。mRNA 的功能是把 DNA 上的遗传信息精确无误地转录下来，然后再由

mRNA 的碱基顺序决定蛋白质的氨基酸顺序，完成基因表达过程中的遗传信息传递过程，所以 mRNA 可视为合成蛋白质的模板。rRNA 一般与核糖体蛋白质结合在一起形成核糖体，被比作合成蛋白质的工厂。tRNA 则负责将由 mRNA 排好顺序的氨基酸搬运到核糖体上连接起来形成多肽链。RNA 不但是遗传信息传递过程中的桥梁，而且可以使特定基因开启、关闭、更活跃或更不活跃，从而影响生物的体型和发育等。RNA 干扰技术是研究基因功能的一种有效工具，不久的未来，这种技术也许能用来直接从源头上让致病基因"沉默"，以治疗癌症、艾滋病等人类疾病，或者获得更加优质的农作物品种。为了更好地理解 DNA 和 RNA，表 3-3 将其进行了比较。

表 3-3　DNA 和 RNA 的比较

核酸名称	脱氧核糖核酸	核糖核酸
代号	DNA	RNA
结构	规则的双螺旋结构	通常呈单链结构
基本单位	脱氧核糖核苷酸	核糖核苷酸
五碳糖	脱氧核糖	核糖
含氮碱基	A（腺嘌呤） G（鸟嘌呤） C（胞嘧啶） T（胸腺嘧啶）	A（腺嘌呤） G（鸟嘌呤） C（胞嘧啶） U（尿嘧啶）
分布	主要存在于细胞核，少量存在于线粒体和叶绿体	主要存在于细胞质
功能	携带遗传信息，在生物体的遗传、变异和蛋白质的生物合成中具有极其重要的作用	一般不作为遗传物质，而是在 DNA 控制蛋白质合成的过程中起作用，或作为酶起催化作用，仅在 RNA 病毒中作为遗传物质

现已发现近 2000 种遗传性疾病都和 DNA 结构有关。如人类镰刀形红细胞贫血症是由于患者的血红蛋白分子中一个氨基酸的遗传密码发生了改变，白化病患者则是 DNA 分子上缺乏产生促进黑色素生成的酪氨酸酶的基因所致。肿瘤的发生、病毒感染、射线对机体的作用等都与核酸有关。核酸氧化分解会生成嘌呤，嘌呤在肝脏进一步氧化成为尿酸，尿酸盐沉积到关节腔等组织会引起痛风，上了年纪以后，大量的细胞死亡，大量的核酸被氧化分解生成嘌呤，再生成尿酸，导致痛风发作，所以中老年易患痛风。

3.5.2　基因

基因（gene），又称遗传因子，一般指位于染色体上编码一个特定功能产物（如蛋白质或 RNA 分子）的一段核苷酸序列，是具有遗传效应的 DNA 片段。基因的现代分子生物学概念是指能编码有功能的蛋白质多肽链或合成 RNA 所必需的全部核酸序列，是核酸分子的功能单位，是控制生物性状的基本遗传单位。一个基因通常包括编码蛋白质多肽链或 RNA 的编码序列，保证转录和加工所必需的调控序列和 5′ 端、3′ 端非编码序列。基因组（genome）是指一个细胞或病毒所有基因及间隔序列，储存了一个物种所有的遗传信息，如人单倍体细胞的 23 条染色体的碱基序列。

基因存在于染色体上，每条染色体只含有 1~2 个 DNA 分子，DNA 的每一个片段就是一个基因，这个片段由几百或几千个核苷酸组成。组成每一个基因的核苷酸的数量不同，核苷酸相互连接的方式也不同，所以每一个基因都是不同的。组成简单生命最少要 265~350 个基因，人的 DNA 大概承载着 3 万个基因。

RNA 病毒的发现表明基因不仅仅只存在于 DNA 上，还存在于 RNA 上。如烟草花叶病毒、人类免疫缺陷病毒（human immunodeficiency virus，HIV，即引起获得性免疫缺陷综合征——艾滋病的病毒）的遗传物质是 RNA。

基因的表达过程是遗传信息传递给 mRNA，然后再经过翻译将其传递给蛋白质。在翻译过程中 tRNA 负责与特定氨基酸结合，并将它们运送到核糖体，这些氨基酸在那里相互连接形成蛋白质。这一过程由 tRNA 合成酶介导，一旦出现问题就会生成错误的蛋白质，进而造成灾难性的后果。值得庆幸的是，tRNA 分子与氨基酸的匹配非常精确，只不过迄今为止人们对这种机制还缺乏足够的了解。

基因有两个特点，一是能忠实地复制自己，以保持生物的基本特征；二是在繁衍后代的过程中，基因能够变异和突变。当受精卵或母体受到环境或遗传的影响，后代的基因组会发生有害缺陷或突变，绝大多数会产生疾病，在特定的环境下有的会发生遗传，即遗传病。

基因突变是指基因组 DNA 分子发生的突然的可遗传的变异。从分子水平上看，基因突变是指基因在结构上发生碱基对组成或排列顺序的改变。基因虽然十分稳定，能在细胞分裂时精确地复制自己，但这种稳定性是相对的，在一定的条件下基因也可以从原来的存在形式突然改变成另一种新的存在形式，就是在一个位点上，突然出现了一个新基因，代替了原有基因，这个基因叫做突变基因，它会使后代出现祖先从未有过的新性状，例如英国女王维多利亚家族在她以前没有发现过血友病的病人，但是她的一个儿子患了血友病，成了她家族中的第一个血友病患者，后来，她的外孙中又出现了几个血友病患者，显然，在她的父亲或母亲的基因中发生了一个血友病基因的突变。

按照遗传基本原理，如果某些基因能帮助父母生存和繁殖，父母就会把这些基因传给后代，但一些研究表明，真实情况要复杂得多，基因可以被关闭或沉默，以应对环境或其他因素，这些变化有时也能从一代传到下一代。长期稳定的基因沉默在开发遗传疾病治疗方法方面有重要意义，研究人员把名为"RNA 干扰"的过程（通常称为 RNA interference，简称 RNAi）作为一种潜在基因疗法，它可以用配对的双链 RNA（double-stranded RNA，dsRNA）瞄准任何疾病基因使其沉默，而最大障碍是如何实现稳定的沉默，这样病人才不必反复使用高剂量的 dsRNA。

由于人类基因具有唯一性，因此可进行基因识别，同卵双胞胎由于基因相似性很高，所以识别过程更为复杂。目前法医学上用途最广的方面就是个体识别和亲子鉴定。作为前沿的刑事生物技术，DNA 分析技术为法医物证检验提供了科学、可靠的手段，DNA 检验能直接认定犯罪，为凶杀案、强奸案、碎尸案等重大疑难案件的侦破提供准确可靠的依据。亲子鉴定已经是一种非常成熟的，也是国际上公认的确定是否具有血缘关系的最好方法。

基因诊断是应用分子生物学方法检测患者体内遗传物质的结构或表达水平的变化从而找出致病的缺陷基因区域，辅助临床诊断的技术。癌症、糖尿病等都是遗传基因缺陷引起的疾病，利用基因诊断，医学和生物学研究人员有可能在短时间内鉴别出会导致癌症等疾病的突变基因，或者能快速判断出病人受到了何种细菌、病毒或其他微生物的感染。

基因疗法的一种情况是通过基因克隆、基因重组、转基因技术等来复制或制造需要的器官，解决一些有生理缺陷的患者的难题；另一种情况是用基因工程的技术方法，将正常的基因转入患者的细胞中，以取代病变基因，从而表达所缺乏的产物，或者通过关闭或降低异常表达的基因等途径，达到治疗某些遗传病的目的。已发现的遗传病有 6500 多种，其中由单基因缺陷引起的就有约 3000 多种，因此，遗传病是基因治疗的主要对象。基因治疗在 2017 年取得了重大进展，成为这一年里世界十大科学突破之一，通过在脊髓神经元中加入缺失基因，可以将大量婴儿从致命的疾病中解救出来。科学家们正在进一步研究胎儿基因疗法，一旦成功，可以防止出生患遗传病症的新生儿，从而从根本上提高后代的健康水平。

DNA 片段被转入特定生物中，与其本身的基因组进行重组，再从重组体中进行数代的人工选育，从而获得具有稳定表现特定遗传性状的个体，这种技术被称为转基因技术（genetic modification technology），简单而言是一种利用基因改造生物的现代分子生物技术。DNA 片段可以是提取特定生物体基因组中所需的目的基因，也可以是人工合成的具有指定序列的 DNA 片段。该技术可以使重组生物增加人们所期望的新性状，培育出新品种。转基因动物有奶牛、羊、鱼、老鼠等，转基因作物有大豆、玉米、甜椒、番茄、马铃薯等。转基因技术可以使动物避免某种缺陷，或者提供某种新性能，例如一种转基因奶牛可产具有抗菌、抗病毒作用的牛奶。转基因技术用于作物既可以使作物自己释放出杀虫剂，又可以使作物适应旱地或盐碱地，还可以生产出营养更丰富的食品，而且可以大大缩短育种时间，利用传统的育种方法，需要 7～8 年时间才能培育出一个新的植物品种，基因工程技术使研究人员可以将任何一种基因注入到一种植物中，从而培育出一种全新的农作物品种，时间可比传统育种缩短一半。美国种植的玉米、大豆和棉花中大多使用利用基因工程培育的种子。有专家预计，将来很可能美国的每一种食品中都含有一点基因工程的成分。

　　由于转基因技术是一项总体上仍处在实验阶段的高科技技术，公众对其效果感到兴奋、新奇，但对其原理知之甚少，因此很多人怕吃了转基因食品后遗传性状会发生改变，比如吃了转基因猪肉会变得好动，食用了转基因大豆油会导致不孕不育等，还有人担心：将转基因技术用于动物会不会出现人类无法控制的超级怪物？更有甚者臆想出一些逼真的变异动物来魔化转基因技术，以至"转基因"这个在全球承受无尽争议的词汇，成为 2014 年"科学美国人"中文版《环球科学》杂志年度十大科技热词之一。从生物化学角度看，人们吃的所有食物都来自于其他生物体，几乎所有食物中都含有不计其数的带有异源基因的 DNA，这些 DNA 分子在消化道内会被降解为单个的脱氧核糖核苷酸，才能被人体吸收用于自身遗传物质的构建。2015 年 1 月 13 日，欧洲议会全体会议通过一项法令，允许欧盟成员国根据各自情况选择批准、禁止或限制在本国种植转基因作物。专家指出，利用基因工程改良农作物已势在必行，这首先是由于全球人口的不断增长使粮食需求大大增加；其次，人口的老龄化使医疗系统的压力不断增大，开发可以增强人体健康的食品十分必要。但是，不能否定转基因技术在给我们提供帮助的同时，也带来了潜在的风险，尤其转基因用于动物是否需要、怎么管理？是迫切需要关注的问题。

思　考　题

1. 人体中的元素可以分成哪几类？各有什么作用？
2. 人体中有哪些重要的化学平衡？
3. 维生素有哪些？各有什么作用？
4. 糖类和脂类有哪些？它们有什么重要性？
5. 氨基酸和蛋白质从化学本质上有什么关系？
6. 蛋白质有哪四级结构？
7. 什么是酶？酶催化反应有哪些特点？
8. DNA 有哪四级结构？
9. 为什么老年人容易得痛风病？
10. 什么是转基因技术？如何正确认识转基因技术？

第4章

"衣"中的化学

本章要点：介绍棉、麻、丝、竹等天然纤维和锦纶、腈纶、涤纶、氨纶等合成纤维的化学组成和应用；介绍染料和颜料，以及柔软剂、抗静电剂、杀菌剂、防水剂等织物整理剂。

衣服是人类的基本生存条件之一，御寒保暖、保护身体是衣服最基本的功能，原始人就知道用树叶和兽皮保暖和遮羞。随着科学技术和人类文明的发展，物质财富的增长使人们逐渐变得衣食无忧，在丰衣足食的前提下，衣服有了新的功能：赋予人们美观而富有特色的外表。在中国，不同时代有自己的代表性服饰，而且不同阶层、不同职业的人群有标志性的服装。例如在春秋战国时期，大麻、苎麻、葛织物等植物材料是广大劳动人民的衣着用料，丝织物只属于权贵，到了汉代，服装用料大大丰富，织造和印染工艺更是空前发达，在上海纺织博物馆里可以见证几千年来中国衣裳的部分变迁历史。随着生活水平和对物质追求的不断提高，现代人们对衣服提出了新的要求，希望衣服具有特殊功能，例如：防水透气、防晒、防辐射、发热、发光、变色、隐形等，着装的目的也随之有了新的内涵，从科学角度看，着装的主要目的是调节人体的微循环气候。

然而，无论衣服及其功能如何发展变化，从其自身材质和各种处理所用材料看，都属于化学物质。衣服的基本原料一般是各种纤维（fiber）。纤维是天然或人工合成的细丝状物质，纺织纤维则是指柔韧、纤细，具有相当长度、强度、弹性和吸湿性，用来加工成各种纺织品的丝状物，大多数是不溶于水的有机高分子化合物，少数是无机化合物。纺织纤维具有一定的长度和细度（长度直径比一般达到100以上）、良好的弹性和强力，以及较好的化学稳定性。纤维可分为天然纤维和化学纤维。天然纤维包括植物纤维、动物纤维和矿物纤维。植物纤维有棉、麻、竹纤维，动物纤维主要有毛和丝，矿物纤维是从纤维状结构的矿物岩石中获得的纤维，主要有各类石棉，如温石棉、青石棉等，主要组成物质为各种氧化物，如二氧化硅、氧化铝、氧化镁等。矿物纤维可用作保温隔热材料，一般不用于纺织制衣。化学纤维是经过化学方法加工制成的纤维，可分为人造纤维（再生纤维）、合成纤维和无机纤维。人造纤维是利用自然界的天然高分子化合物——纤维素或蛋白质作原料（如木材、棉籽绒、稻草、甘蔗渣等中的纤维，或牛奶、大豆、花生等中的蛋白质，及其他失去直接纺织加工价值的纤维原料），经过一系列的化学处理和机械加工而制成的类似棉花、羊毛、蚕丝一样能够用来纺织的纤维。根据人造纤维的形状和用途，分为人造丝、人造棉和人造毛三种，重要品种有黏胶纤维、醋酸纤维、铜氨纤维等。人造纤维有吸水性强、染色性好、手感柔软的特点，但易皱、易变形、不耐磨。无机纤维是以天然无机物或含碳聚合物为原料，经人工抽丝或直接碳化制成的纤维，包括玻璃纤维、金属纤维和碳纤维，它们有重要的工业用途，但很少用于普通制衣领域。

衣服最普遍的处理是用染料和颜料进行染色或着色，使其具有各种色彩，为了使衣服具有特定功能，还需要在制成衣服之前或之后采用纺织整理剂进行处理。

4.1 天 然 纤 维

天然纤维来自自然生长的植物、动物和矿物，除了矿物纤维石棉不能纺织成面料做衣服以外，其他天然纤维的纺织品都是人们喜爱的服装面料，做成的衣服舒适、环保。

4.1.1 棉和麻

棉和麻是植物性纤维，主要成分为纤维素（cellulose），即由 β-葡萄糖（$C_6H_{12}O_6$）缩合而成的聚合物。纤维素分子有极长的链状结构，属于线型高分子化合物。棉花中纤维素含量高达约98%，亚麻中纤维素含量为80%左右。棉麻纤维中，每个葡萄糖单元中还含有 3 个游离的羟基，羟基的亲水性使棉麻纤维织物具有很好的吸湿性。

在棉纤维的生长过程中，分子链自然螺旋扭曲形成纤维素束，称为天然转曲，天然转曲是棉纤维与其他纤维形态上的特征区别。在显微镜下看到棉纤维呈细长略扁的椭圆形管状空心结构。由棉纤维织成的棉布吸湿性、吸汗性、透气性、保暖性好，穿着舒适，虽然易缩、易皱，仍是深受人们喜爱的面料，多用来制作时装、休闲装、内衣、衬衫，以及各种床上用品。

麻纤维是一年生或多年生草本双子叶植物的韧皮纤维和单子叶植物的叶纤维的总称。用作衣料的主要是亚麻和苎麻纤维。与棉纤维相比，麻纤维是实心棒状的长纤维，比较直、不卷曲、缩水性小，强度较高。用麻纤维织布做成的衣服吸湿、导热（组织比较疏松，散热快）、透气性甚佳，硬而挺括、不贴身，洗后仍很挺括，不易变形，但外观较为粗糙、生硬，穿着不够舒适。麻纤维适于做夏季衣裳、蚊帐等。

棉麻纤维不耐酸、碱的腐蚀，当强酸（如硫酸、硝酸或盐酸）或强碱（如氢氧化钠）滴落在棉或麻织品上时，就会严重损伤织品，而弱碱性物质（如普通洗衣皂）对它们的损伤很小。棉麻纤维长期和空气接触并受日光照晒后强力降低、失去柔软性而变脆，原因是光和空气中的氧气等使纤维素纤维发生氧化和裂解反应。波长较短的紫外线照射能引起棉麻纤维发生光解反应，结构中的碳碳键（C—C）和碳氧键（C—O）断裂。在光敏剂、氧气及水分存在下，长波长紫外光及其附近可见光会使棉麻纤维发生光敏作用和光氧化反应。

将纤维素纤维用化学方法进行处理可以得到再生纤维素纤维。首先将植物纤维素经碱化制成碱纤维素，接着与二硫化碳作用生成纤维素黄原酸酯，再溶解于稀碱液内得到黏稠溶液（即黏胶），从喷丝孔挤压入凝固浴，经过凝固和一系列处理工序后即成黏胶纤维，又称人造棉。普通黏胶纤维吸湿性好、易于染色、不易起静电、有较好的可纺性能，织物柔软、光滑、透气性好，穿着舒适，其缺点是生产过程环境污染较严重，织物牢度较差、湿模量低、缩水率高而且容易变形、褪色。天丝（Tencel）是一种新的黏胶纤维，也是英国阿考迪斯（Acordis）公司生产的 LYOCELL 纤维的商标名称。天丝是以木浆为原料经溶剂纺丝技术制取的，生产中所使用的溶剂对人体毒性小，几乎全部能回收后反复使用，无副产物。天丝纤维在泥土中能完全分解，因此被认为属于绿色纤维。天丝的主要特点是：①具有优良的吸湿性和透气性。②强力几乎与涤纶相近，湿强度比棉纤维和黏胶纤维高，湿模量也比棉纤维高。③良好的水洗尺寸稳定性，缩水率较小。④织物光泽优美，手感柔滑舒适，具有真丝般的独特触感，飘逸悬垂性好，光泽优雅，既有黏胶纤维良好的吸湿性，又有合成纤维那样的高强度，是很好的服装面料。天丝被描述成具有棉的舒适性、涤纶的强度、毛织物的豪华美感和真丝的独特触感及柔软垂坠。天丝面料印染工艺难度很高。天丝面料系列有：全天丝、天丝棉、锦纶天丝、天丝铜氨、天丝涤、天丝麻等多种类型。莫代尔（Modal）纤维是另一种新的再生纤维素纤维。莫代尔纤维采用榉木做原料，先将其制成木浆，再通过专门的纺丝工艺加工成纤维。生产过程清洁，纺织品的废弃物可以被生物降解，具有良好的环保性能，也被称为绿色纤维。莫代尔纤维主要特性有：①具有比棉纤维高的吸水性和透气性。②具有合成纤维的强力和韧性，强力高于纯棉、涤棉。③具有良好的形态与尺寸稳定性。④织物外观与手感光滑、细腻、柔软，面料呈丝光感。⑤具有天然的抗皱性和免烫性。⑥染色性能较好且经过多次洗涤仍保持鲜艳如新。与纯棉相比，穿着更舒适，且没有纯棉服装易褪色、易发黄的缺点。莫代尔面料主要用于制作内衣、睡衣、运动服、休闲服、蕾丝等。为了改善纯莫代尔产品挺括性差的缺点，莫代尔可以与其他纤维进行混纺。莫代尔产品在现代服装服饰上有广阔的发展前景。

4.1.2 丝和毛

丝和毛属于动物纤维，如羊毛、兔毛、蚕丝等，主要成分为 α-氨基酸按一定顺序结合、旋转、折叠形成的蛋白质（角蛋白），通常称为蛋白质纤维，呈空心管状结构。在羊毛蛋白质中含有硫（S）元素，而蚕丝蛋白质中没有。由蛋白质构成的纤维弹性较好。

蚕丝纤维细长，由蚕分泌的汁液在空气中固化而成，通常一个蚕茧由一根丝缠绕，长达 1000～1500 m，蚕丝是圆形纤维，细而柔软、平滑、富有弹性、光泽好、吸湿性好，是高级纺织原料，加工成绫罗绸缎，既可轻薄似羽，也可厚实丰满，尽显富贵华丽。蚕丝面料制成的衣服吸湿、透气，强度比棉布高，弹性比棉布好，有明亮的丝光。

毛纤维包括各种兽毛，以羊毛为主，纤维比丝纤维粗短。构成羊毛的蛋白质有两种，一种含硫较多，称为细胞间质蛋白，另一种含硫较少，叫做纤维质蛋白，后者排列成条像梯子的竖边，前者则像梯子的横档将梯子的边连接起来，两者构成羊毛纤维的骨架，赋予羊毛纤维很好的耐磨性。除此之外，羊毛还具有柔软、蓬松、保暖、舒适、容易卷曲等特点，吸湿性、透气性、弹性、穿着性能均比较好，但不耐虫蛀，适宜做外衣。现在在羊毛织物内添加了防止虫蛀的成分，使羊毛织物更加受人喜爱。

丝和羊毛不怕酸的侵蚀，但怕碱，碱使丝和羊毛蛋白质严重损伤、变黄、溶解。原因是碱使蛋白质主链水解。丝和羊毛也怕太阳晒，太阳光中的紫外线可以破坏它们的化学组成，使其强力下降，失去光泽。羊毛是天然纤维中抵抗日光和耐气候能力最强的一种纤维，但是光照 1000 小时以上，强度也会下降 50% 左右，原因主要是紫外线破坏羊毛中的二硫键，使胱氨酸被氧化，颜色发黄，强度下降。

再生蛋白质纤维是从乳酪、大豆、玉米、花生等中提取蛋白质，制成黏稠的纺丝溶液，经喷丝头挤压入凝固浴中凝固成的蛋白质纤维。主要品种有酪蛋白质纤维、大豆蛋白质纤维、玉米蛋白质纤维和花生蛋白质纤维，它们与羊毛相似，染色性能好。但一般强度较低，湿强度更差，因而应用不广泛。通常切断成短纤维，与羊毛、黏胶纤维和锦纶短纤维等混纺。

4.1.3 竹纤维

近年来市场上开始流行竹纤维制品。竹纤维是来源于竹子的一种纤维，是在棉、麻、毛、丝之后出现的第五大天然纤维，也是继大豆蛋白纤维之后中国自主开发、研制并生产的新型纤维。竹纤维主要成分也是纤维素。竹纤维具有良好的透气性和吸水性、较强的耐磨性和良好的染色性，还能抗菌、除臭，是制作服装、床上用品、毛巾、袜子等的上好材料。

竹纤维分成两大类：第一类，天然竹纤维——竹原纤维；第二类，化学竹纤维——包括竹浆纤维和竹炭纤维。

竹原纤维制取过程如下：

竹材→制竹片→蒸竹片→压碎分解→生物酶脱胶→梳理纤维→纺织用纤维。

竹原纤维具有抗菌、抑菌、除螨、防臭和抗紫外线的功能，可以进行纯纺和混纺，其混纺产品是内衣、袜子等领域深受欢迎的品种。

竹浆纤维是将竹片做成浆，进一步做成浆粕，再经过湿法纺丝制成的纤维，其制作加工过程基本与黏胶纤维相似。竹浆纤维属于人造纤维，在加工过程中竹子的天然特性遭到破坏，纤维的抗菌、除螨、防臭和抗紫外线功能明显下降。

竹炭纤维由毛竹采用纯氧高温及氮气阻隔延时煅烧技术和工艺，先制得具有微孔更细化和蜂窝化特点的竹炭，然后与具有蜂窝状微孔结构的聚酯切片熔融纺丝而成。竹炭纤维虽然也属于人造纤维，但独特的纤维结构设计，使竹炭纤维具有吸湿透气、抑菌抗菌、冬暖夏凉、绿色环保等特点。

4.2 合 成 纤 维

合成纤维是将人工合成的、具有适宜分子量并具有可溶（或可熔）性的线型高分子，经纺丝成形和后处理而制得的化学纤维，是改变世界的三大合成材料（合成纤维、合成塑料和合成橡胶）之一。合成纤维是以小分子有机化合物为原料，经加聚反应或缩聚反应合成的线型有机高分子化合物，根据大分子主链的化学组成，可分为杂链纤维和碳链纤维两类。合成纤维中著名的"六大纶"，按工业化生产时间先后分别为氯纶（1934年）、锦纶（1938年）、涤纶（1947年）、腈纶（1950年）、维纶（1950年）和丙纶（1960年），它们的主要化学成分分别是：聚氯乙烯、聚酰胺、聚对苯二甲酸乙二醇酯、聚丙烯腈、聚乙烯醇缩甲醛和聚丙烯，以及它们的改性产物。其中聚氯乙烯、聚乙烯醇缩甲醛、聚丙烯腈、聚丙烯属于碳链纤维，聚酰胺、聚对苯二甲酸乙二醇酯属于杂链纤维。锦纶、涤纶、腈纶是常说的三大合成纤维。

合成纤维强度高、耐磨，但吸水性小。合成纤维在生活和其他领域中应用广泛，品种已大大超过天然纤维。在合成纤维的基础上，为了改善纺织品的功能，将多种纤维混合，即得各种混纺制品，如 50%黏胶、40%羊毛、10%锦纶混纺的织物简称"粘毛锦花呢"或"三合一"；涤纶50%～65%和黏胶35%～50%混纺的织物称"快巴的确良"；涤纶与蚕丝混纺而成的涤绢绸，轻盈细洁、手感柔软、耐磨性好、缩水率小；用涤纶长丝纤维做轴芯，外面均匀包卷上一层棉纤维的包芯纤维，透气性、吸湿性、耐磨性均佳。还有毛线，除纯羊毛（保暖性好）、氯纶（便宜，但易起静电）、腈纶（蓬松）毛线外，还有毛-腈、棉-毛及毛-黏混纺毛线，这些混纺毛线既保持了羊毛的优良保暖性，又增加了耐磨性和强度。

4.2.1 锦纶

锦纶是以聚酰胺为基础制得的纤维，是三大合成纤维之一，也是世界上较早出现的一种合成纤维，俗称尼龙（nylon）。锦纶的出现是合成纤维工业的重大突破，同时也是高分子化学领域的一个里程碑，它的出现使纺织品的面貌焕然一新。

锦纶是美国杰出的科学家华莱士·休姆·卡罗瑟斯（Wallace Hume Carothers，1896.4.27—1937.4.29，图 4-1）和其领导的一个科研小组在美国杜邦公司研制出来的。1939 年 10 月 24 日杜邦公司在总部所在地公开销售尼龙丝长袜时引起轰动，丝袜被人们视为珍奇之物争相抢购。买到的贵妇顾不得优雅迫不及待地坐在街边穿了起来，而很多底层妇女因为买不到或者买不起丝袜，只好用笔在腿上绘出纹路，冒充丝袜，如图4-2所示。

图 4-1 卡罗瑟斯　　　　图 4-2 贵妇街边穿袜和姑娘请人画袜

人们曾用"像蛛丝一样细，像钢丝一样强，像绢丝一样美"的词句来赞誉锦纶，到 1940 年 5 月，锦纶制品的销售遍及美国各地。

锦纶的化学名称是聚酰胺纤维，聚酰胺有两类，一类是由饱和的二元酸与二元胺通过缩聚反应制得的线型高分子化合物，结构简式可以表示为 $\dashv HN(CH_2)_x NHCO(CH_2)_yCO\vdash_n$，其中的 x、y、n 均为正整数。常见的有聚酰胺-66（$x=6$，$y+2=6$）、聚酰胺-610（$x=6$，$y+2=10$）、聚酰胺-612（$x=6$，$y+2=12$）、聚酰胺-1010（$x=10$，$y+2=10$）；另一类是由内酰胺开环聚合得到的线型高分子化合物，结构简式可以表示为 $\dashv NH(CH_2)_xCO\vdash_n$，主要有聚酰胺-6（$x+1=6$）、聚酰胺-11（$x+1=11$）、聚酰胺-12（$x+1=12$）。两类聚酰胺的共同特点是高分子主链的各个链节间都是以酰胺基"—CONH—"相连，这也是这类缩聚物被称为聚酰胺的依据。用于纤维的聚酰胺的相对分子质量一般为 17000～23000 g/mol。酰胺基的存在，可以在分子间或分子内形成氢键，也可以通过氢键与其他分子相结合，所以聚酰胺能够形成较好的结晶结构。

各种聚酰胺中以聚酰胺-6 和聚酰胺-66 的产量最大，两者约占聚酰胺总产量的 90%。锦纶-6 即用聚酰胺-6 制成的纤维，聚酰胺-6 是己内酰胺开环缩聚得到的产物，化学名称是聚己内酰胺，结构简式为 $-\!\!\left[NH(CH_2)_5CO\right]\!\!_n$。锦纶-66 即用聚酰胺-66 制成的纤维，是己二酸和己二胺缩聚反应的产物，其结构简式为 $-\!\!\left[HN(CH_2)_6NHCO(CH_2)_4CO\right]\!\!_n$。

聚酰胺主要用于制造合成纤维，其最突出的优点是耐磨性高于现有的其他所有纤维，在混纺织物中稍加入一些聚酰胺纤维，可大大提高其耐磨性；当拉伸至 3%～6%时，弹性回复率可达 100%；而且能经受上万次折挠而不断裂；另外，聚酰胺纤维的强度比棉、羊毛、黏胶纤维等天然和人造纤维高。但聚酰胺纤维的耐热性和耐光性较差，保持性也不佳，做成的衣服不如涤纶挺括。另外，用于衣着的锦纶-6 和锦纶-66 都存在吸湿性和染色性差的缺点。

总体而言，锦纶具有良好的综合性能，包括力学性能、耐磨损性、耐化学药品性和自润滑性，且摩擦系数低，有一定的阻燃性，与橡胶的附着力好，易于加工，适于用玻璃纤维和其他填料填充增强改性，提高性能和扩大应用范围。

锦纶除了用于制造服装、袜子、纱巾、蚊帐、蕾丝花边等居家用品之外，还有广泛的用途，如家用电器、汽车和机械的耐磨零件、汽车安全气囊、医用缝线、工业用布、传送带、缆绳、帐篷、热气球、渔网、轮胎帘子线、薄膜及工程塑料。在国防上主要用于降落伞及其他军用纺织制品。

4.2.2 腈纶

腈纶，化学名称为聚丙烯腈纤维，也是三大合成纤维之一，是以聚丙烯腈为基础制得的纤维，一般是以丙烯腈为主要单体（质量含量大于 85%）与少量其他单体共聚而得。其他单体品种较多，根据用量和作用可分为第二单体和第三单体。第二单体有：丙烯酸酯、甲基丙烯酸酯、醋酸乙烯酯等，用量为 5%～10%，作用是减少聚丙烯腈分子间作用力，消除其脆性，从而可纺制成具有适当弹性的腈纶纤维。第三单体多是带有酸性基团的乙烯基单体，如乙烯基苯磺酸、甲基丙烯酸、衣康酸等；或是带有碱性基团的乙烯基单体，如 2-乙烯基吡啶、2-甲基-5-乙烯基吡啶等。第三单体用量一般低于 5%，主要作用是改进腈纶纤维的染色性能。

中国的腈纶大多是三元共聚物制成的纤维，三元共聚物主要有两类：第一类，丙烯腈、丙烯酸甲酯、（甲基）丙烯磺酸钠共聚物；第二类，丙烯腈、丙烯酸甲酯、衣康酸共聚物。通过共聚、混合纺丝、复合纺丝等方法可以改进聚丙烯腈纤维的染色性、耐热性、蓬松性与回弹性等性能。

　　腈纶柔软、膨松、色泽鲜艳,耐光、耐气候性很好,抗菌、不怕虫蛀、耐酸、耐氧化剂和一般有机溶剂。缺点是吸湿性和耐碱性较差、染色困难。腈纶由于在外观、手感、弹性、保暖性等方面类似羊毛,所以有"合成羊毛"或"人造羊毛"之称,可纯纺也可混纺,主要用于制成毛料、毛线、毛毯、运动服、人造毛皮、长毛绒、膨体纱、帐篷、苫布等。腈纶还有别名:奥纶(Orlon)、开司米纶等。以腈纶纱为原料,通过拉舍尔经编机制得的毛毯被称为拉舍尔毛毯。

　　将聚丙烯腈纤维(共聚组分尽量少)经过高温处理可得到碳纤维和石墨纤维。碳纤维是指由有机纤维或低分子烃气体原料在惰性气体中经高温(1500℃)碳化而成的纤维状碳化合物,其碳含量达 90%以上。碳纤维具有许多宝贵的电学、热学和力学性能,如密度不到钢的 1/4、强度却是钢的 7~9 倍,比不锈钢还耐腐蚀、比耐热钢还耐高温,而且热膨胀系数小、X 射线透过率高,还能像铜一样导电,因此是一种高性能的新型材料和先进复合材料的增强材料,可以用于宇宙飞船、火箭、飞机、高档汽车以及耐高温、防腐蚀工业领域,也可以用于医疗上的人工肋骨、肌腱韧带和医疗器材等,还可以用于制作钓鱼竿、羽毛球拍、电脑外壳、照相机或测绘仪三脚架、滑雪板、自行车、床垫、太阳能热水器集热管等。聚丙烯腈碳纤维是用量最大的碳纤维,占碳纤维总量的 90%以上,如果没有特别说明,通常碳纤维即指聚丙烯腈碳纤维。进一步将碳纤维在惰性气体保护下,在密封装置中经 2500~3000℃高温和加压进行石墨化,可以得到含碳量高于 99%的石墨纤维。石墨纤维是目前已知的热稳定性最好的纤维之一,可耐 3000℃的高温,而且热膨胀系数小,在高温下能经久不变形,并具有良好的导电性、导热性、耐热冲击性和很好的耐腐蚀性。石墨纤维可以用于耐高温电磁波屏蔽材料、隐形战机、石墨炸弹以及先进复合材料的增强剂等。

4.2.3　涤纶

　　聚酯是由饱和的二元酸(或其酯)与二元醇通过缩聚反应制得的一类线型高分子化合物。这类缩聚物随使用原料或中间体不同而有较多的品种,但所有品种均有一个共同特点,就是其大分子的各个链节间都是以酯基"—COO—"相连,这也是"聚酯"名称的由来。聚酯除了可以制造纤维以外,还可以用于制造涂料、薄膜及工程塑料,所以是一类非常重要的有机高分子化合物。一般聚酯产品的平均相对分子质量不低于 20000 g/mol,用于制造纤维、薄膜的聚酯相对分子质量约为 25000 g/mol。

　　涤纶是以聚酯为基础制得的纤维,也是三大合成纤维之一,而且是三大合成纤维中工艺最简单的一种。其化学名称是聚对苯二甲酸乙二醇酯(简称 PET)纤维，由精对苯二甲酸或对苯二甲酸二甲酯和乙二醇经酯化或酯交换和缩聚反应制得。结构简式为 $-[OCC_6H_4COOCH_2CH_2O]_n-$。聚酯纤维为具有芳环的高度对称的线型聚合物，易于取向和结晶，结晶度为 40%~60%，但结晶速度较慢。聚酯纤维具有较高的强度和良好的成纤性及成膜性。

聚酯纤维一般为乳白色，强度高，回潮率很低，在纺织时，容易产生静电。纺织品具有很多优点，如尺寸稳定性好、定形性能极优、绝缘、耐腐蚀，耐磨性仅次于聚酰胺纤维，耐光性仅次于腈纶，弹性接近羊毛，易洗快干（俗称"洗可穿"）、结实耐用，而且价格相对便宜。缺点是吸水性、透气性、染色性欠佳，手感较硬。涤纶是中国聚酯纤维的商品名称，俗称"的确良"或"的确凉"。

聚酯纤维可以纯纺或与其他纤维混纺，与其他纤维混纺可制成各种棉型、毛型及中长纤维纺织品。聚酯纤维除了大量用于生产衣着面料外，还可用于窗帘、轮胎帘子线、运输带、篷帆、绳索、薄膜等。

4.2.4 氨纶

由二元醇与二异氰酸酯通过聚合反应得到的共聚物，经纺丝而成的纤维，简称 Spandex，译名"斯潘德克斯"，在中国被称为"氨纶"，是一种弹性纤维。氨纶的化学名称是聚氨酯纤维，化学成分是聚氨基甲酸酯（polyurethane，PU），简称聚氨酯，大分子的各个链节间以氨基甲酸酯基（—NHCOO—）相连。聚氨酯大分子由软链段和硬链段组成，二元醇部分负责提供软链段，二异氰酸酯部分负责提供硬链段，软、硬链段通过氨基甲酸酯基交替相连，赋予了氨纶高弹性和高强度。根据所用的二元醇不同，可以将氨纶分为两类：一类为聚酯型，即二元醇为聚酯二醇；另一类为聚醚型，即二元醇为聚醚二醇。聚酯型氨纶抗氧化、抗油性较强；聚醚型氨纶防霉性、耐洗涤性较好。

氨纶首先由德国拜耳（Bayer）公司于 1941 年研究成功，美国杜邦公司于 1959年开始工业化生产。中国第一家氨纶企业是烟台氨纶厂，1989 年开始生产。含有85%以上聚氨基甲酸酯的纤维，在不同国家和地区有不同的商品名称，例如，在美国、英国、荷兰、加拿大、巴西被称为莱卡（Lycra），在日本被称为尼奥纶（Neolon），在德国被称为多拉斯坦（Dorlastan）。

氨纶具有高延伸性（500%~800%，即可以拉伸 5~8 倍）、低弹性模量（200%伸长，0.04~0.12 g/d）和高弹性回复率（200%伸长，95%~99%），能随张力的消失迅速恢复到初始状态。氨纶热稳定性中等，软化温度约在 200℃以上，强度比天然乳胶丝高 2~3 倍，比天然乳胶丝更耐化学降解，其他物理、机械性能与天然乳胶丝十分相似。总体来说，氨纶纤维耐酸碱性、耐汗、耐海水性、耐干洗性、耐磨性均较好，而且耐大多数防晒油，但是长期暴露在日光下或在氯漂白剂中也会褪色。另外，氨纶纤维不能单独织布，一般都与其他纤维混纺，氨纶纤维比例大约在 3%～10%，泳装面料氨纶纤维的比例达到 20%。氨纶纤维通常与棉纤维、聚酯纤维混纺。用美国杜邦公司生产的新型莱卡纤维作纱芯，在外包覆一层莫代尔纤维纺成复合型纱线，可以得到一种绿色莫代尔弹力织物。它既能发挥莱卡纤维弹性好的特点，又能显示莫代尔纤维吸湿性能优异、柔滑、光亮的特点。

氨纶面料的优点有①弹性好、保型性好、不易起皱；②手感柔软平滑、穿着舒适合身；③耐酸碱、耐磨、耐老化；④具有良好的染色性，而且不易褪色。氨纶的缺点是吸湿和耐热性较差。

氨纶可用于为满足舒适性和灵活性、需要可以拉伸的服装，如内衣、袜子、游泳衣、健身服、美体裤、牛仔裤、休闲裤等；也可用于专业运动服，如比赛用泳衣、摔跤背心、划船用套装等；还可用于表演服装、防护衣等。

4.3 染料和颜料

色彩与材质和款式一样，是人们选择衣服要考虑的重要因素。衣服的色彩是通过用染料对纤维、布、衣服进行染色，或者用颜料对纤维、布、衣服进行着色或涂色而获得的。染料（dye）和颜料 （pigment）是指自身具有颜色而且可以用一定的方法使其他物质具有颜色的化学物质。

4.3.1 发色原理和三原色

物质的颜色是其吸收可见光后产生的。光是一种波，常用的波长范围为 $10^{-12}～10^3$ m，依次为 γ 射线、X 射线（又称伦琴射线）、紫外线、可见光、红外线（又分为近红外、中红外、远红外、超远红外）、无线电波（又分为长波、中波、短波、微波）。这些光中只有波长范围为 400～760 nm 的部分照射到人眼中能引起视觉，这部分光被称为可见光，俗称白光。在不同的文献中，可见光的范围略有差异，如 380～750 nm、390～760 nm、380～780 nm 等。可见光中不同波长的光线代表的颜色称为光谱色。白光照射到物体上，一部分波长的光被吸收，另一些被反射或通过，人眼看到的物质的颜色是它吸收了白光中的一些光谱色后余下的光谱色。由于这两部分颜色相加成白光，所以称它们的关系为互补，于是物质的颜色是它吸收的白光中的光谱色的补色。例：某物质吸收 570～580 nm 的光，对应的光谱色为黄色，我们看到的是蓝。另一物质吸收 430～440 nm 的光，对应的光谱色为蓝色，我们看到的是黄色。光谱色及其补色的关系见表 4-1。

表 4-1 光谱色及其补色的关系

波长/nm	760～647	647～585	585～565	565～492	492～455	455～424	424～400
光谱色	红	橙	黄	绿	青	蓝	紫
补色	蓝绿	青	蓝	紫红	橙	黄	黄绿

白光照射物体，全部透过则物体无色透明，全部反射则物体呈现白色，全部吸收则物体呈现黑色，部分吸收则物体显示一定颜色。某些物体不能分解白光，吸收部分白光同时又反射部分白光，则显示从浅灰、灰到深灰色。某些物质吸收紫外线或可见光后能发出紫外线或可见光，这些物质被称为荧光（fluorescence）染料。

五彩缤纷的颜色都可以通过一些基本的颜色获得。光谱中的各种色光都可以由红（red）、绿（green）、蓝（blue）三种色光复合而成，因此红、绿、蓝被称为色光的三原色，据此产生了 RGB 颜色模型（或红绿蓝颜色模型），这是一种加色模型，将红、绿、蓝三原色的色光以不同的比例相加可以发出各种色彩的光，三者同时相加为白色，两两相加得间色（黄色、紫色、青蓝色），如图 4-3（a）所示。RGB 颜色模型主要用于电子系统中显示图像，比如电视和电脑，在传统摄影中也有应用。青（cyan）、品红（magenta）、黄（yellow）三种颜色或染料按不同比例混合后，可以合成各种颜色或染料，因此青、品红、黄被称为色料的三原色，又称美术三原色，其中品红又称洋红。CMY 颜色模型就是基于这三种颜色。CMY是一种减色模型。在打印、印刷、油漆、绘画等场合，物体所呈现的颜色是光源中被颜料吸收后所剩余的部分，所以其成色的原理叫做减色法原理。理论上将青、品红、黄以不同的比例相混可以得到各种颜色，三者同时相混为黑色，两两相混得间色（红色、绿色、蓝色），如图 4-3（b）所示。但是，实际上青、品红、黄不能调配出黑色，只能混合出深灰色。因此在彩色印刷和彩色打印中，除了使用青、品红、黄三原色外，还要增加一版黑色，所谓的"全彩印刷"，印刷四色模式（CMYK）即由此而来，K 取的是黑色（black）的最后一个字母，以示与蓝（blue）的区别。

（a）色光三原色　　　（b）色料三原色

图 4-3　色光三原色和色料三原色

4.3.2　染料

衣服的染色从古代就开始了，最早使用天然物质，天然染料来源于植物和动物。例如靛蓝就是从靛草中提取得到的；古代玛雅人从一种胭脂虫中提取洋红，又称胭脂红，16 世纪曾传至欧洲成为工业品；古罗马和腓尼基人从地中海底的一种海螺中提取紫色染料，被称为"帝王紫"。1972 年中国长沙马王堆一号汉墓出土的葬品中发现有茜草印染的丝织物，从茜草中可以提取出红色染料茜素。另外从地衣中可以提取紫色染料，从黄檀木中可以提取黄色染料，从热带含羞草和金合欢树中可以提取棕色染料。这些染料被用于染衣裳、作画、写书法、绘瓷器等多种用途。但是，天然染料不但品种少，而且成本昂贵，可能上万只胭脂虫才能提炼出几十克红色的染料，从约 25 万只海螺中才能提取约 14 克欧洲皇室所钟爱的"帝王紫"，刚好够染一件罗马长袍，因此，天然染料远远不能满足人们对色彩的需求。

图 4-4　珀金

1856 年，英国皇家化学学院著名有机化学家霍夫曼的实验室里，18 岁的研究生威廉·亨利·珀金（William Henry Perkin，1838.3.12—1907.7.14）（图 4-4），正在进行着合成抗疟疾特效药物金鸡纳霜（又称奎宁）的工作，当时这种药物必须从南美印地安人居住地的一种金鸡纳树的树皮中提取，因此该药物在欧洲的价格十分昂贵。由于当时药物化学的理论和实验技术尚不够完善，人们还无法知道金鸡纳霜的准确分子结构，珀金只有通过大量的实验来不断摸索。一天，他把强氧化剂重铬酸钾加入到了苯胺的硫酸盐中，结果烧瓶中出现了一种沥青状的黑色残渣，珀金意识到这回实验又失败了！他只好去把烧瓶清洗干净，以备继续实验。考虑到这种焦黑状物质多半难溶于水，珀金用酒精来清洗烧瓶。当酒精加入到了烧瓶中之后，焦黑状物质被溶解成了美丽夺目的紫色！作为一位有经验的化学研究生，珀金抓住了这个意外的现象成就了一项重要的发明创造，得到了世界上第一种人工合成的化学染料苯胺紫（aniline violet），也称甲基紫或"冒酞（音 fū）"，是一种绿色发光粉末，能溶于水和醇，溶液呈紫色，为两种相似结构化学物质的混合物，其化学结构式如下所示：

苯胺紫的化学结构式

合成染料的华丽色彩令当时的维多利亚女王都为之倾倒，意外的成功极大地鼓舞了珀金的创业冲动，1857 年，他在哈罗建立了世界上第一家生产苯胺紫的合成染料工厂，并因此成为了世界巨富。

从此染料按照来源可以分为天然染料和合成染料。自 1857 年英国生产出苯胺紫以后，合成染料迅速发展，现在广泛使用的主要是合成染料。染料按照应用性能可以分为：酸性染料、碱性染料、分散染料、活性染料、还原染料、功能染料等。染料按照化学结构可以分为：偶氮型染料、蒽醌型染料、靛族染料、酞菁染料、硫化染料等。染料主要用于染色，一般是通过溶解或分散在水中进行，也可以在有机溶剂中进行。

随着各种新技术的开发，染料被希望具有某些特殊性能，如对光的吸收性和发射性（红外吸收、荧光、磷光、激光），光导电性和光敏性，可逆变化性（如随热、光、pH 的改变可逆变化），生物活性（如抑菌作用、结合蛋白作用、催化作用等），化学活性（如单线态氧催化剂等），因此发展了功能染料，即具有特殊功能的有机染料。以下介绍几种重要的功能染料。

1）液晶显示染料

20 世纪 70 年代开始，手表、计算器等采用液晶显示（liquid crystal display，LCD）。为了得到彩色的显示就需要能与液晶配合的二色性染料（dichroic dye），即液晶显示染料，其加入到液晶中后，能很好地溶解并保持与液晶分子定向的平行排列，液晶分子在电场作用下转动时，染料分子随之产生同位相的转动，光吸收随之改变而完成不同颜色的显示。

2）激光染料

激光染料是一种高量子产率的荧光染料，激光照射于染料溶液池中使染料分子产生从基态 $S_0 \rightarrow$ 激发态 S_1 的跃迁，激发态染料分子发射出光子，光子在池中往复反射，在极短时间内使其他染料分子被激发而发射，于是激光由半反射面中射出，其光谱符合染料的荧光光谱，可以用滤光片选择所需波长的激光。

3）光、热、压敏染料

此种染料可用于复写纸、打字带，较常用的是三芳甲烷染料，在碱性和中性条件下为无色的内酯，和酸接触，即开环而成深色的盐。一种方法是将染料溶于高沸点溶剂并做成微胶囊，涂布于复写纸下层，书写或打字时微胶囊受压破裂，染料和涂有酸性白土的纸接触而显色，热敏纸则是用热笔使微胶囊破裂而显色。

4）有机光导材料用染料

染料和有机颜料可作为有机光导材料用作复印机感光筒的感光剂，也可以用于激光打印，较无机类的硒、氧化锌、硫化锌等毒性小、透明性好、成膜性好。已开发的有聚乙烯咔唑、铜酞菁、芘类颜料等，此类化合物也可用于太阳能电池中，和其他材料一起将太阳能转化为电能。

5）指示染料

指示染料的工作原理是通过染料分子的识别部位跟氢离子、重金属离子或肿瘤细胞等被识别对象相结合，使染料分子结构发生物理或化学变化，引起染料分子吸收或发射的光的颜色、波长或强度发生变化，从而达到检测或示踪识别对象的目的。

4.3.3 颜料

与染料都是有机化合物不同，颜料可以是无机化合物，也可以是有机化合物。常用的无机颜料有白色颜料二氧化钛（TiO_2）、氧化锌（ZnO），红色颜料氧化铁（Fe_2O_3），黑色颜料炭黑等，其他还有朱砂、雄黄、石青、石墨等矿物颜料。有机颜料品种较少，而且耐光性、耐热性、耐磨性、耐溶剂性、遮盖性等性能不如无机颜料，但是毒性比无机颜料小，色彩比无机颜料鲜艳，着色力、透明性和成膜性比无机颜料好。

酞菁颜料是有机颜料中的主要大类之一。酞菁结构中心的两个氮原子与两个氢原子结合而成为无金属酞菁，它们也可以与某些金属原子结合成稳定的络合物，例如酞菁与铜结合时形成铜酞菁，酞菁还可以与其他碱金属、碱土金属、过渡金属元素结合成各种稳定程度不同的金属酞菁。其中铜酞菁是广泛使用的蓝色颜料，通称酞菁蓝。

铜酞菁的化学结构式

颜料主要用于着色和涂色。有机颜料被广泛应用于印墨（又称油墨），涂料（又称油漆），合成纤维原浆着色，纺织品涂料印花，塑料、橡胶和皮革制品着色。早先的油墨通过使颜料分散于油中制成，现在采用合成树脂、溶剂等与颜料一起配制，称印墨。使用的颜料一部分为无机的，但彩色套版印刷用高级印墨要求具有色彩鲜艳、着色力强、透明度高的特点，必须用有机颜料，如偶氮染料的钡盐，铜酞菁等。在涂料中使用有机颜料可得到透明度好、色彩鲜艳的高级有色涂料。纤维原浆着色即将颜料颗粒均匀地分散到各种合成纤维的纺丝液中，制得有色纤维，不仅颜色均匀，而且牢度优良，难于染色的合成纤维可用此法获得颜色。涂料印花即在一定温度等条件下通过黏合剂将颜料牢固地黏着在纤维表面，涂料印花都用有机颜料。塑料着色是在塑料成形前将颜料均匀混入到成形物中，色彩鲜艳的塑料制品大多采用有机颜料着色。橡胶着色是将颜料与生橡胶（未经硫化的橡胶）和其他助剂（硫化剂、促进剂、防老剂等）一起混合均匀，滚压、成形、定形、硫化得到有色橡胶制品。

颜料在用于上述场合时，要能耐一定的处理条件，例如成形温度、溶剂、助剂等。有机颜料除酞菁等品种外一般不耐高温，而且遮盖力和耐光性不如无机颜料，因此有许多场合仍使用无机颜料，特别是白色颜料 TiO_2、ZnO，黑色颜料炭黑，便宜易得、性能好，深受用户喜爱。

4.4　纺织整理剂

为了使衣服具有特定功能，需要采用纺织整理剂进行处理。在大多数纺织整理剂中都含有一种关键的物质，叫做表面活性剂（surfactant）。这种物质具有独特的结构，决定了它具有独特的性能和广泛的应用，纺织品整理便是其重要应用之一。

4.4.1　表面活性剂

如果某种有机化合物能溶于水或有机溶剂，即使在浓度很低时就能显著降低两相之间的表面张力（气-液界面之间的张力）或界面张力（气-固、液-固、液-液等界面之间的张力）从而产生润湿、乳化、分散等现象，这种有机化合物即为表面活性剂。

1. 表面活性剂的结构特点及分类

表面活性剂是一个不对称极性分子，其分子结构由亲水基（hydrophilic group）和疏水基（hydrophobic group）组成，示意图像火柴棒：—〇。亲水基又称疏油基或憎油基，由 N、O、S、P 等原子构成；疏水基又称憎水基或亲油基，由 C、H、F、Si 等原子构成。例如十二烷基苯磺酸钠是一个典型的表面活性剂，其亲水基是磺酸基，亲油基是十二烷基苯基。

$$H_3C-(CH_2)_{11}-\langle\rangle-SO_3Na$$

十二烷基苯磺酸钠的化学结构式

按在水中能否电离及亲水基团的离子类型可以将表面活性剂分为以下种类，每大类进一步可以按结构特征分成若干小类。

$$
表面活性剂
\begin{cases}
传统
\begin{cases}
离子型
\begin{cases}
阴离子型：亲水基为阴离子 \\
阳离子型：亲水基为阳离子 \\
两性型：亲水基部分既有阴离子，又有阳离子
\end{cases} \\
非离子型：亲水基部分不带电荷
\end{cases} \\
特种：具有特殊功能和用途
\end{cases}
$$

2. 表面活性剂的基本性质及应用

表面活性剂分子的结构决定了它具有双亲媒性（既亲水又亲油，又称两亲性，amphiphilicity），从而使表面活性剂在其溶液中有两个基本性质：表面吸附并定向，形成胶束（micelle）并在胶束中定向。当表面活性剂溶于水时，一方面，水中原来的动态平衡被打破；另一方面，表面活性剂分子被溶剂化，在溶剂化层中周围是水分子，中心是表面活性剂分子，其亲水端与水分子有吸引作用，疏水端与水分子有排斥作用。在水中加入少量表面活性剂，形成稀溶液，此时表面活性剂分子与水分子的作用结果使表面活性剂分子趋向表面，把疏水基伸向空气，亲水基留在水中，在表面吸附并定向排列。空气与水之间隔了一层表面活性剂分子，使表面张力急剧下降（图 4-5（a））。继续在水中加入表面活性剂，表面活性剂分子在表面不断吸附、定向，直至表面无间隙，形成表面活性剂单分子膜，将空气与水彻底隔绝，表面张力降至最低点（图 4-5（b））。再往水中加表面活性剂，由于表面已无空隙，所以表面活性剂分子只能在水溶液中以另一种方式维持稳定存在：即开始形成胶束，表面活性剂分子将疏水基相互靠拢，将亲水基朝向周围水分子，即在胶束中定向（图 4-5（c）和（d））。表面活性剂分子在水溶液中开始形成胶束（图 4-5（c））的最低浓度，称为临界胶束浓度（critical micelle concentration，CMC），是表面活性剂的一个重要参数。表面活性剂水溶液在 CMC 前后的各种特性有很大差异。

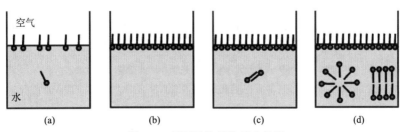

图 4-5 表面活性剂的基本性质

表面活性剂的基本性质决定了它有多种应用性能。润湿（wetting）、渗透（penetrating）、乳化（emulsifying）、分散（dispersing）、增溶（solubilizing）是表面活性剂的五种基本应用性能，相应提供以上五种作用的表面活性剂分别被称为润湿剂、渗透剂、乳化剂、分散剂和增溶剂，而五种作用达到的综合效果——洗涤，是表面活性剂的最大用途，既可以用于纺织品、厨房、卫生间、居室等家庭中的清洁，也可以用于食品、交通、印刷、机械、精密仪器、医疗设备等工业领域的清洗；煤炭工业和采矿业中的浮选则是利用表面活性剂的起泡和捕集功能；而在合成纤维、塑料和橡胶中广泛采用表面活性剂抗静电；另外，乳化、保湿和润滑作用被用于化妆品；柔软作用可以用于织物的柔软整理；防水作用可以用于雨伞、雨衣、防雨篷布等防雨工具的制造；絮凝作用被用于造纸业和废水处理；医疗行业和石油工业常用表面活性剂进行杀菌；金属清洗和石油工业中还可以采用表面活性剂进行缓蚀（即延缓被腐蚀或降低腐蚀速度）。表面活性剂的多功能性决定了表面活性剂可用于各个领域，且少量就能发挥显著作用，所以表面活性剂被誉为"工业味精"。

4.4.2 柔软剂

许多纤维，尤其是合成纤维，手感粗糙，发硬。若在纤维间涂上一薄层柔软剂（softening agent），则纤维、织物变得容易滑动、手感柔软，这种柔软剂以表面活性剂为主要成分，涂于纤维或织物后，其中表面活性剂的疏水端向着纤维或织物，亲水端排列在纤维表面，降低了纤维及织物间的摩擦系数，使纤维、织物容易滑动，获得平滑柔软的效果。例如用于腈纶纤维的柔软剂 IS，其中表面活性剂的化学结构式如下：

$$C_{17}H_{35}CONHC_2H_4 - \overset{\overset{\displaystyle CH_2 - CH_2}{|}}{\underset{\underset{\displaystyle C_{17}H_{35}}{\|}}{N}} \overset{+}{NH}\ CH_3COO^-$$

柔软剂 IS 中表面活性剂的化学结构式

柔软剂一般制成含表面活性剂 15%～40%（重量）的软膏，使用时稀释成0.1%～0.5%的水溶液，然后将纤维或织物浸在其中，取出干燥即可。柔软剂中除表面活性剂外，还有矿物油、植物油、高级脂肪醇等，利用这些油性物质与表面活性剂的协同作用，获得柔软效果。

4.4.3 抗静电剂

大多数高分子材料及制品表面一经摩擦就容易产生静电，结果不仅容易吸附灰尘，影响加工，如自吸性和自黏性影响正常缠绕、使可印刷性下降等，而且静电吸附大量灰尘，含多种细菌、病毒等有害物，持久的静电会使人心情烦躁、头晕胸闷、喉鼻不适，危害人体健康，另外电荷累积到一定程度会引起静电放电，有触电和火灾的可能。高温、干燥的室内，人的身上和周围带有很高的静电电压，电器设备本身产生的静电也使空气中随机存在着静电，因此，在日常生活和工业生产中，都需要及时消除静电，避免静电积累造成危害。

减少静电积累一般有两种方法：一种是减少摩擦以减少静电产生，另一种是尽快移除产生的电荷（又称泄漏电荷）。泄漏电荷有三条途径：①通过电路直接传导；②提高环境的相对湿度；③采用抗静电剂（antistatic agent）。

抗静电剂大多为表面活性剂，其作用原理存在于两方面。一方面，若表面活性剂为离子型，则使物体表面有离子而导电性提高，静电电荷能很快通过接触物转移；另一方面，表面活性剂能通过亲水基捕捉空气中的水分子而使物体表面吸收一些水分，水的导电性较强，能帮助泄漏电荷。十二烷基二甲基甜菜碱是一个常用的抗静电剂，其化学结构式如下所示：

$$C_{12}H_{25} - \overset{\overset{\displaystyle CH_3}{|}}{\underset{\underset{\displaystyle CH_3}{|}}{N^+}} - CH_2COO^-$$

十二烷基二甲基甜菜碱的化学结构式

4.4.4 杀菌剂

家庭、医院、游泳池、油田及工业生产中经常要用杀菌剂（bactericide 或 fungicide）进行杀菌和防霉。季铵盐杀菌剂是常用的品种。季铵盐的杀菌作用原理是季铵盐分子定向在细菌半渗透膜与水或空气的界面上，紧密排列，从而阻碍有机体的呼吸或切断营养物质的供给，导致细菌死亡。具有杀菌作用的长碳链季铵盐结构中长碳链烷基一般为 $C_{12} \sim C_{16}$，而且季铵盐结构中含有苄基或取代苄基。例：十二烷基二甲基苄基氯化铵（又称洁尔灭或 1227），其化学结构式如下所示：

$$C_{12}H_{25} - \overset{\overset{\displaystyle CH_3}{|}}{\underset{\underset{\displaystyle CH_3}{|}}{N^+}} - CH_2 - \underset{}{\bigcirc} \quad Cl^-$$

十二烷基二甲基苄基氯化铵的化学结构式

4.4.5 防水剂

如果物品需要有防水的功能，除了选用特殊纤维制成面料，有效的方法是面料采用防水剂（waterproof agent）整理，从而具有疏水性。防水剂广泛应用于运动服、雨伞、雨衣、箱包布、户外帐篷等产品中。图 4-6 是一种防水织物及其表面的水滴。

图 4-6　防水织物及其表面的水滴
资料来源: http://detail.net114.com/chanpin/1037103214.html

防水剂的作用机理主要是利用防水剂的疏水性和处理工艺在被处理材料的表面形成防水的薄膜或涂层，或者产生疏水性胶体和沉淀堵塞被处理材料的毛细孔隙。

中国目前使用的防水剂主要有以下几种类型：①石蜡-铝皂，由石蜡和硬脂酸铝皂等配成的乳液；②吡啶季铵盐和硬脂酸铬络合物；③羟甲基三聚氰胺衍生物；④有机硅型防水剂；⑤聚醚、聚氨酯系列，如烷基酚聚氧乙烯醚；⑥有机氟系列，如全氟辛烷磺酸盐、全氟辛酸铵。在以上几种防水剂中，有机氟系列防水剂性能比较全面，在防水、防油、防污、抗静电等多个方面都有特效，能够满足织物"三防整理"的要求，即一些纺织品（如服装面料、无纺布、装饰用纺织品、地毯等）要求在不改变织物透气、透湿等性能的前提下，进行同时具有防水、防油、防污等多种功能的整理。但是，有机氟防水剂毒性大，难分解，在服装行业被限制使用，无氟纳米防水剂等新型环保产品应运而生，并已显示出良好的发展前景。

思 考 题

1. 天然纤维有哪些？各有什么特点？化学成分是什么？
2. 锦纶、腈纶、涤纶、氨纶各有什么特点？化学成分是什么？
3. 什么是天丝、莫代尔、莱卡？分别有什么特点？
4. 什么是碳纤维和石墨纤维？各有什么特点和用途？
5. 物体为什么会有颜色？
6. 从珀金发明苯胺紫能得到什么启示？
7. 表面活性剂有哪些结构特点、基本性质和用途？
8. 柔软剂、抗静电剂、杀菌剂、防水剂的作用原理分别是什么？

第5章

"食"中的化学

本章要点：介绍粮食和食品添加剂的概念、用途、种类、化学组成等；介绍一些食物中常见的毒素，以及常用的解热镇痛药和抗菌消炎药。

本章中的"食"包括狭义的"食"和广义的"食"。狭义的"食"指粮食和食物，广义的"食"可以理解为通过口腔进入人体并对人体产生作用的物品，如药物、毒物都属于广义"食"的范围。虽然美食人人都爱，药物难以下咽，毒物致人死命，但是从本质而言，粮食、食物、药物和毒物都是化学物质。下面以粮食、食品添加剂、食物中的毒素和一些药物为例介绍与"食"相关的化学。

5.1 粮 食

5.1.1 粮食的概念与分类

国以粮为本，民以食为天，可见粮食对国家及其人民的重要性。这里的粮食（grain）是指供食用的谷物、豆类和薯类的统称，包括原粮和成品粮。联合国粮食及农业组织（简称联合国粮农组织，Food and Agriculture Organization of the United Nations，FAO）定义粮食为包括麦类、豆类、粗粮类和稻谷类等的谷物。粮食含有淀粉、蛋白质、脂肪、膳食纤维、维生素、矿物质、水等化学物质，能为生命提供所需的能量和营养。粮食来自粮食作物，即以收获成熟果实为目的，经去壳、碾磨等加工程序后成为人类基本食粮的一类作物，主要分为谷类作物（包括稻谷、小麦、大麦、燕麦、玉米、谷子、高粱等）、薯类作物（包括甘薯、马铃薯、木薯等）、豆类作物（包括大豆、蚕豆、豌豆、绿豆、红豆等）。中国是世界上最大的产粮国，粮食总产量及稻谷、小麦、甘薯的产量均居世界前列。

很多粮食作物与它提供的粮食具有相同的名称，例如小麦、玉米、高粱、绿豆、红薯、马铃薯等。粮食按其作物大致可分成六类：

（1）麦类，如小麦、大麦、青稞（元麦）、黑麦、燕麦等；

（2）稻类，如大米，包括粳米、籼米、糯米等；

（3）粗粮类，如玉米、高粱（又称稷）、荞麦、粟（又称谷子或小米）、黍（又称糜子）等；

（4）豆类，如大豆、蚕豆、红豆、绿豆、黑豆、豌豆、豇豆等；

（5）薯类，如木薯、甘薯（有红薯、白薯）、马铃薯（又称土豆）等；

（6）油类，如花生油、油菜籽油、葵花籽油、亚麻籽油等。

以下选择一些粮食品种进行介绍。

1. 大米

大米又称"稻米"，由稻谷经清理、砻谷、碾米、成品整理等工序后制成。大米是世界上总产量第三的粮食，是人体补充能量和营养的基础食物，是人类的主食之一。

大米中以淀粉为主的碳水化合物含量很高，另外含有部分蛋白质和少量脂肪，并含有丰富的 B 族维生素及多种矿物质。虽然大米蛋白质因其中赖氨酸和苏氨酸的含量较少而不是一种完全蛋白质，其营养价值比不上动物蛋白质，但是大米仍然是人体能量和营养的主要来源之一。

根据特性大米可分为籼（音 xiān）米、粳（音 jīng）米和糯米三种。籼米是指用籼型非糯性稻谷制成的米，蒸煮后出饭率高，黏性较小，米质较脆，但加工时易破碎，做成的米饭口感较差。根据稻谷收获季节，籼米分为早籼米和晚籼米，晚籼米质量较早籼米好。粳米是用粳型非糯性稻谷碾制成的米，米粒丰满肥厚，质地硬而有韧性，煮后黏性油性均大，柔软可口，但出饭率低。粳米根据收获季节分为早粳米和晚粳米，晚粳米品质比早粳米好。粳米产量远较籼米低。糯米是糯稻脱壳制成的米，在中国南方称为糯米，而北方则多称为江米。糯米因口感香糯黏滑，适合做粽子、酒酿（又称醪糟或甜米酒）、汤圆、年糕等，还可以酿酒。

有机大米是指栽种稻谷的过程中完全采用自然农耕法种出来的大米。有机大米首先必须是良质米品种，其次在栽培过程中不能使用化肥、农药和植物生长调节剂等人工合成的化学物质。按照国际惯例，有机食品标志认证一次有效许可期为一年。绿色大米是指在无污染的条件下种植，施有机肥料，不用高毒性、高残留农药，在标准环境、生产技术、卫生条件下加工生产，经权威机构认定并使用专门标识的安全、优质、绿色、营养类大米。有机大米与绿色大米有以下几点区别：

（1）有机大米在生产加工过程中严禁使用化肥、农药、激素等人工合成的化学物质，并且不允许使用基因工程技术；绿色大米则允许有限使用这些物质，并且不禁止使用基因工程技术。

（2）有机大米在土地生产转型方面有严格规定，考虑到某些物质在环境中会残留相当一段时间，土地从生产其他食品到生产有机大米需要 2～3 年的转换期，而绿色大米则没有转换期的要求。

（3）有机大米在数量上有严格控制，要求定地块、定产量，绿色大米和其他大米没有此要求。

（4）有机大米和绿色大米都注重生产过程的管理，但有机大米侧重对影响环境质量因素的控制，绿色大米侧重对影响产品质量因素的控制。

黄金大米（golden rice）是一种通过转基因技术将胡萝卜素转化酶系统转入到大米胚乳中而获得的转基因大米，因其外表为金黄色而被称为"黄金大米"，又名"金色大米"。该大米由美国先正达（Syngenta）公司研发，其不同于正常大米的主要功能是帮助人体增加维生素 A 吸收。黄金大米受到中国公众关注是在 2012年 8 月，起因是国际环保组织"绿色和平"表示，美国一科研机构发布了其对中国儿童进行转基因大米人体试验的结果。经调查，该机构的确于 2008 年在湖南省衡阳市江口镇中心小学开展了"黄金大米"试验，有 25 名儿童于当年 6 月 2 日中午，每人食用了 60g "黄金大米"米饭。由于黄金大米存在很大争议，它有可能会严重威胁到环境和粮食安全，而且将黄金大米带入中国，并且进行人体试验，这违反了中国的法律规定，最终 25 名食用黄金大米的儿童每人获得了 8 万元补偿。图 5-1 展示了黄金大米的色泽形貌。

图 5-1　黄金大米

资料来源：https://baike.so.com/doc/5653111-5865758.html

2. 小麦

作为作物，小麦是小麦属植物的统称，是一种在世界各地广泛种植的禾本科植物，起源于中东地区，于公元前 2600 年从古伊朗经海路传入中国，首先在胶东半岛种植。小麦是世界上总产量第二的粮食作物。作为粮食，小麦是人类的主食之一，磨成面粉后可制作面包、馒头、饼干、蛋糕、面条、包子、馄饨、水饺、方便面等多种食物。小麦富含淀粉、蛋白质、脂肪、矿物质、钙、铁、硫胺素、核黄素、烟酸及维生素 A 等，因品种和环境条件不同，营养成分有较大差别。从蛋白质的含量看，生长在大陆性干旱气候区的麦粒质硬而透明，蛋白质含量达 14%~20%，面筋强而有弹性；生于潮湿条件下的麦粒含蛋白质 8%~10%，麦粒软，面筋差。按照面粉中蛋白质的含量，面粉被分成四种。特高筋面粉：蛋白质含量为 13.5%以上；高筋面粉：蛋白质含量为 12.5%~13.5%；中筋面粉：蛋白质含量为 9.5%~12.0%；低筋面粉：蛋白质含量在 8.5%以下。特高筋面粉具有筋度强和黏度大的特性，适合用来做油条、通心面及面筋等韧性大的面食点心。高筋面粉又叫强力粉，用于做面包、披萨、饺子、千层饼等需要很强的弹性和延展性的食品。中筋面粉，又叫特一粉或者精制粉，即普通面粉，可以用来做馒头、包子、饺子、烙饼、面条、麻花等大多数中式点心。低筋面粉又叫薄力粉，适合做蛋糕、饼干、蛋挞等松散、酥脆、没有韧性的点心。面粉除供人类食用外，少量用来生产淀粉、酒精、啤酒和生质燃料（一种可再生燃料）等。

3. 玉米

玉米，也称玉蜀黍、包谷、苞米、棒子、粟米、番麦，是全世界总产量最高的粮食作物。玉米起源于北、中、南美洲，其对应的同名粮食玉米的商业等级主要根据籽粒的质地划分，分为马齿种、硬质种、粉质种、爆裂种及糯玉米、甜玉米等。硬粒玉米含软淀粉少，粉质玉米主要含软淀粉，易碾碎。爆裂玉米是硬玉米的极端型，籽粒小而硬，不含软淀粉，加热时细胞内水分膨胀，易引起籽粒爆裂。

玉米在许多地区作为主要食物，但营养价值低于其他谷物，蛋白质含量也较低，若仅以玉米为主食则易患糙皮病。玉米的谷蛋白质低，不适宜制作面包。在拉丁美洲，玉米主要用来做不发酵的玉米饼；在美国，玉米食品种类丰富，如煮玉米棒、烤玉米棒、玉米糁（音 shēn）、玉米粗粉、玉米布丁、玉米糊、玉米粥、爆玉米花、膨化玉米片（tortilla chips）等。玉米除了用作人类的食物以外，还可以做饲料和工业原料。

4. 大豆

大豆又称黄豆，但不单指黄豆，还包含黑大豆和青大豆，是一年生草本植物。大豆起源于中国，广泛栽种于世界各地，大豆是中国重要的粮食作物之一，也是世界上最重要的豆类。

大豆的同名粮食大豆营养全面，营养成分含量丰富，其中蛋白质的含量（35%～40%）比猪肉（约17%）和鸡蛋（约13%）高，而且质量好。大豆蛋白质的氨基酸组成和动物蛋白质近似，其中氨基酸的比例接近人体所需，所以容易被消化吸收。如果把大豆和肉类食品、蛋类食品搭配食用，营养价值更好。大豆脂肪也具有很高的营养价值，这种脂肪里含有很多不饱和脂肪酸，容易被人体消化吸收。豆渣中的膳食纤维可以调节肠胃功能、促进消化和肠道蠕动，防止便秘和降低肠癌风险，膳食纤维还具有降低血浆胆固醇及胰岛素水平的功能。

大豆最常用来做各种豆制品、榨取豆油、提取蛋白质，还可以提炼大豆异黄酮。其中，发酵豆制品包括腐乳、臭豆腐、豆瓣酱、酱油、豆豉、纳豆等，而非发酵豆制品包括水豆腐、干豆腐（又称百叶或千张）、豆浆、豆芽、卤制豆制品、油炸豆制品、冷冻豆制品等。另外，豆粉是代替肉类的高蛋白食物，可制成婴儿食品等多种食品。

由大豆加工生产的大豆油是重要的食用油之一，大豆油是世界上产量最大的油脂，它是人体不饱和脂肪酸的重要来源。大豆毛油的颜色因大豆种皮及大豆的品种不同而异。一般为淡黄、略绿、深褐色等，精炼过的大豆油为淡黄色，大豆油经过精炼形成的精炼大豆油主要供食用。

大豆油按大豆的种类可分为大豆原油和转基因大豆油；按加工工艺可分为压榨大豆油和浸出大豆油。压榨法又分为普通压榨法和螺旋压榨法两种。普通压榨法是一种在大豆上加压的方法，这种方法效率较低，在大规模工业生产中几乎不用，但油的品质较好。螺旋压榨法是在水平装置的圆筒内安装有螺旋轴，经过预处理的大豆进入螺旋压榨机后，一边前进一边被挤压出油脂，这种方法可以连续生产，但在榨油过程中，因摩擦发热，引起大豆中蛋白质多发生较大程度的改变。浸出法制油是利用能溶解油脂的溶剂，通过润湿渗透、分子扩散和对流扩散的作用，将大豆料坯中的油脂浸提出来，然后，把溶剂和油脂所组成的混合油进行分离，回收溶剂而得到毛油。中国制油工业实际生产中应用最普遍的浸出溶剂有己烷或轻汽油等脂肪族碳氢化合物，其中轻汽油是应用最多的一种溶剂，但最大的缺点是易燃易爆，成分复杂，沸点范围较宽。浸出法出油率可高达99%。压榨大豆油色、香、味齐全，保留了各种营养成分。浸出油无色无味，经加工后大部分营养成分被破坏。由国家粮食局负责起草的食用油新标准规定：压榨大豆油、浸出大豆油要在产品标签中分别标识"压榨"和"浸出"字样。压榨大豆油的价格相对较高。

根据国家相关标准，除了橄榄油和特种油脂之外，按照其精炼程度，大豆油、玉米油、花生油等，一般根据色泽、气味、滋味和透明度分为四个等级，依次从四级到一级，精炼程度逐渐提高。三级油和四级油只经过了简单脱胶、脱酸等程序，其色泽较深，烟点较低，在烹调过程中油烟较大。由于精炼程度低，三、四级油中杂质的含量较高，但同时也保留了部分胡萝卜素、叶绿素、维生素 E 等。三、四级油不适合用来高温加热，但可用于做汤和炖菜，或用来调馅等。一级油和二级油经过了脱胶、脱酸、脱色、脱臭等过程，具有无味、色浅、烟点高、炒菜油烟少、低温下不易凝固等特点。由于精炼程度较高，一、二级油有害成分的含量较低，如菜油中的芥子苷等可被脱去，但同时也流失了很多营养成分，如大豆油中的胡萝卜素在脱色的过程中就会流失。一、二级油可用于较高温度的烹调，如炒菜等，但也不适合长时间煎炸。无论是一级油还是四级油，只要其符合国家卫生标准，一般不会对人体健康产生危害，可根据烹调需要和喜好进行选择。

此外，从大豆中提取人类食用油之后所剩的副产品大豆饼粕是家禽家畜非常喜欢的优质蛋白饲料。

5. 甘薯

甘薯又名山芋、红芋、番薯、红薯、白薯、白芋、地瓜、红苕等，为一年生或多年生蔓生草本。甘薯原产于拉丁美洲，欧洲的甘薯是由哥伦布于 1492 年带回，然后经葡萄牙人传入非洲，并由太平洋群岛传入亚洲，16 世纪明代万历年间传入中国。其同名粮食甘薯可作粮食、饲料和工业原料。甘薯的形状、大小、皮肉颜色等因品种、土壤和栽培条件不同而有差异，分为纺锤形、圆筒形、球形和块形等，皮色有白、黄、红、淡红、紫红等，肉色可分为白、黄、淡黄、橘红或带有紫晕等。

甘薯含有丰富的糖、膳食纤维和多种维生素，尤其是 β-胡萝卜素、维生素 E、维生素 C 和赖氨酸，可以补充大米、面粉中缺乏的赖氨酸。甘薯含有大量不易被消化酶破坏的纤维素和果胶，能刺激消化液分泌及肠胃蠕动，能提高消化器官的机能，并起到通便作用。甘薯还有助于预防心血管疾病，增强抵抗力和防癌抗癌。

甘薯有很多用途，非洲、亚洲的部分国家以甘薯作主食；此外甘薯可制作粉丝、糕点、果酱等食品；鲜薯或薯干可以提取淀粉，用于纺织、造纸、医药等工业；甘薯淀粉水解可获得糊精、饴糖、果糖、葡萄糖等产品；酿造工业用曲霉菌发酵使甘薯淀粉糖化，生产酒精、白酒、柠檬酸、乳酸、味精、丁醇和丙酮等产品。

6. 马铃薯

马铃薯在中国不同地区被称为土豆、洋芋、洋山芋、山药蛋、馍馍蛋等，是茄科茄属一年生草本，皮可以呈红、黄、白或紫色，既可作蔬菜，又可作粮食，还可以用来制造淀粉。马铃薯是现今人类社会的四大粮食作物之一，产量仅次于玉米、小麦和水稻。

马铃薯含有丰富的优质淀粉、较多的蛋白质和少量脂肪，也含有优质纤维素和钙、铁、磷及微量元素，还含有维生素 C 和丰富的维生素 B_1、B_2、B_6 和泛酸等 B 族维生素，以及能转化成维生素 A 的胡萝卜素，是一种营养丰富的食物。

值得注意的是，从食品安全的角度来看，马铃薯不是一种好的零食，因为马铃薯属于烹调中容易产生丙烯酰胺类有毒物质的粮食，所以每人每天食用经过高温加热的油炸薯条、薯片等最好不要超过 25 g。

尽管人类社会和工农业生产发展至今，粮食的品种已非常丰富，大多数人已衣食无忧，但是全世界仍有几亿人遭受着饥饿的威胁，粮食问题仍是世界性的重大问题，因此在 1979 年 11 月举行的第 20 届联合国粮农组织大会上决定：1981 年 10 月 16 日为首次世界粮食日纪念日，简称世界粮食日（World Food Day，WFD），此后每年的这个日子世界各国政府都要围绕发展粮食和农业生产举行纪念活动，旨在提醒人们关注第三世界国家长期存在的粮食短缺问题，敦促各国政府和人民采取行动，增加粮食生产，更合理地进行粮食分配，与饥饿和营养不良作斗争。

按照《九十年代中国食物结构改革与发展纲要》和中国城乡居民的饮食习惯，今后中国人民的食物构成将是中热量、高蛋白、低脂肪的模式，通过坚持不懈地发展粮食生产，到 2030 年中国人口达到 16 亿高峰值时，人均占有粮食 400 公斤左右，其中口粮 200 多公斤，其余转化为动物性食品，以满足人民生活水平提高和营养改善的要求。要达到这一目标，粮食生产的任务非常艰巨。

5.1.2 化肥

保障粮食丰产丰收，除了风调雨顺、辛勤耕作、加强管理以外，一个重要的条件是化肥。化肥（chemical fertilizer）是化学肥料的简称，是指用化学方法或物理方法，或者两种方法共用，制成的含有一种或几种农作物生长需要的营养元素的肥料，包括氮肥、磷肥、钾肥、微肥、复合肥料等。微肥是指微量元素肥料。复合肥料是指含有氮、磷、钾三种营养元素中的两种或两种以上且标明其含量的化肥。氮肥、磷肥和钾肥是植物需求量较大的化学肥料。氮肥是植物的基本营养物质，主要作用于叶片，使作物茎叶茂盛，叶色浓绿。磷肥使作物根系发达，促进作物成熟，穗粒增多，籽粒饱满。钾肥使作物茎秆健壮，抗病虫害和抗倒伏的能力增强，并促进作物中糖分和淀粉的生成。

1838 年，英国乡绅劳斯（L. B. Ross）用硫酸处理磷矿石制成磷肥，于是有了世界上第一种化学肥料。接着出现的氮肥启发化学家致力于利用大气中取之不尽、用之不竭的氮，于是用氢气和氮气合成氨成为 18 世纪末到 19 世纪最热门的科学研究课题之一。1909 年德国物理化学家弗里茨·哈伯（Fritz Haber，1868.12.9—1934.1.29，图 5-2）发明了在 500～600℃高温、20～50 MPa 高压和用锇或铀作催化剂的条件下，由氢气和氮气合成氨的技术，被评为 20 世纪最伟大的技术，哈伯因此获得了 1918 年的诺贝尔化学奖。但哈伯法合成氨时氢气和氮气转化率很低

（6%～8%）。后来德国工业化学家卡尔·博施（Carl Bosch，1874.8.27—1940.4.26，图 5-3）找到了合适的氧化铁型催化剂，改进了哈伯的合成氨方法，实现了合成氨的大规模工业化生产，并建成了世界上第一座合成氨工厂。由此高压合成氨法也被称为哈伯-博施合成氨法，它是工业上实现高压催化反应的里程碑。博施因在发展高压化学方面取得的成就于 1931 年荣获诺贝尔化学奖。

合成氨产品的 70%～80%都是用于生产氮肥，而化肥对农业增长的贡献约占40%～50%，因此如果没有哈伯和博施发明的合成氨技术，世界粮食产量将大大下降，世界上就会有很多人面临生存危机。

图 5-2　弗里茨·哈伯　　　　　图 5-3　卡尔·博施

5.1.3　农药

粮食增产增收的另一个重要保障是农药。按《中国农业百科全书·农药卷》的定义，农药（pesticide）主要是指用来防治危害农林牧业生产的有害生物（害虫、害螨、线虫、病原菌、杂草及鼠类）和调节植物生长的化学药品。

农药的种类异常丰富，根据原料来源可分为有机农药、无机农药、植物性农药、微生物农药和昆虫激素；根据加工剂型可分为粉剂、可湿性粉剂、可溶性粉剂、乳剂、乳油、熏蒸剂、烟雾剂和颗粒剂等；根据防治对象，可分为杀虫剂、杀菌剂、杀螨剂、杀线虫剂、杀鼠剂、除草剂、脱叶剂、植物生长调节剂等。各个门类下可以继续分类，每一类一般都有一系列品种。粮食生产中最常用的是杀虫剂、除草剂和植物生长调节剂。

杀虫剂是用于防治农业害虫和城市卫生害虫的化学药品。其中最常用、品种最多的是有机合成杀虫剂，根据化学结构又可分成五类：①有机氯类，如 DDT、六六六、硫丹、毒杀芬等。DDT，化学名称为 2,2-双(对氯苯基)-1,1,1-三氯乙烷，又称滴滴涕；六六六，化学名称为六氯环己烷，又称六六粉或 666，它们曾是产量大、应用广的两个农药品种，但因易在生物体中蓄积，残留毒性大，从 20 世纪

70 年代初开始在许多国家被禁用或限用。②有机磷类，有对硫磷、敌百虫、乐果等 400 多个品种，产量居杀虫剂的第一位。③氨基甲酸酯类，如西维因、呋喃丹等。④拟除虫菊酯类，如氰戊菊酯、溴氰菊酯等。⑤有机氮类，如杀虫脒、杀虫双等。

除草剂是指可使杂草全部或选择性地发生枯死的化学药品。根据化学结构可以分为无机化合物除草剂和有机化合物除草剂。无机化合物除草剂有氯酸钾和硫酸铜等。有机化合物除草剂有醚类（如果尔）、均三氮苯类（如扑草净）、取代脲类（如除草剂一号）、苯氧乙酸类（如 2-甲基-4-氯苯氧乙酸，简称 2 甲 4 氯）、吡啶类（如盖草能）、二硝基苯胺类（如氟乐灵）、酰胺类（如拉索）、有机磷类（如草甘膦）、酚类（如五氯酚钠）等。

植物生长调节剂是用于调节植物生长发育的一类农药，包括人工合成的具有与天然植物激素相似作用的化合物和从生物中提取的天然植物激素，可以调节植物的生长过程以满足人们对作物的特定要求，如赤霉素能诱导产生雄花；吲哚丁酸、萘乙酸、6-苄基氨基嘌呤能促进生根；膨大剂，也叫膨大素、膨果龙或细胞激动素，对植物有助长作用，或能使植物速长；复硝酚钠、乙烯利、比久等能促进果实成熟，其中乙烯利是一种常用的蔬菜瓜果催熟剂。

化肥和农药为粮食丰产丰收作出了巨大贡献，但是也带来了环境和食品安全问题，由此人们对化肥和农药产生了偏见，认为与化肥和农药有关的粮食都是不安全的、对人体有害的，轻信和推崇"无农药，无残留"的粮食。但是，据初步统计，如果不使用农药，粮食因病虫草害至少减产 30%，加上不用化肥减产 40%～50%，粮食收成不堪想象，因此，"仓廪实"离不开化肥和农药。可取的对策也许是：一方面，把化肥和农药的用量和残留量严格控制在规定的范围内，保证粮食的安全；另一方面，坚持不懈地研究和开发作用大、毒性小的化肥和农药新品种，更好地发挥粮食的营养作用。

5.2 食品添加剂

在经济收入和生活水平不断提高的今天，人们对食物不再满足于"填饱肚子"，而是希望从食用过程中得到足够的营养和充分的享受。现代工业的发展和科学技术的进步为食品满足人们的这种需要创造了条件，于是出现了丰富多彩的工业化加工食品。这些种类繁多、口味各异的食品不外乎由下面三部分组成：①营养素：能够为人体提供能量和养生物质的食品要素。包括蛋白质、脂肪、碳水化合物、维生素、矿物质、微量元素和水。②其他物质：食品中原有的除营养素外的自然存在的物质。它们不能为人体提供能量，有的有积极作用，如纤维素类和香味物质；有的对人体不利，如草酸、棉酚、河鲀毒素（又称河豚毒素）等；有的可能有利也可能不利，如色素和激素。③食品添加剂（food additives）。

食品添加剂是现代食品的重要组成部分，不同国家和组织对食品添加剂有不同的定义。联合国粮农组织（FAO）和世界卫生组织（World Health Organization，WHO）联合食品法规委员会定义：食品添加剂是有意识地、一般以少量添加于食品，以改善食品的外观、风味和组织结构或贮存性质的非营养物质。欧盟定义：食品添加剂是指在食品的生产、加工、制备、处理、包装、运输或存贮过程中，由于技术性目的而人为添加到食品中的任何物质。美国定义：食品添加剂是指有意使用的，导致或者期望导致它们直接或者间接地成为食品成分或影响食品特征的物质。中国定义：食品添加剂指为改善食品品质和色、香、味以及为防腐、保鲜和加工工艺的需要而加入食品中的人工合成或者天然物质。比较不同定义可知：①不同定义使一些物质有不同身份，如营养强化剂在第一个定义中不属于食品添加剂，而在其他定义中属于食品添加剂。②尽管各种定义说法不一，但有一个重要的共同点，即食品添加剂是有意识地加入食品中的少量天然或合成的化学物质。

加入食品添加剂的目的：①改善食品的品质。例如，添加营养强化剂可以大大提高食品的营养价值。②增加食品的色、香、味。③延长食品保存时间。④保证加工过程顺利进行。例如，葡萄糖酸 δ 内酯作为豆腐凝固剂有利于豆腐生产的机械化和自动化。⑤满足特殊需要。例如，糖尿病人不能吃糖，可以用低热能甜味剂提供甜味。

中国《食品安全国家标准 食品添加剂使用标准》（GB2760—2014）及增补公告中批准使用的食品添加剂约 2000 个品种。按用途可分为防腐剂、抗氧剂、调味剂、着色剂、护色剂、乳化剂、增稠剂、保鲜剂、抗结剂、消泡剂、漂白剂、膨松剂、酶制剂、香料等。以下对几类常用的食品添加剂作简要介绍。

5.2.1 防腐剂

防腐剂是防止微生物引起食品腐败变质的食品添加剂。有无机防腐剂、有机防腐剂和生物防腐剂。无机防腐剂有二氧化硫、硝酸和亚硝酸钠盐或钾盐等；有机防腐剂常用的有苯甲酸及其盐、山梨酸及其盐、丙酸及其盐、对羟基苯甲酸酯等；生物防腐剂的代表有 1961 年被 FAO 和 WHO 确认为食品添加剂的乳酸链球菌素。

1. 苯甲酸及其钠盐

苯甲酸是一种常用的杀菌剂。在 pH 为 2.5～4.0 时，对广大范围的微生物有效。苯甲酸进入人体后，大部分与甘氨酸化合后从尿中排出，剩余部分必须经肝脏解毒，因此肝脏有问题的人不宜食用。由于苯甲酸在水中溶解度低，所以实际使用的多为其钠盐，它在酸性环境下能转化为苯甲酸起防腐作用。

苯甲酸的作用机理是干扰细胞中酶的结构和细胞膜的作用。常用于酱油、果酱、罐头、饮料等防腐。

2. 山梨酸及其钾盐

山梨酸即 2,4-己二烯酸，化学结构式为 $CH_3-CH=CH-CH=CHCOOH$。在 pH 5～6 的环境中为广谱食品防腐剂。它对食品味道的影响比苯甲酸小，在人体内能参与正常的物质代谢，是毒性非常小（与食盐相仿）的防腐剂，有希望代替苯甲酸及其钠盐。山梨酸难溶于水，所以将其制成钾盐以提高在水中的溶解度，山梨酸钾盐作用与山梨酸相同。这类防腐剂使用范围与苯甲酸及其盐相似。

山梨酸的作用机理有两方面：①与微生物酶系统中的巯基结合，破坏酶的作用；②结构中双键阻止霉菌脱氢，干扰其新陈代谢。

3. 丙酸及其盐

丙酸是一个简单的有机酸，对抑制霉菌、大肠杆菌等有效，并能防止黄曲霉素的生长。丙酸的防真菌和霉菌效果在 pH 6.0 以下时优于苯甲酸，毒性低于苯甲酸，价格低于山梨酸。丙酸与它的钠或钙盐常用于面包和糕点的防腐。

丙酸的作用机理是由于丙酸积蓄在微生物细胞内抑制酶的活性从而阻碍其代谢作用。同时丙酸能争夺微生物生长所需的丙氨酸等氨基酸以抑制微生物的繁殖。

4. 对羟基苯甲酸酯

对羟基苯甲酸酯俗称尼泊金酯，对霉菌、酵母菌、细菌有广泛的抗菌作用。尼泊金酯的防腐作用受 pH 影响很小，但在 pH 4～8 时效果最好。尼泊金酯的毒性低于苯甲酸钠。一般都是将几种尼泊金酯混合使用。在中国尼泊金丙酯和乙酯用得比较普遍。尼泊金庚酯作为含酒精饮料的防腐剂具有用量小、防腐效果好的优点，在啤酒中使用浓度为 8～12 ppm 即可有效防止造成啤酒变质的酵母菌、乳酸杆菌等各种细菌的发育。缺点是水溶性较差，有特殊气味，因此较少用于食品防腐，主要用于药物、化妆品，也可用于香肠、啤酒等。

对羟基苯甲酸酯的作用机理是抑制微生物细胞呼吸，破坏细胞膜结构。

5. 乳酸链球菌素

乳酸链球菌素是一种由 34 个氨基酸残基组成的多肽，是乳酸链球菌属微生物的代谢产物，可用乳酸链球菌发酵提取而得。乳酸链球菌素可抑制肉毒杆菌、金黄色葡萄球菌等大多数革兰氏阳性细菌，并对芽孢杆菌的孢子有强烈的抑制作用。乳酸链球菌素的优点是可在人体消化道内通过蛋白水解酶的催化作用水解成氨基酸，对人体无明显不良影响，可以认为是一种比较安全的天然食品防腐剂。

乳酸链球菌素的抗菌作用是干扰细胞膜的正常功能，造成细胞膜的渗透、养分流失和膜电位下降，从而导致微生物细胞死亡。

6. 其他防腐剂

还有一些其他防腐剂，如脱氢乙酸钠也是一种常用的防腐剂，易溶于水，不产生异味，毒性小，对霉菌、酵母菌和细菌具有很好的抑制作用，因此被广泛应用于饮料、食品和饲料中。双乙酸钠既是防腐剂，也是螯合剂，对谷类和豆制品有防止霉菌繁殖的作用。

5.2.2 抗氧剂

阻止或延缓食品发生氧化反应而腐败变质的食品添加剂叫做抗氧剂。抗氧剂的作用机理主要是通过吸收自由基或氧原子而中止链反应。抗氧剂有很多种类。

1. 叔丁基对羟基苯甲醚

叔丁基对羟基苯甲醚又称丁基羟基茴香醚，是 3-叔丁基-4-羟基苯甲醚和少量 2-叔丁基-4-羟基苯甲醚的混合物，简称 BHA，属于化学合成的油溶性抗氧剂。BHA 是国内外广泛使用的抗氧剂之一，一般认为其毒性很小。BHA 和其他抗氧剂有协同作用。在使用抗氧剂时，若同时添加某些酸性物质，能使抗氧化效果有显著提高，则这些酸性物质被称为增效剂，如柠檬酸、抗坏血酸等，这些增效剂能使 BHA 抗氧化效果更好。

2. 二叔丁基对羟基甲苯

二叔丁基对羟基甲苯又称二丁基羟基甲苯，化学名称 2,6-二叔丁基对甲基苯酚，简称 BHT，是一种化学合成的油溶性抗氧剂。BHT 可用于需长期保存的食品、焙烤食品和水产加工食品，一般与 BHA 并用，并以柠檬酸或其他有机酸为增效剂。BHT 比 BHA 毒性稍高。

3. 没食子酸丙酯

没食子酸丙酯化学名称为 3,4,5-三羟基苯甲酸丙酯，属于化学合成的油溶性抗氧剂。对热比较稳定，对猪油的抗氧化作用比 BHA 和 BHT 强，毒性较低。

4. 叔丁基对苯二酚

叔丁基对苯二酚，又名叔丁基氢醌，简称 TBHQ，也是一种化学合成的油溶性抗氧剂。TBHQ 是目前国际公认的最好的食品抗氧剂之一。TBHQ 除了具有抗氧作用外，还有一定的抑菌作用，其化学结构如下：

叔丁基对苯二酚的化学结构式

5. D-异抗坏血酸钠

D-异抗坏血酸钠又称异维生素 C 钠，是一种食品中常用的水溶性抗氧剂。干燥的 D-异抗坏血酸钠在空气中很稳定，但是当在水溶液中遇到光、热、氧及金属离子时，易被氧化。由于其本身容易被氧化，能使食品内部及周围的氧含量降低，从而避免食品中油脂的氧化。相似原理，L-抗坏血酸（即维生素 C）及其钠盐也具有抗氧作用，但其抗氧化能力没有 D-异抗坏血酸钠强。

6. 维生素 E

维生素 E 是大量生产的天然抗氧剂，具有油溶性，热稳定性高，特别是其中的 α 型，若用 L-抗坏血酸作增效剂，可很好地防止猪油的氧化。

7. 植酸

植酸又称环己六醇六磷酸酯、肌醇六磷酸酯或肌醇六磷酸，是环己六醇（又称肌醇）的 6 个羟基均被磷酸酯化生成的衍生物，主要存在于植物的根、茎和种子中，其中以豆科植物的种子、谷物的麸皮和胚芽中含量最高。植酸是一种天然的水溶性抗氧剂，有很强的螯合能力，并有缓冲作用。

8. 茶多酚

茶多酚是茶叶中多酚类物质的总称，也是一种天然的水溶性抗氧剂。其在 pH 2～7 范围内性能稳定，耐热性及耐酸性好，略有吸潮性，在碱性条件下易被氧化，茶多酚利用自身被氧化消除食品中的活性氧从而起到抗氧化作用。

与茶多酚类似的其他具有抗氧化作用的化学物质还有：芝麻油中的芝麻酚，米糠油中的米糠酚等。

5.2.3 鲜味剂

鲜味剂又称增味剂，是赋予食品鲜味，增强食品风味的调味剂。其中用得最普遍、用量最大的是味精，其主要成分是带 2 个结晶水的左旋谷氨酸单钠盐，主要提供肉类鲜味。味精的化学结构式如下所示：

$$HOOC-\underset{\underset{NH_2}{|}}{CH}CH_2CH_2COONa \cdot 2H_2O$$

味精的化学结构式

1910 年日本味之素公司最早使用水解法生产谷氨酸钠,利用蛋白质原料经盐酸水解生成氨基酸,利用谷氨酸盐在盐酸中的低溶解度分离提取谷氨酸,再经中和处理得到味精。早期工业上采用丙烯腈、氯化铵、氰化钾等为原料生产谷氨酸钠。后来主要采用发酵法：用玉米、小麦、大米、薯类淀粉水解糖或糖蜜为主要原料,铵盐、尿素、氨气等为氮源(生成—NH_2),在通入空气(主要利用其中的 O_2)搅拌下,30~40℃,pH 7~8,用微球菌发酵 30~40 小时,除去细菌,浓缩,结晶,得到味精。另外,还可以从废糖蜜中提取味精,废糖蜜是甜菜、甘蔗制糖过程中蔗糖结晶后,从离心分离机中分离出的母液,含蔗糖、3.5%左右的游离谷氨酸和大量非糖物质。加 CaO 得蔗糖钙盐沉淀,分离回收蔗糖后的废液浓缩后用 50%的 NaOH 水解,真空浓缩,除去无机盐,调节 pH,析出谷氨酸,分离,中和得味精。

谷氨酸钠有左旋(L-)、右旋(D-)和外消旋(DL-)三种光学异构。只有 L-型具有鲜味,熔点 95℃,加热至 120℃时失去结晶水,长期受热或温度达到 155~160℃以上会生成焦谷氨酸钠,使味力大大降低,故烹调时不宜很早放入。另外,谷氨酸钠的鲜味与 pH 有关,pH 为 6~7 时最强,酸性条件下变弱,故用于酸味食品中时,于食用前添加为宜。在酱油、醋等酸性调料中常增加 20%用量。

有时在味精中添加 5'-肌苷酸钠、5'-鸟苷酸钠(两者统称 5'-核苷酸钠)、琥珀酸二钠和 L-丙氨酸,起增味作用。1951 年发现 5'-核苷酸钠有增味作用,它们不但比谷氨酸钠味力大 10~20 倍,而且对酸、碱、盐、热稳定,与谷氨酸钠混用有协同效应,故常在味精里加 1%~5%,使鲜度大为增加,即所谓的"强力味精"。5'-核苷酸钠的化学结构式如下所示：

5'-肌苷酸钠　　　　　　　　　　5'-鸟苷酸钠

5'-核苷酸钠的化学结构式

常吃西餐的外国人乍吃中国菜易发生美味性头痛，又称中国餐馆综合征或谷氨酸钠综合征（monosodium glutamate symptom complex），是由菜中味精直接作用于脑部血管引起的，通常表现为头痛、脸部潮红、流汗等症状，严重时会出现喉咙肿胀、胸口疼痛、心悸和呼吸急促。空腹喝肉汁汤时谷氨酸钠吸收快，也易出现头痛。

5.2.4　酸味剂

酸味剂是给食物提供酸味的食品添加剂，同时兼有防腐作用，还能促进消化吸收。大多数酸味剂是有机酸，不少酸味剂来自天然。影响酸味的因素有①酸味剂中的 H^+；②温度，例如柠檬酸，在常温时的酸味比 0℃减少 17%，一般来说，温度升高人对酸味的感觉变钝；③酸味与甜味相互抵消，在调味时可合理利用。

酸味剂品种有乙酸、柠檬酸、乳酸、酒石酸、苹果酸和磷酸等。其中柠檬酸是世界上用量最大的酸味剂。部分酸味剂的化学结构式如下所示：

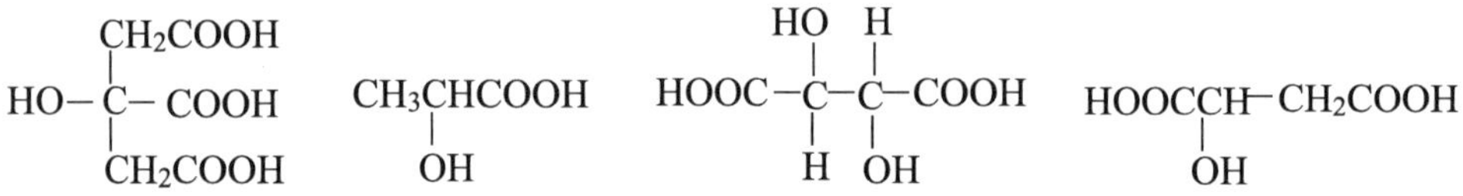

几种酸味剂的化学结构式

5.2.5　甜味剂

甜味剂是赋予食品甜味的添加剂。甜味剂的一种定义是指所有能给食物带来甜味的物质，可以分成营养型甜味剂和非营养型甜味剂。与蔗糖相比，营养型甜味剂，如葡萄糖、果糖、麦芽糖，甜度低，热值高；非营养型甜味剂，如糖精、甜蜜素，甜度高，热值低。另一种定义专指能提供甜味但不产生热量的物质，即糖的代用品，相当于第一种定义中的非营养型甜味剂。甜味剂可以是天然的，也可以是合成的。

1. 糖精

糖精化学名称是邻磺酰苯甲酰亚胺及其钠盐，其化学结构式如下：

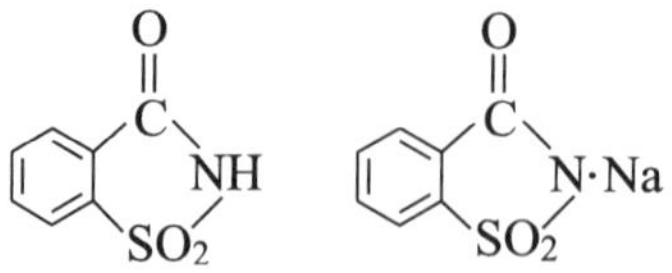

糖精及糖精钠的化学结构式

糖精甜度是蔗糖的 300～500 倍，使用浓度高时有苦味。常用其钠盐，主要用于酱菜、蜜饯、糕点、饼干、面包、果汁、酒和饮料中。除食品外，糖精还可用于医药和化妆品中。

2. 甜蜜素

甜蜜素的化学名称为环己亚胺磺酸钠或环己亚胺磺酸钙，化学结构式为

环己亚胺磺酸钠（钙）的化学结构式

甜蜜素的甜度为蔗糖的 30 倍左右，与糖精相比不产生苦味，曾经在清凉饮料、冰淇淋、糕点等食品中普遍使用。1969 年，美国国家科学院研究委员会收到有关甜蜜素致癌的实验证据，美国食品药品监督管理局（Food and Drug Administration，FDA）为此立即发布规定严格限制其使用，并于 1970 年 8 月发出了全面禁止使用的命令。有趣的是，1982 年 9 月，美国雅培（Abbott）实验室和能量控制委员会用大量实验事实证明了甜蜜素的食用安全性，许多国际组织也相继发表大量评论明确表示甜蜜素为安全物质，令 FDA 陷入了尴尬境地。目前，仍有包括中国在内的许多国家继续承认甜蜜素的甜味剂地位，允许甜蜜素的使用。

3. 甜叶菊苷

甜叶菊苷的分子式为 $C_{38}H_{60}O_{18}$，甜度为蔗糖的 200～300 倍，由于在一种运动饮料中使用赋予饮料甜叶菊素的味道而被广泛宣传，并开始在一般饮料中使用，还被用于酱菜、酱油、冰淇淋等中。据研究甜叶菊苷除了提供甜味之外，兼有降血压、促进代谢、治疗胃酸过多等作用。

4. 天冬甜素

天冬甜素又称阿斯巴甜、甜味素、蛋白糖等，主要成分为天门冬酰苯丙氨酸甲酯，分子式为 $C_{14}H_{18}N_2O_5$。最早由美国塞尔公司（G.D. Searle & Company）于20 世纪 80 年代工业化生产，现已被广泛使用。作为糖精的代用品，热量很低，甜度为蔗糖的 100～200 倍。1993 年报道天冬甜菜素及甜叶菊苷是最有发展前途的非糖类甜味剂。但是天冬甜素存在会引起头痛、失明、惊厥，甚至诱发脑癌的争议。

5. 木糖醇

木糖醇又称 D-木糖，可由木屑、玉米蕊、稻草等水解而得，是一种天然的甜味剂，甜度约为蔗糖的 1.2 倍。木糖醇除了提供甜味以外，兼具抗氧化增效剂的作用，主要用于糕点。

6. 甘草酸

甘草酸由甘草的根制得，商品是钠盐，也是一种天然的甜味剂，甜度为蔗糖的 250 倍。主要用于罐头食品、调味剂、糖果、饼干和蜜饯。

7. 乙酰磺胺酸钾

乙酰磺胺酸钾的化学结构式如下：

$$\left[O=C \overset{\underset{\displaystyle N=SO_2}{CH=C\overset{CH_3}{}}}{} O \right] \cdot K^+$$

乙酰磺胺酸钾的化学结构式

该甜味剂是原西德赫斯特（Hoechst）公司 1967 年发明的新型高强度甜味剂。原料易得，反应条件温和，产品收率较高（65.3%），纯度好（99.5%），性质稳定，甜度为蔗糖的 200 倍左右，口感好，协同性好。经 15 年毒理试验，1982 年被食品添加剂及污染委员会指定为 A 级食品添加剂，已在 40 多个国家批准使用，用于食品、饮料、保健品、医药和日化领域。

8. 其他甜味剂

还有一些甜味剂，如比蔗糖甜 600 倍的三氯蔗糖；从非洲水果制得，甜度虽为蔗糖的 2000～3000 倍，但是不失清淡的非洲竹芋甜素；甜味纯正、甜度分别比阿斯巴甜和蔗糖甜 30～60 倍和 7000～13000 倍、能量值几乎为零的纽甜。据报道美国孟山都（Monsanto）公司研制出了比蔗糖甜 10000 倍的甜味剂。

5.2.6 护色剂

护色剂又称发色剂。在食品加工过程中，为了改善或保护食品的色泽，除了使用色素直接对食品进行着色外，有时还需要添加适量的护色剂，使食品呈现良好的色泽。例如为使肉制品呈现鲜艳的红色，在加工过程中常添加硝酸盐或亚硝酸盐（钠盐或钾盐）。

硝酸盐和亚硝酸盐的护色作用通过以下几步完成：

（1）硝酸盐在硝酸盐还原酶的作用下，还原成亚硝酸盐；

（2）亚硝酸盐在酸性条件下生成亚硝酸；

（3）亚硝酸分解产生亚硝基（—NO）；

（4）亚硝基很快与肌红蛋白反应生成稳定的、鲜艳的、亮红色的亚硝化肌红蛋白，使肉保持稳定的鲜艳颜色。

亚硝酸盐是急性毒性较强的物质之一，一是可使正常的血红蛋白变成高铁血红蛋白，失去携带氧气的能力，导致组织缺氧；二是亚硝酸盐为亚硝基化合物的前体，有致癌性。因此要求在保证护色的前提下，把硝酸盐和亚硝酸盐的添加量限制在最低水平。

虽然硝酸盐和亚硝酸盐的毒性很大，但至今国内外仍在使用。主要原因有两个方面：①护色作用。亚硝酸盐对保持腌制肉制品的色、香、味有特殊作用，迄今未发现理想的替代物质。②抑菌作用。亚硝酸盐对肉毒梭状芽孢杆菌有抑制作用。

食品中亚硝酸盐有三种来源，一是人为添加；二是存在于腌制肉制品、泡菜、变质的蔬菜、苦井水、蒸锅水中；三是进入人体后硝酸盐在微生物作用下还原为亚硝酸盐。

5.2.7　乳化剂

乳化剂是近代食品工业中最受重视和最有发展前途的食品添加剂之一，油水混合体系乳化前后的现象如图 5-4 所示。乳化剂的品种有很多，都属于表面活性剂。

图 5-4　乳化前（左）后（右）的油水混合物

资料来源：http://www.qnsb.com/fzepaper/site1/qnsb/html/2008-09/11/content_145505.htm

1. 硬脂酰乳酸钠（或钙）

硬脂酰乳酸钠（或钙）由硬脂酸和乳酸在碱存在下进行酯化反应得到，可用于面包和糕点中。

2. 酪蛋白酸钠

酪蛋白酸钠由脱脂乳、脱脂奶粉或干酪素用 NaOH 处理得到,可用于冰淇淋、奶酪和肉制品中。

3. 硬脂酸钾

硬脂酸钾由牛油、羊油等油脂与 KOH 溶液共煮得到,可用于糖果、蜜饯、糕点、口香糖、部分乳制品。

4. 脂肪酸甘油单酯

脂肪酸甘油单酯是由脂肪酸和甘油在催化剂条件下制得的单酯、双酯、三酯、醇、酸的混合物。其中甘油单酯含量 40%～60%的乳化剂价格便宜,应用广泛。必要时进行分离、提纯可得 90%以上的高纯单酯。若用脂肪酰卤与部分羟基被封闭的甘油作用,可以得到纯甘油单酯。其中重要的是硬脂酸甘油单酯,在食品中用于糖果、饼干、面包、巧克力、冰淇淋、人造奶油等。除食品工业外,硬脂酸甘油单酯还可用于化妆品及药物。

5. 脂肪酸蔗糖酯

脂肪酸蔗糖酯是脂肪酸和蔗糖反应得到的单酯、双酯、三酯、醇、酸的混合物,能在体内被消化成蔗糖和脂肪酸而被吸收,是一种安全、无毒、无刺激、易生物降解的乳化剂,但生产技术复杂,成本较高。可用于肉制品、香肠、乳化香精。

6. 脂肪酸山梨醇酯

脂肪酸山梨醇酯是脂肪酸和山梨醇反应得到的单酯、双酯、三酯、醇、酸的混合物,可用于人造奶油、巧克力、奶糖、冰淇淋、面包、糕点、麦乳精。

7. 大豆磷脂

大豆磷脂是大豆油生产中的副产品,为淡黄色至褐色半透明或透明黏稠液体,主要成分为 24%卵磷脂、25%脑磷脂和 33%肌醇磷脂。三种磷脂结构通式为:

$$
\begin{array}{l}
CH_2OCOR_1 \\
| \\
CHOCOR_2 \quad\quad O \\
| \quad\quad\quad\quad\quad\quad \| \\
CH_2OP\!-\!OR_4 \\
| \\
OH
\end{array}
$$

$$\text{相当于} \overset{O}{\underset{OH}{\overset{\|}{-P-OR_4}}} \text{取代油脂中的}-COR_3$$

磷脂的结构通式

大豆磷脂不仅具有乳化作用，还可补充人体营养需要，广泛用于奶味硬糖、巧克力、饼干、人造奶油等食品中。

5.2.8 增稠剂

增稠剂的作用是增加食品黏度和黏滑口感，按来源可以分成天然增稠剂和合成增稠剂。天然增稠剂很多，有淀粉、果胶、明胶、卡拉胶、阿拉伯胶、瓜尔豆胶、黄芪胶、黄原胶、海藻胶、琼脂等；合成增稠剂主要有改性淀粉、改性纤维素、聚丙烯酸钠等。

果胶是一种直链型多糖，结构单元为 D-半乳糖醛酸，溶于水，有高甲氧基果胶（HM 果胶）和低甲氧基果胶（LM 果胶）之分。如果定义酯化度为酯化的羧基占总羧基的百分比，那么 HM 果胶的酯化度>50%，甲氧基含量 7%～16.3%；LM 果胶的酯化度<50%，甲氧基含量<7%。HM 果胶主要用于果冻、果酱等，LM 果胶主要用于低糖食品、水果及奶制品，LM 果胶也可作为重金属中毒的良好解毒剂。

明胶是目前食品工业常用的一种天然营养型增稠剂，它是一种从动物的结缔组织或表皮组织中的胶原部分水解出来的蛋白质，具有凝胶性、持水性、成膜性、乳化性、起泡性等特性，难溶于冷水，易溶于热水。明胶制品有很好的弹性，口感柔软。明胶可以分成食用明胶、药用明胶和工业明胶。工业明胶含有金属铬，它会破坏人体骨骼以及造血干细胞，铬对人体健康的危害是一个缓慢的过程，一般 2 年以上才会显现出来。长期食用含有工业明胶的食品可能导致骨质疏松，严重的会患癌症。

海藻酸钠是最常用的海藻胶。可以通过海藻用碱处理、浸出、硫酸处理，再用碱中和得到，作面制品增稠剂，兼有营养保健作用，还可用于罐头食品和冰淇淋。

羧甲基纤维素钠（NaCMC）易溶于水，可用作冰淇淋稳定剂，果酱、速食面、罐头食品增稠剂。

聚丙烯酸钠是一种水溶性高分子化合物，化学结构简式可以表示为

$-\!\!\!\left[\!\!\!-\text{CH}_2\!-\!\text{CH(COONa)}\!-\!\!\right]_n$，无臭无味，吸湿性强，遇水膨胀。随着相对分子质量增大，聚丙烯酸钠从无色稀溶液到透明弹性胶体，乃至白色固体，性质和用途也明显不同。作为食品增稠剂，聚丙烯酸钠有多方面的作用：可以增强面粉中淀粉和蛋白质的黏结力；帮助形成质地致密、表面光滑、延展性好的面团；使水分和油脂均匀稳定地分散和保持于面团中，防止面团干裂。聚丙烯酸钠可以用于面包、蛋糕、面条、罐头食品、番茄沙司、蛋黄酱、果酱、稀奶油、冰淇淋等多种食品中。

从上可见，食品添加剂可以改善和赋予食品多种特性，满足人们的需要。但是，由于错误添加、过量添加、非法添加等原因，出现了不少食品安全事故，由此引发了人们对食品添加剂的恐慌，所以我们需要正确认识食品添加剂：①只要食品企业遵循《食品安全法》等相关法律法规，在生产过程中按照规定合理使用食品添加剂，生产出来的食品就是安全的。②不要"谈食品添加剂色变"，盲目追捧标注"不含任何添加剂"的商品。没有食品添加剂，绝大部分包装食品将不能存在。③将非法添加、过量添加、过量食用与食品添加剂本身区分开。食品添加剂是现代食品行业的功臣。只要生产者坚守道德，保证质量，正确添加；管理者制定规范，加强监督，严惩不法；消费者关注成分，合理选择，纠正偏食，食品添加剂将不会危害人体健康。

5.3 食物中的毒素

毒物是指在一定条件下，小剂量作用于机体就能与机体发生物理或化学作用，导致机体正常生理机能被破坏而引起一系列病变，甚至造成死亡的物质。由于毒物进入机体，产生毒性作用，导致机体功能障碍而引起疾病或死亡的现象称为中毒。

食物中的毒素是一类常见的毒物。根据来源可以将食物中的毒素分为天然毒素、诱发毒素和外来毒素。尽管有大量的宣传材料和报道谈及对人造成危害的人为环境污染，却较少注意到许多天然存在的环境毒物。如果对这些毒物缺乏认识，也会给人类带来严重的危害。诚然，食物中所存在的化学物质多数是对人体有益的，有些虽然有毒有害，但是可以通过肝脏的新陈代谢而被转化成无害化合物，那些不能够被人体肝脏转化的毒物则会危及人类健康。自然界中带有毒物的动植物种类甚多，如杏仁、木薯、巴豆、桐籽、棉籽、毒蘑菇、河鲀鱼等，它们体内均含有对人类机体有毒有害的物质，例如，河鲀鱼体内含有河鲀毒素；毒蘑菇中含有毒肽或毒蝇碱，如果对这些物质不经处理或处理不当，误食误用，均能引起中毒，严重者可致死亡。

5.3.1 食物中的天然毒素

1. 白果

银杏果，俗称白果，一年中的九、十月份是新鲜白果上市的时节，尤其是寒露前后，是果肉最饱满、营养最丰富的时期。新采摘的白果富含多种维生素及钙、钾、磷、胡萝卜素等，这些物质对人体健康大有裨益。白果有止咳平喘的效果，白果中还包含具有抑菌和杀菌功能的白果酸、降低胆固醇的白果双黄酮等，因此白果既是一种食品，也是一味中药。

在中国明朝、清朝以后，白果就被列为养生延年的食疗佳品。但是，我们不能忽视白果中含有微量的毒素氢氰酸，尤其是绿色胚芽部位的毒素含量较高。氢氰酸毒性很强，经胃肠吸收后，能作用于呼吸中枢及运动中枢，使之麻痹，机体陷入窒息状态，最后导致死亡。所以一旦白果吃得过多就可能会引起中毒，轻者出现腹胀、呕吐、腹泻等胃肠道反应，重者出现抽搐甚至呼吸困难等中毒现象。但这种毒素通过加热之后便会挥发，因此，食用白果前，可以用开水烫掉外面的红软膜、去芯（即绿胚芽），最好煮熟之后再食用，且不宜过量，成年人每天应控制在 10 颗之内。

2. 杏仁

杏仁为蔷薇科植物杏的成熟种仁，有苦杏仁和甜杏仁之分。苦杏仁即称杏仁，有苦味，可供药用；甜杏仁又称巴旦杏，味不苦，可做食品；二者均含有苦杏仁苷（氰苷类），即杏仁中的有毒成分，苦杏仁苷主要存在于种皮内。苦杏仁中苦杏仁苷的含量较高，约为 3%；甜杏仁中约含 0.1%。一般的杏仁中毒主要是指苦杏仁中毒，食用甜杏仁很少引起中毒。生食杏仁毒性最大，炒食次之，煮食又次之。一般食炒熟的苦杏仁引起中毒的剂量为儿童 6 粒左右，成人 10 粒左右；引起死亡的剂量为儿童 10～20 粒，成人 40～60 粒。

食入苦杏仁后，其所含的苦杏仁苷在口腔、食道、胃和肠中遇水，经酶的作用，水解产生氢氰酸。苦杏仁中毒的潜伏期短者 30 分钟，长者 12 小时，一般为 1～2 小时。苦杏仁中毒时，先有口中苦涩、流涎、头晕、头痛、恶心、呕吐、心悸、脉搏加快以及四肢软弱无力等症状，重者感到胸闷，并伴有不同程度的呼吸困难，呼吸时可闻到苦杏仁味，严重者意识不清、呼吸微弱、昏迷、四肢冰冷，常发出尖叫，继之意志丧失，眼球呆视、瞳孔散大、对光反射消失、牙关紧闭、全身阵发性痉挛，最后因呼吸麻痹或心跳停止而死亡，而且呼吸停止常在心跳停止之前。此外，苦杏仁中毒也有引起多发性神经炎者，除头昏、吐泻、四肢无力外，主要为肢端麻木、触觉迟钝、下肢肌肉呈弛缓或轻度萎缩、腱反射减低及视物模糊等。

苦杏仁急性中毒发生后，应立即送医院抢救，如食入后不久，可立即洗胃，并立即吸入亚硝酸异戊酯，每2分钟一次，每次吸0.5分钟，共5～6次，进一步按照年龄和病情静脉缓注一定剂量的亚硝酸钠溶液和硫代硫酸钠溶液，直到病情好转为止。

3. 毒蘑菇

蘑菇绝大多数属担子菌纲、伞菌目，也有少数属子囊菌纲。全世界约有毒蘑菇百余种，中国已知的毒蘑菇有80多种，极毒蘑菇约有10种，它们分别是白毒伞、鳞柄白毒伞、残托斑毒伞、毒粉褶菌、褐鳞小伞、肉褐鳞小伞，包脚黑褶伞、秋生盔孢伞和鹿花菌等。毒蘑菇又称毒蕈、毒菰、毒菌蘑菇、毒莪子、毒雷锅锅等。图5-5是一些毒蘑菇的照片。

图 5-5　毒蘑菇

资料来源：http://www.sznews.com/news/content/2013-04/09/content_7915641.htm

毒蘑菇在自然界分布很广，中国南北各地山区、丘陵地区均有生长，夏秋两季雨后是野生蘑菇大量生长时期，毒蘑菇多生长在阴暗潮湿的草树丛中，在腐烂木头和树叶堆上也常能见到。人们通常由于不能区分新鲜的毒蘑菇与食用蘑菇，或者食用混杂有毒蘑菇的干蘑菇而中毒。

关于毒蘑菇中的有毒成分，至今尚未彻底查明。据现有的文献资料，就其化学性质来说，大致可分为生物碱类、肽类（毒环肽）及其他化合物（如有机酸）等。由于毒蘑菇中存在的毒性物质的种类很多，含量不一，且一种毒蘑菇可能含有多种毒物，一种毒物又可以存在于多种毒蘑菇中，而不同毒物的化学性质和毒理作用又各不相同，毒性大小相差悬殊，加之烹调方法、饮食习惯和个体对毒物的敏感性各不一致，因此，毒蘑菇中毒的症状非常复杂。根据中毒症状出现的快慢和迟早，可分为速发中毒和迟发中毒。根据临床表现，可分为五种类型：胃肠型、神经精神型、溶血型、实质性脏器损害型和类植物日光性皮炎型。根据这五种不同类型的临床症状，又可将引起中毒的毒物分为胃肠毒素（如酚类、甲酚类）、神经精神毒素（如毒蝇碱、毒蝇母、毒蝇宗、蜡子树酸、光盖伞素、蟾毒色胺、致幻素）、血液毒素（鹿花菌素）、原浆毒素（毒肽、毒伞肽、丝膜菌素、鹿花菌素）和其他毒素五类。

毒蘑菇中毒常有以下几种症状：

（1）胃肠炎症状。误食含有胃肠毒素的毒蘑菇常出现以胃肠炎为主的症状。潜伏期短，一般为 0.5～6 小时。轻者有剧烈腹痛、腹泻、恶心、呕吐。病程短，症状消退后逐渐好转，预后较好。较重者可因剧烈的呕吐和腹泻引起严重脱水、电解质紊乱、血压下降，甚至休克，昏迷或急性肾功能衰竭，严重者偶有死亡，但一般病死率很低。误食含有其他毒素的毒蘑菇，亦可出现一般性胃肠炎症状，但并非主要症状。

（2）神经精神症状。如误食毒蝇伞、豹斑毒伞、发红毛锈伞中毒时，常常出现以副交感神经兴奋为主的症状。潜伏期短，一般为 10 分钟至 2 小时，除呕吐、腹泻外，还有流涎、流泪、瞳孔缩小、对光反射消失、脉缓、血压下降、呼吸困难、急性肺水肿等。亦可发生谵妄、幻觉等症状，可死于呼吸衰竭或循环衰竭，但病死率较低。误食花褶伞、橘黄裸伞等中毒，表现以精神症状为主，潜伏期 1 小时左右，可出现幻觉、幻视、唱歌、跳舞、狂笑、行动不稳、谵语、意识障碍、昏迷、精神错乱。亦可有瞳孔散大、心跳过速、血压升高、体温上升等交感神经兴奋的症状。误食牛肝菌属中的某些种类中毒时，除胃肠炎症状及精神异常外，还有特有的小人国幻觉。

（3）溶血症状。误食鹿花菌可出现溶血症状。潜伏期较长，一般为 6～12 小时，多在胃肠炎症状后，发生黄疸、血红蛋白尿、急性贫血、肝脾肿大等，有时溶血后可引起肾脏损害，严重时可引起死亡。

（4）实质性脏器损害症状。误食白毒伞、鳞柄白毒伞、秋生盔孢伞、褐鳞小伞等出现实质性脏器损害症状。潜伏期较长，一般为 10～24 小时，长者可达数日。主要出现肝、肾、脑、心等脏器损害症状。病程长，病情复杂而凶险，病死率高达 90%。95% 以上的毒蘑菇中毒死亡均是由此类毒蘑菇所引起。初期出现恶心、呕吐、腹痛、腹泻等急性胃肠炎症状，1～2 天后消失。胃肠炎症状消失后，病人无明显症状，即假愈期（假缓解期）。经过 1～3 天的假愈期后，突然出现肝、肾、心、脑等损害，如肝肿大、黄疸、肝功能异常，广泛性出血、肝昏迷、尿少、无尿，尿中出现大量蛋白、红细胞及管型，谵妄、烦躁不安，昏迷，抽搐，休克，可死于肝昏迷或肾功能衰竭，亦可死于休克或消化道大出血，也有因中毒性心肌炎或中毒性脑病而死亡者。

（5）类植物日光性皮炎症状。误食胶陀螺（猪嘴蘑）中毒时，身体露出部分，如颜面出现肿胀疼痛。特别是嘴唇肿胀外翻，形如猪嘴唇，此外，还有指尖剧痛、指甲根部出血等，少有胃肠炎症状。

误食毒蘑菇后，有一些解毒治疗的方法。

（1）催吐。以手指探咽部引起呕吐，亦可口服硫酸铜或硫酸锌催吐。

（2）洗胃。用 0.5%活性炭悬浊液反复洗胃。吐泻剧烈者可不必洗胃，应给大量活性炭吸附毒素。对食后未出现症状者，或中毒后吐泻轻微者，也不应麻痹大意，必须催吐洗胃。洗胃后给通用解毒剂 20 g，或口服硫酸镁 30 g 导泻，用温肥皂水高位灌肠以排除肠内毒物。

（3）副交感神经兴奋症状的治疗。可给阿托品拮抗，皮下或静脉注射，每次 0.5～1.0 mg，每 15 分钟一次，直至瞳孔扩大，心率增加。严重者可给更大剂量。但有交感神经症状者，阿托品慎用。

（4）对白毒伞、鳞柄白毒伞、褐鳞小伞等潜伏期比较长的迟发型毒蘑菇中毒的治疗，应在中毒早期肌肉注射 5%二巯基丙磺酸钠 5 mL，或以葡萄糖溶液稀释后静脉注射，每天 2 次，以后渐减量，一般用 5～7 日，儿童每次 5 mg/kg 体重，每天 3 次。此外，据报道，L-半胱氨酸盐对毒蘑菇中毒引起的肝损害有一定疗效，紫芝对白毒伞中毒有显著疗效。

（5）类植物日光性皮炎症状的治疗可以口服抗过敏药物如安其敏 25～50 mg，扑尔敏 4 mg 或苯海拉明 25～50 mg，每天 3 次，也可用氢化可的松 100～200 mg 加入到 5%～10%葡萄糖溶液 500～1000 mL 中静脉滴注，同时口服维生素 C。

4. 棉籽油

中国种植的棉植物属于陆地棉及草棉，属锦葵科，其果实内有带毛的种子称棉籽，棉籽可榨油，作为工业用油，称为棉籽油，其经碱炼后，是一种适于食用的植物油。由于棉籽中含有棉酚、棉酚紫和棉绿素等毒性物质，在制油过程中，一部分毒素会转入棉籽油中，故食用粗制生棉籽油可能发生中毒。

需要指出的是，棉酚有三种类型。游离状态的棉酚称为游离棉酚。游离棉酚与氨基酸反应生成结合物，此种棉酚称为结合棉酚，结合棉酚不再溶于油脂中，不能被消化道吸收，故认为其无毒。棉酚在加热或某些试剂作用下失去活性羟基和醛基而成为变性棉酚。虽然游离棉酚在油脂碱炼时大部分可以除去，而结合棉酚和变性棉酚较难除去，但是棉籽油的毒性主要来自游离棉酚。

棉酚对心、肝、肾等实质性器官的细胞及神经、血管以及生殖系统均有毒性。有报告食用棉籽油和榨油后的棉饼引起中毒，在大量食用时常致急性中毒。长期少量食用，也有慢性中毒的报道。急性中毒一般进食后 2～4 天内发病，也有短至数小时，长至 6～7 天发病。发病的缓急、症状的轻重与食用的方法有关。若生棉籽先经泡制或炒熟后再与面粉混合烙饼吃者症状较轻，一般在食后稍有头晕、头痛、便秘，若将生棉籽不经炒或泡即烙饼吃者，在食后 4 小时～4 天内出现头痛、眩晕、疲乏无力、精神萎靡、食欲不振、恶心、胃部烧灼感、呕吐、腹痛、腹泻或便秘，甚者可有胃肠出血、四肢发麻、烦躁不安、流涎、黄疸、肝肿压痛，也可有嗜睡、昏迷、抽搐。部分患者可出现心动过缓、血压下降、心力衰竭、肺水肿及肝、肾功能损害。气温升高可诱发毒性发作。关于棉酚引起的慢性中毒，有资料认为，主要表现为低血钾症。

棉籽油中毒目前尚无特异性解毒剂，一般视情况予以对症治疗，食用时间不久的应予以催吐、洗胃及导泻。并可用生石膏 18 g，水煎服。

5. 河豚鱼

河豚鱼为近海底层杂鱼，河豚鱼中含有河豚毒素，河豚毒素还存在于多种海洋鱼类中，在海洋鱼类中已知的约 500 种毒素中，以河豚毒素中毒最常见。河豚毒素是一种生物碱，分子式为 $C_{11}H_{17}O_8N_3$。河豚毒素属于已知的小分子量、非蛋白质的神经性毒素，其毒性较剧毒的氰化钠还要大 1000 多倍。据报道，0.5 mg 河豚毒素可以毒死一个体重 70 kg 的成人。

河豚毒素中毒多于食后 0.5～2 小时内发病，首先发生胃部不适、恶心、呕吐、腹痛、腹泻，大便可带血。随后逐渐出现全身不适、口唇、舌尖及肢端麻木，全身麻木、四肢无力、共济失调、眼睑下垂、肌肉软瘫、腱反射减弱或消失、心率失常、心电图可出现不同程度的传导阻滞、呼吸浅且不规则。重者呼吸困难、紫绀、瞳孔先缩小而后散大或两侧不对称、血压下降、言语障碍、昏迷，最后因呼吸中枢麻痹或房室传导阻滞而死亡，死亡率可高达 50%。

河豚毒素中毒尚无特效药物，一般多采用对症处理。中毒早期以催吐、洗胃和导泻为主，以便及早排除毒素。静脉补充高渗葡萄糖溶液等以促进毒素的排泄及维持水和电解质平衡。肌肉麻痹时，可用 1%盐酸士的宁（又称盐酸番木鳖碱）2 mL 作肌肉注射，每日 3 次，或口服蛋氨酸，每次 3 g，每日 3～4 次。呼吸障碍给予吸氧、注射呼吸兴奋剂和进行人工呼吸，血压下降可用肾上腺素。另外可用鲜橄榄和鲜芦根四两洗净后捣汁口服。

6. 新鲜的黄花菜

黄花菜俗称金针菜，学名萱草，古代又称忘忧草，属百合科，是一种多年生草本植物的花蕾。黄花菜味鲜质嫩，营养丰富，含有丰富的糖、蛋白质、维生素 C、脂肪、胡萝卜素、氨基酸等人体所必需的营养成分，其所含的胡萝卜素是西红柿的几倍。黄花菜性味甘凉，有止血、消炎、清热、利湿、消食、明目、安神等功效，对吐血、大便带血、小便不通、失眠、乳汁不下等有疗效，可作为病后或产后的调补品。黄花菜常与黑木耳等搭配同烹，也可与蛋、鸡、肉等做汤或炒食，营养丰富。

但是新鲜的黄花菜含有一种叫秋水仙碱的化学物质，它本身虽无毒，微量还可用于治疗痛风，但经过胃肠道的吸收，秋水仙碱在体内被氧化为二秋水仙碱，则具有较大的毒性。由于鲜黄花菜中的有毒成分在温度达到或超过 60℃时即可减弱，因此新鲜黄花菜可以经过简单处理后安全食用。处理方法是：

（1）把黄花菜剥开，把花蕊全部去掉；

（2）将剥好的黄花菜洗净，备用；

（3）将锅里添加凉水，煮开，将洗好的黄花菜放到锅里焯一下捞出；

（4）将焯好的黄花菜放到凉水里浸泡，洗净，做菜，或者把水控干，放到冰箱里保鲜备用。

黄花菜作为安全食材的另一种形式是制成干黄花菜。黄花菜采摘后，先蒸至半熟，如果晒干的可稍蒸熟一点，烘干的可稍蒸生一点。晒制的黄花菜色泽金黄，品质好。干黄花菜制成后，可装在密闭干燥的容器中保藏，食用前取出用水浸泡致软，清洗干净，即可烹调。

7. 没有烧透的四季豆

2009 年 12 月 22 日，湖南湘潭市岳塘区竹埠港某化工企业的 13 名员工因在食堂食用未炒熟的四季豆而中毒；2012 年 6 月 1 日，四川南充蓬安县碧溪乡某中学有 52 人因食用四季豆而出现头晕、恶心的症状。一枚小小的四季豆为何会引发这样的事件呢？原来，四季豆的外皮上含有一种名为皂素的生物碱和一种叫做植物红细胞凝集素的化学物质。当它们进入人体后，皂素会对消化道黏膜产生强烈的刺激，引起胃肠道局部充血、肿胀以及出血性炎症；红细胞凝集素则会破坏红细胞的携氧功能，使红细胞凝集，引发无力、嗜睡、贫血等溶血症状。将四季豆加热到 100℃时，就能彻底破坏这两种物质。

四季豆中毒的潜伏期短则几十分钟，长则 4～5 小时。中毒者会表现出恶心、呕吐、腹泻等症状，严重者会有四肢麻木、胃部烧灼、心慌等感觉，还可能伴有头晕、头痛、胸闷、畏寒、出冷汗等一系列神经系统症状。不过，四季豆中毒的病程较短，多为 1～2 天，有的人甚至在数小时后就可以恢复健康。

现代人推崇健康饮食，认为过度的翻炒会使蔬菜中的维生素流失，但有些蔬菜却是必须要炒熟的。除了四季豆之外，还有含有两种核苷（蚕豆嘧啶葡糖苷和伴蚕豆嘧啶核苷）的蚕豆，果肉中含有较多茄碱的茄子，含有龙葵碱的青番茄，含有较多草酸而易造成微量元素缺乏症的菠菜，以及含有致甲状腺肿因子的卷心菜和萝卜等，因此，将蔬菜炒熟是预防食物中毒的有效途径之一。

8. 未煮透的豆浆

豆浆一直是人们非常喜欢的饮品，对人体健康也非常有益，但是，与没有烧透的四季豆相似，没有煮熟的豆浆中也含有多种生物毒素：皂素、植物红细胞凝集素和蛋白酶抑制剂等，皂素和植物红细胞凝集素的危害与在没有烧透的四季豆中类似，蛋白酶抑制剂会抑制蛋白酶、胰凝乳蛋白酶对蛋白质的分解作用，还会降低蛋白质的利用率。未煮透的豆浆会引起恶心、呕吐、腹泻、嗜睡等中毒症状和蛋白质代谢障碍，所以豆浆喝前一定要煮透。

另外，中医认为豆浆是属寒性的，所以有胃寒，比如消化不好、爱打嗝、嗳气的人，还有脾虚的，比如有胀肚、腹泻的人不宜喝。同时，因为豆浆在体内的代谢过程中，会在细胞里产生尿酸，所以患尿酸增多症的病人也不能喝豆浆。另外，肾脏功能不全、肾功能衰竭、氮质血症的病人也不宜喝豆浆，以免豆浆中的植物蛋白增加肾脏的负担。

5.3.2　食物中的诱发毒素

还有一些来自动植物的食物，在正常情况下不含有毒物质，但若贮存或食用不当，形成某种毒物，积累到一定数量，食用后可引起中毒。

1. 霉变食物

食物被黄曲霉污染后，在适合的温度（37℃左右）和湿度（相对湿度为80%～85%）下，黄曲霉很快繁殖而产生毒素，这种毒素被称为黄曲霉毒素，简称黄曲霉素。动物实验证明，黄曲霉素是一种强烈致肝癌的毒素。

有些食品由于存放不当会发生霉变，凡是霉变的食品都有可能存在黄曲霉素。霉菌易在粮食、油类及其制品和坚果上生长，如花生、棉籽等，干果类中的核桃、杏仁、榛子，奶制品、干咸鱼、海米、干辣椒、干萝卜条等也易存在黄曲霉素，其中花生及其制品最容易产生黄曲霉素。

实验证明，黄曲霉素是由黄曲霉菌产生的真菌霉素，是目前发现的化学致癌物中致癌性最强的物质之一，主要损害肝脏功能并有强烈的致癌、致畸、致突变作用，能引起肝癌，还可以诱发骨癌、肾癌、直肠癌、乳腺癌、卵巢癌等。黄曲霉素具有比较稳定的化学性质，而且对热不敏感，100℃下加热20小时也不能将其完全去除，只有在280℃以上高温下才能被破坏。

为了防止产生黄曲霉素，平时存放粮油和其他食品时必须保持低温、通风、干燥，避免阳光直射，不用塑料袋装食品，注意食品的保质期，并在保质期内食用，尽可能不囤积食品。生活中可使用茶籽油、橄榄油等不易产生黄曲霉素的植物油。此外，不吃霉坏、皱皮、变色的食品。

黄曲霉素中毒的临床表现：早期有胃部不适、腹胀、厌食、呕吐、肠鸣音亢进、一过性发热及黄疸等，2～3周后出现腹水、下肢水肿、脾脏增大变硬、胃肠道出血、昏迷甚至死亡。黄曲霉素中毒的急诊处理：①护肝；②对症支持治疗。

2. 发芽的马铃薯

如果贮藏不当，致使马铃薯发芽或部分表皮发黑绿等，食后常发生中毒，尤以春末夏初季节最为常见。马铃薯毒素又称为茄碱、龙葵碱或龙葵素，它是一种弱碱性糖苷，分子式为 $C_{45}H_{73}O_{15}N$，它几乎不溶于水、乙醚、氯仿和石油醚，溶于热乙醇和戊醇，与稀酸加热能分解成碱性茄啶和一些糖类。

正常马铃薯中马铃薯毒素的一般含量为 0.005%～0.01%，当马铃薯发芽后（图5-6），其幼芽和芽眼部分的马铃薯毒素的含量可高达 0.3%～0.5%，而含量达 0.2%～0.4% 以上时，就有可能造成食用者中毒。马铃薯毒素对胃肠道黏膜有较强的刺激性和腐蚀性，对中枢神经系统有麻痹作用，尤其对呼吸中枢及运动中枢作用显著。此外，马铃薯毒素对红细胞有溶解作用，可引起溶血。急性中毒的患者，其病理变化主要为急性脑水肿，其次为胃肠炎及肺、肝、心肌和肾脏皮质的水肿等。

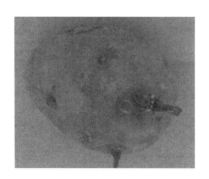

图 5-6　发芽的马铃薯

食入未成熟的或发芽的马铃薯后，一般在几十分钟到数小时可发病。首先出现消化道症状，咽喉部及口腔有烧灼感和痒感，继而上腹部有烧灼感及疼痛，并有恶心、呕吐、腹痛、腹泻，偶有黏液血便等。反复多次吐泻后可发生脱水、酸碱失衡和血压下降。严重中毒者体温可升高，并出现神经系统症状，头痛、头晕、烦躁不安、谵妄、昏迷、瞳孔散大、全身痉挛、呼吸困难，甚至可出现呼吸麻痹。也有报道还可引起肠原性紫绀症。

目前，对于马铃薯中毒尚无特异性解毒剂，如早期发现病人应立即催吐，并可选用浓茶水、0.5%鞣酸溶液或 $1：2000$～$1：5000$ 的高锰酸钾溶液彻底洗胃，口服硫酸钠导泻或灌肠，及时给予静脉补液以补足血容量及促进毒物排泄，并针对发病症状，对症治疗。

3. 霉变的甘蔗

甘蔗有制蔗糖和供鲜食两大用途，供鲜食的甘蔗又称果蔗。果蔗汁多清甜，具有生津止渴、清热解毒、润肺止咳等功效，深受人们喜爱。但是，在早春季节的适宜温度和湿度下，甘蔗病原菌开始活跃，容易通过切口或虫孔入侵蔗茎，3～5 天后感染部位变红，随后向蔗茎的两端侵染扩散，纵剖蔗茎可见内部组织变为红色或红褐色，即"红心"甘蔗名称的来历。

霉变的甘蔗中的甘蔗病原菌会产生一种神经性毒素 3-硝基丙酸。中毒后的症状也以中枢神经系统损伤为主。一般在吃了甘蔗十多分钟至十余小时内，轻者出现呕吐、腹痛、头晕、头疼、视力障碍，重者进而出现阵发性抽搐、两眼球向上偏向一侧凝视、四肢僵直、手呈鸡爪状、牙关紧闭、大小便失禁、昏迷等现象，最终死亡；幸存者则留下严重的神经系统后遗症，导致终生残疾。所以霉变的甘蔗不能食用。

所幸并不是所有的甘蔗都会霉变，只有适合甘蔗病原菌生产繁殖的环境条件和拥有足够数量的甘蔗病原菌才能使甘蔗霉变。而且霉变甘蔗很容易辨识。如果甘蔗外观光亮，质地匀实，切开后肉质清白，闻起来有股清香味，则可以食用；若甘蔗末端有絮状或茸毛状的白色物质，切开有红色的丝状物，闻起来无味或略有酸味、霉味、酒糟味，则一般为霉变甘蔗（图 5-7）。一旦口尝甘蔗有异味、怪味时，应立即停止食用，反复漱口，以清除残留在口腔内的毒素。若食用甘蔗后出现中毒症状，应迅速送往医院救治。恢复期可用脑细胞活化剂保护脑组织，防止或减少后遗症。

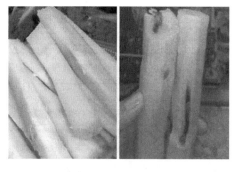

图 5-7 正常甘蔗（左）和霉变甘蔗（右）

资料来源：http://www.dongfangdingxin.com/newsdetail.aspx?nid=360

4. 腐烂的生姜

生姜性味辛温，有散寒发汗、化痰止咳、和胃止呕等多种功效。研究表明，老年人常食生姜可以延缓衰老。营养学家发现，生姜中含有的辛辣成分被人体吸收后，能够抑制体内过氧化脂质的生成，其抗氧化作用比抗氧剂维生素 E 还明显，因而具有很好的抗衰老作用。生姜中还含有一种化学结构与阿司匹林中的水杨酸相近的特殊物质，这种物质能降血脂、降血压、防止血液凝固、抑制血栓形成。此外，生姜中所含的姜酚，有很好的利胆作用，因而可用于预防和治疗胆囊炎、胆石症。

生姜是中餐里不可缺少的一味佐料，但每次用量却不大。为了方便，不少酒店、餐馆和家庭都会买一些备用。但是，如果保存不当，生姜会腐烂，这时如果吃下就会造成中毒。腐烂过程中的生姜能产生一种具有很强毒性的有机物，叫做黄樟素。根据大量实验证明，黄樟素会诱发肝细胞癌变。虽然人们在食用的时候只将生姜用作佐料，用量不大，但是腐烂的生姜中的毒素对肝细胞损害非常大，尤其是有肝炎病史的人，肝细胞会受到进一步的损伤。吃了腐烂的生姜会使全身皮肤、眼巩膜发黄，这就是肝细胞被破坏的症状。

要注意区分生姜的腐烂和发芽。如果把发芽的姜切开，可以发现里面的肉质干空、纤维变粗，说明姜的营养成分已经开始减少，营养价值降低，但其主要成分并没有发生变化，因此发芽的姜还可以吃，只是其营养价值已大打折扣。实际上，市面上大多数的姜都有芽，只是不明显而已。从营养的角度看，发芽的姜最好也不要吃。

5. 螃蟹与柿子

东晋张湛在《养生要集》中写道："柿与蟹（同吃），腹痛大泻"。从现代医学角度分析，柿子中含有鞣酸，蟹肉富含蛋白质，二者相遇，蟹肉中的蛋白质在柿子中鞣酸作用下，很易凝固为鞣酸蛋白，不易消化且妨碍消化功能，使食物滞留于肠内发酵，会出现呕吐、腹痛、腹泻等食物中毒现象，也容易形成胃结石。但在一些医学专家看来，是否形成胃结石，关键在于胃肠功能好坏。若胃肠功能好，蠕动正常，则胃肠中的食物不会有凝固的机会，也就不会形成结石。对于肠胃功能不好的人来说，即使不就着柿子吃螃蟹，单独空腹大量吃富含果胶、鞣酸的食物如柿子、黑枣、山楂、石榴等，也可能患胃结石。

另外要注意的是，死蟹不能吃。河蟹体内外沾有大量的细菌。活螃蟹可以通过新陈代谢将细菌排出体外，螃蟹一旦死亡，体内的细菌就会大量繁殖，分解蟹肉，有的细菌还产生毒素，食用后容易引起食物中毒。另外，蟹体内含有较多的组胺，组胺是一种有毒物质，当它在体内积蓄到一定程度，也会引起中毒。螃蟹死的时间越长，体内积累的组胺越多，即使将其煮熟煮透，这种毒素也不易被破坏。

6. 菠菜与豆腐

许多人认为菠菜和豆腐是相克的，原因是豆腐里面有钙，而菠菜里含草酸，两者一起吃会形成草酸钙，容易得结石。其实这个问题很好解决，吃菠菜时提前焯一下水，就会减少菠菜里的草酸含量，减少生成草酸钙的机会，这样就提高了豆腐中钙的利用率。除了菠菜，像草酸含量比较高的油菜、小白菜、苋菜等，建议吃前都用水焯一下，以避免体内钙及其他矿物质与草酸结合成不溶物而流失。

5.3.3　食物中的外来毒素

食物中的外来毒素主要是在育种、种植、饲养、管理、储存等环节中施用，或者从空气、水、土壤等环境中吸收而来。主要包括以下几类：①挥发性毒物，如一氧化碳、磷与磷化物、氰化物、醇类、醛类、酚类、苯胺、硝基苯等；②金属毒物，常见的有砷、汞、镉、铅、硒、钡、锌及它们的化合物；③农药，如有机磷农药中的对硫磷（1605）、内吸磷（1059）、甲拌磷（3911）等，有机氯农药中的六六六、DDT 等，还有氨基甲酸酯类农药，拟除虫菊酯类杀虫剂，以及安妥、磷化锌、敌鼠等杀鼠药；④其他，如残留在动物机体组织中的喹诺酮类抗菌消炎药、安定等安眠镇静药、吗啡等麻醉药等。

5.4　常用药物

5.4.1　解热镇痛药

解热镇痛是解除人们疾病痛苦的最常用手段，因此解热镇痛药是临床最常用的药物之一。解热镇痛药是一类具有解热镇痛作用，而且大多数还能抗炎、抗风湿的药物。19 世纪以来，水杨酸类、苯胺类、吲哚类及丙酸类全人工合成的解热镇痛药相继问世，产生了很多解热镇痛的药物品种，但这些药物作用大同小异，各有一定特点和不良反应。解热镇痛药有时又被称为消炎药，但是这类药只能减轻病痛症状，不能根除病因，也不能阻止疾病的发展和并发症的发生。

1. 阿司匹林

阿司匹林（aspirin）是解热镇痛药的代表，属于水杨酸类，化学名称为乙酰水杨酸，分子式为 $C_9H_8O_4$，化学结构式如下：

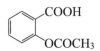

阿司匹林的化学结构式

远古时代，人们就知道用柳树的叶和皮给人退烧和止痛，但当时人们并不知道柳树皮中含有能止痛的活性物质——水杨酸（salicylic acid）。直到 1828 年德国慕尼黑大学的药剂学教授约翰·安德鲁·毕希纳（Johann Andreas Buchner，1783.4.6—1852.6.5）首次从柳树皮中分离出了很少量苦味黄色针状晶体水杨苷（salicin），经水解形成了水杨酸的钠盐，水杨酸钠才成为最早用于治疗风湿和痛风的药物。但是由于水杨酸钠对肠胃刺激性大，只有少数疼痛剧烈的患者才服用。1899 年，德国拜尔公司的药物化学家费利克斯·霍夫曼（Felix Hoffmann，1868.1.21—1946.2.8）制备了水杨酸的酯化物——乙酰水杨酸（acetylsalicylic acid），并用其治好了父亲的关节炎，才将其命名为"aspirin"（阿司匹林），并向世界推广。

水杨酸的酯化物阿司匹林保留了水杨酸钠的解热、镇痛和抗炎特性，而不良反应明显降低。阿司匹林至今仍广泛应用于发热、头痛、牙痛、神经痛、术后疼痛、痛经、急性风湿性关节炎及类风湿关节炎、痛风症等，小剂量可预防暂时性脑缺血、心肌梗死、动脉血栓等。阿司匹林由于长期以来一直得到广泛应用而被称为"百年魔药"。

阿司匹林有多种制剂，片剂：0.1 g、0.3 g、0.5 g；肠溶片：0.025 g、0.1 g、0.3 g；咀嚼片：0.5 g；阿司匹林泡腾片（巴米尔）：0.5 g。还有与其他药物复配的品种，如复方阿司匹林：片剂，每片含阿司匹林 0.2 g、对乙酰氨基酚 0.13 g、咖啡因 0.035 g。铝美司安或捷安：片剂，每片含阿司匹林 0.33 g、重质碳酸镁 0.1 g、甘羟铝 0.05 g、酒石酸 0.0033 g。阿司匹林精氨酸盐：别名爱茜灵，注射剂：0.5 g（相当于阿司匹林 0.25 g），为乙酰水杨酸与精氨酸制成的可溶性盐。阿司匹林主要经肝脏代谢，由肾脏排泄，属于非处方药，一般解热镇痛剂量时不良反应较少，但在应用较大剂量（如用于抗风湿治疗）和长期应用时，则有一定不良反应。

2. 扑热息痛

扑热息痛（acetaminophen 或 paracetamol）是目前应用量最大的解热镇痛药物之一，用于发热、关节痛、神经痛、头痛、牙痛、痛经等，其化学名称为对乙酰氨基苯酚，分子式为 $C_8H_9O_2N$，化学结构式如下：

$$HO-\!\!\!\bigcirc\!\!\!-NHCOCH_3$$

扑热息痛的化学结构式

扑热息痛的解热镇痛作用与阿司匹林相当，但抗炎作用极弱，因此临床仅用于解热镇痛。但扑热息痛无明显胃肠刺激作用，适用于对不宜使用阿司匹林的头痛、发热患者。

扑热息痛是 1948 年美国纽约市卫生局的伯纳德·布罗迪（Bernard Brodie，1910.5.20—1978.11.24）和朱利叶斯·爱梭罗德（Julius Axelrod, 1912.5.30—2004.12.29）在研究止痛剂产生的问题时发现的。但直到 1955 年，才在美国境内上市销售，商品名泰诺（Tylenol）。

扑热息痛还有百服宁、必理通、醋氨酚等其他商品名。扑热息痛有多种形式的制剂：片剂：0.1 g、0.3 g、0.5 g；胶囊剂：0.3 g；咀嚼片：0.08 g、0.16 g；薄膜片：0.5 g 等。由于不良反应少，所以还有一些儿童用药，如：滴剂：5 mL（250 mg）；儿童百服宁口服液：5 mL（160 mg）。小儿退热栓：125 mg、150 mg 等。扑热息痛为非处方药，用药者偶见皮肤黏膜过敏反应，长期使用极少数患者可致肝、肾毒性。

3. 布洛芬

布洛芬（ibuprofen）化学名称为 2-(4-异丁基苯基)丙酸，属于丙酸类解热镇痛抗炎药物。同类药物还有萘普生（naproxen）、非诺洛芬（fenoprofen）、酮布芬（ketoprofen）、氟苯布洛芬（flurbiprofen）等。具有抗炎、镇痛、解热作用，适用于治疗风湿性关节炎、类风湿性关节炎、骨关节炎、强直性脊椎炎、神经炎、滑液囊炎等，也可用于痛经的治疗。布洛芬的化学结构式如下：

布洛芬的化学结构式

布洛芬是 20 世纪 50 年代和 60 年代，在开发治疗类风湿关节炎的"超级阿司匹林"过程中长期研究得到的产物。"超级"是指与当时的其他药物相比，疗效相同，但更具安全性。布洛芬 1966 年在英国上市，1974 年在美国上市。

布洛芬是唯一由世界卫生组织和美国食品药品监督管理局共同推荐的儿童退烧药，是公认的儿童首选抗炎药，为解热镇痛类非处方药。布洛芬的规格和制剂有：布洛芬片 100 mg、200 mg、400 mg；布洛芬缓释胶囊：300 mg；布洛芬缓释片：200 mg；布洛芬泡腾片：100 mg；布洛芬搽剂：5 mL（250 mg）。布洛芬主要经肝脏代谢，肾脏排泄。少数患者用药后有皮肤黏膜过敏、血小板减少、头痛、头晕及视力障碍等不良反应。

5.4.2 抗菌消炎药

抗菌消炎是指治疗细菌和其他病原微生物感染引起的炎症。抗菌消炎药是指通过抑制或杀灭引发炎症的细菌和其他病原微生物，从而消除感染性炎症的药物，包括抗菌药和抗生素。抗菌药经常被认为就是抗生素，但严格而言抗菌药仅指能抑制或杀灭细菌的药物，而抗生素（antibiotics）是指对细菌、霉菌、支原体、衣原体、螺旋体等多种病原微生物具有抑制或杀灭作用的微生物代谢产物，及其化学合成的衍生物。尽管抗菌药和抗生素不完全相同，但它们都能抗菌消炎、达到治愈疾病的目的，是名副其实的病因治疗药物。抗生素和合成抗菌药物的发明和应用是 20 世纪医药领域最伟大的成就之一。

抗菌消炎药是临床上不可缺少而又应用最广泛的药物之一，但是，它们对病毒感染、无菌性炎症一般无能为力。例如，常见的上呼吸道感染大多是病毒性疾病，不必使用抗菌药，倘若在未确定自己是细菌感染还是病毒感染的情况下就使用抗菌药，不但没有疗效，而且极易产生药物不良反应和细菌的耐药性。2014 年 3 月 25 日，英国政府首席医药顾问戴维斯教授在出席剑桥大学科学节活动的时候说，医生常把杀细菌的药物拿来杀病毒，将会引来超级细菌，到时候可能无药可治。一个重要原因是：致病细菌会对抗生素产生耐药性，而且一些细菌耐药性发生和传播的势头令人瞠目。

抗菌消炎药品种很多，按化学结构的不同，可以分为以下几类：磺胺类、青霉素类、头孢菌素类、大环内酯类、氨基糖苷类抗生素、四环素类、喹诺酮类，以及中成药黄连素、穿心莲等。

1. 磺胺类药物

磺胺类药物是最早用于治疗全身性细菌感染的一类人工合成的抗菌药物，其基本化学结构是对氨基苯磺酰胺（简称磺胺，sulfanilamide）。磺酰胺基上的氢可被不同杂环取代形成不同种类的磺胺药。它们与母体磺胺相比，具有效价高、毒性小、抗菌谱广、口服易吸收等优点。对位上的游离氨基是抗菌活性部分，若被取代，则失去抗菌作用，必须在体内分解后重新释放出氨基，才能恢复活性。

第一个磺胺药百浪多息（prontosil）是德国病理学家与细菌学家格哈德·多马克（Gerhard Johannes Paul Domagk，1895.10.30—1964.4.24）在 1932 年发现的。那年，德国化学家合成了一种名为"百浪多息"、具有一定消毒作用的红色染料，因其在试管内无明显杀菌作用而没有引起医学界的重视。但是，多马克发现"百浪多息"能控制小白鼠的链球菌感染，后来，他又用兔、狗进行实验，都获得了成功。就在这时，多马克的女儿得了链球菌败血病，奄奄一息，他在焦急不安中，冒险将"百浪多息"用于女儿，结果女儿得救，磺胺药诞生。1935 年磺胺类药正式应用于临床。1939 年，多马克被授予诺贝尔生理学或医学奖。百浪多息的化学结构式如下所示：

$$H_2N-\underset{\underset{NH_2}{|}}{}\text{—}N=N--SO_2NH_2$$

百浪多息的化学结构式

磺胺类药物具有抗菌谱广、性质稳定、在体内分布广、制造不需粮食做原料、产量大、品种多、价格低、使用简便等优点。尽管目前有效的抗菌药和抗生素很多，但磺胺类药在各种细菌性感染的疾病，如泌尿系统感染、中耳炎、脑膜炎、结膜炎、沙眼、溃疡性结肠炎等的治疗中仍有其重要价值。

因磺胺药的作用是抑菌而不是杀菌，故抗菌作用较弱，而且要保证磺胺类药物的抗菌作用，必须在足够长的一段时间内维持有效的血药浓度。另外，磺胺类药易产生耐药性，在肝内的代谢产物乙酰化磺胺的溶解度低，易在尿中结晶析出，引起肾毒性、骨髓抑制、皮疹等不良反应，因此用药时应该严格掌握剂量和时间，同服碳酸氢钠（$NaHCO_3$）并多饮水。由于副作用较大，只有复方新诺明和增效联磺片等少数品种应用情况较好。

2. 青霉素类药物

1928 年，英国微生物学家亚历山大·弗莱明（Alexander Fleming，1881.8.6—1955.3.11）在外出休假两个星期后回到实验室，发现一只未经刷洗的废弃的培养皿中长出了一种神奇的霉菌，其他没有长这种霉菌的所有部位都长满了一种可以致命的细菌：葡萄球菌。他推测霉菌能够杀死某些细菌，于是，就在自己的实验室里培植了一些这种霉菌进行观察和研究，并给它起名为 penicillin（盘尼西林）。当他反复实验验证了培植的这种霉菌确实能够杀死某些细菌后，他给这种霉菌起了一个名字：青霉素。1929 年弗莱明在《不列颠实验病理学杂志》上，发表了《关于霉菌培养的杀菌作用》的研究论文，指出"青霉素或者性质与之类似的化学物质有可能用于脓毒性创伤的治疗"，这是他对青霉素抗菌作用的预言，但当时并未引起人们的注意。当时他自己无法提纯青霉素，致使青霉素在此后的十几年一直没有得到使用。直到 1939 年，在英国的澳大利亚药理学家霍华德·瓦尔特·弗洛里（Howard Walter Florey, 1898.9.24—1968.2.21）和德国-英国生物化学家恩斯特·伯利斯·钱恩（Ernst Boris Chain, 1906.6.19—1979.8.12），重复了弗莱明的工作，证实了他的结果，并提纯了青霉素，继而在 1941 年给病人使用获得成功，过后在英美政府的鼓励下，很快找到大规模生产青霉素的方法，青霉素才于 1944 年开始在英美医疗中大规模使用，1945 年以后，青霉素遍及全世界。青霉素的发明成为 20 世纪医学界最伟大的创举。1945 年，弗莱明、弗洛里和钱恩共获诺贝尔生理学或医学奖。青霉素的母核是 6-氨基青霉烷酸，对母核进行修饰可以得到其他青霉素，现在常用的有青霉素 G、青霉素 V、甲氧西林（新青 I）、氨苄西林（氨苄青霉素）、阿莫西林（羟氨苄青霉素）、替卡西林（羧噻吩青霉素）、哌拉西林（氧哌嗪青霉素）等。

青霉素主要能抑制细菌的繁殖，其作用机制在于抑制繁殖期细菌细胞壁的合成而发挥杀菌作用，起效迅速。对革兰氏阳性菌，如链球菌、肺炎球菌，敏感的葡萄球菌及革兰氏阴性菌，如脑膜炎球菌、淋球菌等众多细菌均有较强的抗菌作用。对白喉杆菌、螺旋体、梭状芽孢杆菌、放线菌以及部分拟杆菌亦有抗菌作用。适用于敏感菌所致的急性感染，如：败血症、猩红热、丹毒、肺炎、脓胸、扁桃体炎、中耳炎、蜂窝组织炎、疖、痈、急性乳腺炎、心内膜炎、骨髓炎、流行性脑膜炎、钩端螺旋体病、创伤感染、回归热、炭疽、淋病、放线菌病等，与相应的抗毒素联用还可以治疗破伤风和白喉。

青霉素钾、钠盐口服不吸收，且易被胃酸破坏，故不宜口服，一般制成粉针剂，临用时加入注射溶媒溶解后进行肌肉注射（简称肌注）或静脉点滴。肌注：成人每日 50～320 万单位，儿童每日 3～5 万单位/kg，分 2～4 次给予。静脉滴注宜用钠盐，适用于重病，如感染性心膜炎、化脓性脑膜炎患者。青霉素也有阿莫西林等口服片剂。青霉素经肾脏排泄，毒副作用小，但可能出现严重的过敏反应，包括皮疹、过敏性皮炎、接触性皮炎、血清病等，所以患者一定要经过皮试才能决定是否可以使用。

3. 头孢菌素类药物

头孢菌素类（cephalosporins）是由冠头孢菌培养液中分离的头孢菌素 C，经改造侧链而得到的一系列半合成抗生素。曾被译为先锋霉素。头孢菌素类和青霉素类同属 β-内酰胺抗生素，不同的是头孢菌素类的母核是 7-氨基头孢烷酸，而青霉素的母核则是 6-氨基青霉烷酸,这一结构上的差异使头孢菌素能耐受青霉素酶。头孢菌素作用机理同青霉素，也是抑制细菌细胞壁的生成而达到杀菌目的，也属于繁殖期杀菌药。

头孢菌素具有对 β-内酰胺酶较稳定、抗菌谱广、对厌氧菌有高效、抗菌作用强、过敏反应较青霉素少见等优点，是一类高效、低毒、临床应用广泛的重要抗生素，也是当前开发较快的一类抗生素。根据稳定性、抗菌谱、抗菌能力和出现先后，已发展到第五代。第一代头孢菌素主要应用于治疗革兰氏阳性菌感染，如先锋 I 号、先锋 II 号、先锋 V 号、先锋 VI 号（头孢拉定）。第二代头孢菌素除了保留了第一代的对革兰氏阳性菌的作用，显著地扩大和提高了对革兰氏阴性菌的作用，抗菌谱较第一代广，有头孢孟多、头孢替安、头孢西丁、头孢美唑等。第三代头孢菌素对多种 β-内酰胺酶稳定，对革兰氏阳性菌和阴性菌均有显著的抗菌活性，与第一、二代相比，抗菌谱更广，抗菌活性更强，特别是对革兰氏阴性菌的抗菌谱广、抗菌作用强。品种有头孢噻肟、头孢唑肟、头孢曲松、头孢他啶、头孢三嗪、头孢米诺、拉他头孢、氟莫头孢等。第四代头孢菌素是较新品种的头孢菌素，对多种 β-内酰胺酶的稳定性很好。与第三代头孢菌素相比，对革兰氏阳性菌的抗菌作用有了相当大的提高（但仍未有第一、第二代头孢菌素强），对革兰氏阴性菌的作用也与第三代头孢菌素相当（比第一、第二代头孢菌素强）。这类抗生素的抗菌谱极广，对多种包括厌氧菌的革兰氏阳性菌和阴性菌都有很强的抗菌作用。目前中国一般作为三线抗菌药物（特殊使用类）使用，以治疗多种细菌的混合感染或多重耐药菌感染引起的疾病。代表药品有头孢匹罗、头孢唑南等。以头孢吡普，又称头孢托罗为代表的第五代头孢菌素对各种革兰氏阳性菌和革兰氏阴性菌均有非常好的抗菌作用，是应用前景广阔的广谱高效抗生素。

头孢菌素抗生素对金葡菌、化脓性链球菌、肺炎双球菌、白喉杆菌、肺炎杆菌、变形杆菌和流感杆菌等都有效。临床上主要用于耐药金葡菌及一些革兰氏阴性菌引起的严重感染，如肺部感染、尿路感染、败血症、脑膜炎及心内膜炎等。头孢菌素抗生素价格较贵，一般不作首选药，因为对敏感细菌其抗菌活性常不及青霉素，而对于耐青霉素的细菌，常可采用红霉素或氯霉素等代替青霉素。

为防止储存过程中水解，临床应用的头孢菌素注射剂型多为粉针剂。注射用头孢菌素多制成钠盐和钾盐的干燥结晶或粉末，密封于安瓿瓶（一种可熔封的硬质玻璃容器）中，在室温下可保存 2～3 年，临用前加入注射溶媒溶解后需及时使用。口服用的头孢菌素类是一些化学稳定性稍高而且能耐受胃酸的品种，如头孢氨苄、头孢羟氨苄等，多制成片剂或胶囊。头孢菌素类药物毒性较低，不良反应较少，常见皮疹、荨麻疹、药疹和嗜酸性白细胞增多等过敏反应，偶有发生过敏性休克。

4. 喹诺酮类药物

喹诺酮类（4-quinolones），又称吡酮酸类或吡啶酮酸类，是人工合成的含4-喹诺酮基本结构的抗菌药。喹诺酮类药物以细菌的脱氧核糖核酸（DNA）为靶，干扰 DNA 回旋酶，进一步造成细菌 DNA 的不可逆损害，达到抗菌效果。

喹诺酮按发明先后及其抗菌性能的不同，分为一、二、三、四代。第一代喹诺酮类药物只对大肠杆菌、痢疾杆菌、克雷白杆菌、少部分变形杆菌有抗菌作用。具体品种有萘啶酸和吡咯酸等，因疗效不佳现已少用。第二代抗菌谱有所扩大，对肠杆菌属、枸橼酸杆菌、绿脓杆菌、沙雷杆菌也有一定抗菌作用。其中用得较多的是吡哌酸。第三代喹诺酮类药物的抗菌谱进一步扩大，对葡萄球菌等革兰氏阳性菌也有抗菌作用，对一些革兰氏阴性菌的抗菌作用则进一步加强，1979 年合成了诺氟沙星（氟哌酸），随后又合成了很多品种，如氧氟沙星、环丙沙星、培氟沙星、氟罗沙星等，本代药物的分子中大多含有氟原子，因此称为氟喹诺酮。第四代喹诺酮类与前三代药物相比在化学结构中引入 8-甲氧基，有助于加强抗厌氧菌活性，而 C-7 位上的氮双氧环结构则能加强抗革兰氏阳性菌活性并保持原有的抗革兰氏阴性菌活性，不良反应更小，但价格较贵，如加替沙星与莫西沙星。

喹诺酮类是一类抗菌谱广、抗菌作用强的抗菌药物，对多种革兰氏阴性菌有很强的杀菌作用，对革兰氏阳性菌也有抗菌作用，广泛用于泌尿系统、生殖系统、胃肠道、呼吸道以及皮肤组织的抗菌治疗。诺氟沙星主要用于肠道感染与尿路感染。依诺沙星和培氟沙星可治疗全身感染包括呼吸道感染、皮肤软组织感染、尿路感染、胃肠道和胆道感染、妇科感染等。环丙沙星是目前应用最广的品种，适用于治疗全身各处的感染，安全有效。

喹诺酮类药物有片剂、胶囊、注射液等。本类药物的不良反应主要有①胃肠道反应：恶心、呕吐、不适、疼痛等；②中枢反应：头痛、头晕、睡眠不良等，并可致精神症状；③由于本类药物可抑制 γ-氨基丁酸（GABA）的作用，因此可诱发癫痫，有癫痫病史者慎用；④本类药物可影响软骨发育，孕妇、未成年儿童应慎用；⑤可产生结晶尿，尤其在碱性尿中更易发生；⑥大剂量或长期应用本类药物易致肝损害。

值得一提的是，喹诺酮类抗生素是一类人畜通用的药物。因其具有抗菌谱广、抗菌活性强、与其他抗菌药物无交叉耐药性和毒副作用小等特点，被广泛应用于畜牧、水产等养殖业中，包括在鸡、鸭、鹅、猪、牛、羊、鱼、虾、蟹等的养殖中用于疾病防治。由于喹诺酮类药物在动物机体组织中的残留，人食用动物组织后喹诺酮类抗生素就在人体内残留蓄积，造成人体内病菌对该药物的严重耐药性，影响人体疾病的治疗，联合国粮农组织和世界卫生组织食品添加剂专家联席委员会和欧盟都已制定了多种喹诺酮类药物在动物组织中的最高残留限量，并提出迫切需要发明动物专用的喹诺酮类药物。

思 考 题

1. 如何正确认识化肥和农药？
2. 什么是食品添加剂？其使用目的是什么？
3. 味精的化学名称是什么？使用时有哪些注意事项？

4. 亚硝酸盐作为护色剂的作用原理是什么？

5. 如何看待食品中的增稠剂？

6. 食物中可能存在哪些毒素？

7. 什么是解热镇痛药和抗菌消炎药？它们各有什么特点？

8. 阿司匹林、扑热息痛、布洛芬、百浪多息的化学结构和性能特点分别是什么？

9. 青霉素的发明对我们有什么启示？

第6章

"住"中的化学

本章要点：介绍钢材、水泥、砖瓦、玻璃和木材等结构材料的化学成分，以及黏合剂和涂料等装饰材料的概况、化学组成、品种及可能带来的问题。

从古至今，安居乐业都是人们向往的生活和国家繁荣昌盛的标志。随着社会的发展和科学技术的进步，人类的居住条件不断得到改善。现代人们居住的房屋，也许风格迥异，价值大相径庭，但就建筑材料而言，都大同小异。如果说钢筋和水泥铸就了建筑物的"骨架"，那么砖瓦、玻璃和木材等材料就是使建筑物完整丰满的"血肉"，涂料则像建筑物的"外衣"，保护建筑物并赋予其色彩图案等美感，而黏合剂的踪迹在建筑物的里里外外随处可觅。钢材、水泥、砖瓦、玻璃、木材、涂料、黏合剂，这些都属于建筑材料，它们不但都是由化学物质组成的，而且在它们的制造过程中要涉及很多化学反应。

建筑材料是土木工程和建筑工程中使用的材料的统称。建筑材料根据化学成分可分为无机材料、有机材料和复合材料。无机材料包括金属材料（如钢、铁、铜）和非金属材料（如水泥、玻璃、砖瓦、石材）；有机材料包括木、竹、沥青、塑料等；复合材料包括玻璃纤维增强材料、钢筋增强砼（音 tóng，指混凝土）等。建筑材料根据来源又可分为天然材料和人造材料。天然材料包括竹、木等；人造材料包括砖、瓦、水泥、钢材等。建筑材料根据用途还可分为结构材料、装饰材料和专用材料。结构材料包括金属、水泥、砖瓦、玻璃、木材、竹材、石材、陶瓷、混凝土、工程塑料、复合材料等；装饰材料包括黏合剂、涂料、镀层、贴面、瓷砖等；专用材料指用于防火、阻燃、防水、防潮、防腐、隔音、隔热、保温、密封等的材料。以下简单介绍用于居住的房屋中常用的几种建筑材料。

6.1 结 构 材 料

结构材料是具有较好的力学性能（如强度、韧性等），用以制造受力构件的材料。钢材、水泥、砖瓦、玻璃和木材是居住用房屋建筑材料中重要的结构材料。

6.1.1 钢材

建筑用钢铁材料是构成土木工程物质基础的四大材料（钢铁材料、水泥混凝土、木材和塑料）之一。建筑钢材通常可分为钢结构用钢和钢筋混凝土结构用钢筋。钢结构用钢主要有普通碳素结构钢和低合金结构钢。品种有型钢、钢管和钢筋。型钢中有角钢、工字钢和槽钢。钢筋混凝土结构用钢筋，按加工方法可分为热轧钢筋、热处理钢筋、冷拉钢筋、冷拔低碳钢丝和钢绞线管；按表面形状可分为光面钢筋和螺纹钢筋；按化学成分可分为碳素钢和合金钢。碳素钢可分为低碳钢，含碳量小于 0.25%；中碳钢，含碳量为 0.25%~0.6%；高碳钢，含碳量大于 0.6%。合金钢可分为低合金钢，合金元素含量小于 5%；中合金钢，合金元素含量为 5%~10%；高合金钢，合金元素含量大于 10%。建筑钢材一般为含碳量不超过 0.8% 的碳素钢及低合金钢。在钢铁流通行业，建筑钢材如无特殊说明，一般指建筑类钢材中使用量最大的线材以及螺纹钢。

钢材的主要化学成分有铁、碳、合金元素以及杂质。碳与铁以固溶体、化合物和机械混合物的方式结合。固溶体形成铁素体，含碳量极低；化合物形成渗碳体，含碳量较高；机械混合物形成珠光体，含碳量在二者之间。当含碳量升高时，珠光体含量升高，强度增强，但塑性、韧性、可焊性下降，含碳量达到 0.6% 时可焊性很差。合金元素有①硅，含量低于 1% 时，能提高钢材的强度。②锰，含量为 1%~2% 可以提高钢材的强度。③钛，一般钢中钛的加入量在 0.025%~0.060%。微量钛可大大增加钢材的强度、韧性、耐腐蚀性（如抵抗海水腐蚀的能力），也可增加钢材的可焊性，含钛的钢材主要用于飞机、火箭、导弹、宇宙飞船等，少量用于冶金、能源、交通、医疗及石化工业。④铌和钒，微量铌和钒可以显著改善钢材的综合性能，一般钢中铌的加入量在 0.05% 以下，钒的加入量在 0.04%~0.12%。钢中钛、铌、钒的微合金化技术起源于 20 世纪 60 年代，当钢中加入这三种微合金化元素时，必须配合采用控轧控冷工艺，才能充分发挥其细化晶粒和沉淀强化作用，获得良好的综合性能。杂质元素磷可以改善钢材的强度、硬度、耐磨性、切削性和耐大气腐蚀性，但会大大增加钢材的冷脆性，并显著降低钢材的可焊性。普通碳素钢的磷含量小于 0.045%，优质碳素钢的磷含量小于 0.035%，高级优质碳素钢的磷含量小于 0.030%。硫是极有害的元素，会使钢材的可焊性大大降低，热脆性增加，热加工性变差。普通碳素钢的硫含量低于 0.055%，优质碳素钢的硫含量不超过 0.040%，高级优质碳素钢的硫含量为 0.02%~0.03%。氧可使钢材的韧性、可焊性降低。氮可以增加钢材的强度，但会使钢材的塑性和韧性下降。

具有不锈性的钢材统称为不锈钢（stainless steel）。引起锈蚀的介质有空气、水、水蒸气等自然环境因素和酸、碱、盐等化学环境因素。不锈钢是英国著名冶金科学家亨利·布雷尔利（Harry Brearley，1871.2.18—1948.7.14）于 1912 年在研究步枪枪膛磨损问题时发明的。

不锈钢的主要成分是铁、铬、镍合金，还含微量锰、钛、钴、钼、铌、硅、氮等元素。不锈钢的耐蚀性随碳含量的增加而降低，因此，大多数不锈钢的含碳量均较低，最大不超过 1.2%。铬是赋予不锈钢"不锈"性能的最主要的合金元素。一般不锈钢中铬含量至少为 10.5%。当钢中铬含量达到或超过 12.5%时，钢由负的电极电位升到正的电极电位，从而阻止电化学腐蚀。不锈钢按化学组成可分为铬-锰-镍（200 系列）、铬-镍系（300 系列）、铬系（400 系列）、耐热铬合金钢（500系列）及析出硬化系（600 系列）。304 不锈钢，又称 18-8 不锈钢，含 18%铬和8%镍，是使用最为广泛的钢种，可用于建筑材料、一般化工设备、食品用设备及餐具等。316 不锈钢，又称 18-10 不锈钢，含 18%铬和 10%镍，是继 304 不锈钢之后第二个得到广泛应用的不锈钢种，主要用于食品工业、制药行业和外科手术器材领域，添加 2%~3%钼元素使其较 304 不锈钢具有更好的耐高温性（耐高温可达到 1200~1300℃）和抗氯化物腐蚀能力，可做船用钢。440 不锈钢在耐热钢中硬度最高，可以用来制造医用手术刀、剪刀、剃须刀片、轴承等。

不锈钢按组织状态可分为铁素体钢、马氏体钢、奥氏体钢、奥氏体-铁素体（双相）不锈钢及沉淀硬化不锈钢。

（1）铁素体不锈钢：含铬 12%~30%，耐蚀性、韧性和可焊性随含铬量的增加而提高。这类钢材耐大气、硝酸及氯化物的腐蚀，高温抗氧化性能较好，但机械性能与工艺性能较差。多用于受力不大、但耐腐蚀或抗氧化要求较高的设备，如硝酸及食品生产设备、高温下工作的燃气轮机零件等。

（2）马氏体不锈钢：含碳较高，强度、硬度和耐磨性好，但耐蚀性稍差，塑性和可焊性较差。用于一些力学性能要求较高、耐蚀性能要求一般的零件上，如弹簧、汽轮机叶片、水压机阀等。

（3）奥氏体不锈钢：含铬大于 18%，还含有 8%左右的镍及少量钼、钛、氮等元素。这类钢材具有良好的塑性、韧性、可焊性和耐蚀性等综合性能。奥氏体不锈钢自 1913 年在德国问世以来，一直在不锈钢家族中扮演着最重要的角色，其生产量和使用量约占不锈钢总产量及用量的 80%。钢号也最多，日常见到的大多数不锈钢都是奥氏体不锈钢，人们熟悉的 304 不锈钢就是奥氏体不锈钢。奥氏体不锈钢不但可以用来制作耐酸设备及设备衬里、输送管道、耐酸零件等工业用品，还可以制作餐具等生活用品。需要指出的是，奥氏体不锈钢是无磁或弱磁性的，马氏体及铁素体不锈钢是有磁性的，奥氏体不锈钢经过冷加工，其组织结构会向马氏体不锈钢转化从而也具有一定的磁性，因此，生活中通过磁铁吸附来辨别不锈钢真伪的方法是不全面的。

（4）奥氏体-铁素体双相不锈钢：奥氏体和铁素体组织各占一半左右的不锈钢。含碳量较低，铬含量在 18%～28%，镍含量在 3%～10%。有些钢还含有钼、铜、硅、铌、钛、氮等合金元素。该类钢兼有奥氏体和铁素体不锈钢的特点，与铁素体不锈钢相比，塑性、韧性、耐晶间腐蚀性和可焊性均有提高。与奥氏体不锈钢相比，强度高且耐晶间腐蚀和耐氯化物腐蚀性能有明显提高。

（5）沉淀硬化不锈钢：基体为奥氏体或马氏体组织，通过沉淀硬化（又称析出硬化）处理得到硬化的不锈钢。沉淀硬化不锈钢具有很好的成形性能和良好的可焊性，可作为超高强度的材料应用于核工业和航空航天工业。

不锈钢可以做成管材、棒材、板材、线材和铸件等产品。另外不锈钢有不同的表面加工工艺，如抛光、压花、拉丝、电镀、着色、表面蚀刻图案等，可以进一步满足现代人们对外观的各种要求。

由于不锈钢具有耐蚀性和耐磨性，易于加工制造，制成的设备和器皿强度好且美观耐用，因此，不但在建筑领域中广泛用于幕墙、屋顶及其他部位，而且在汽车工业、造船业、锅炉制造业、食品和医疗行业，以及核工业和航空航天等领域中得到了广泛的应用。

6.1.2 水泥

水泥（cement）是指一种细磨材料，加入适量水后成为塑性浆体，既能在空气中硬化，又能在水中硬化，并能把砂、石等材料牢固地黏结在一起，形成坚固的石状体的水硬性胶凝材料。根据其中主要化学成分，水泥可分为硅酸盐水泥、铝酸盐水泥（高铝水泥）、磷酸盐水泥等，实际应用中 95%以上属于硅酸盐水泥，只是根据工程的要求改变其中化学成分的比例，或在使用时加入某些调节性能的物质而已。另一种重要的水泥分类方法是根据用途分为通用水泥、专用水泥和特性水泥。通用水泥是指一般土木建筑工程中通常采用的水泥，主要是指以下六类：硅酸盐水泥、普通硅酸盐水泥、矿渣硅酸盐水泥、火山灰质硅酸盐水泥、粉煤灰硅酸盐水泥和复合硅酸盐水泥。专用水泥是指专门用途的水泥，如 G 级油井水泥、道路硅酸盐水泥等。特性水泥是指某种性能比较突出的水泥，如快硬硅酸盐水泥、低热矿渣硅酸盐水泥、膨胀硫铝酸盐水泥。

水泥的生产可分为生料制备、熟料燃烧、水泥制成（粉磨）和包装等过程。硅酸盐类水泥的生产工艺在水泥生产中具有代表性，是以石灰石（有时需加入少量氧化铁粉）和黏土（主要成分是 SiO_2）为主要原料，经破碎、配料、磨细制成生料，然后喂入水泥窑中煅烧成熟料，再将熟料加适量石膏（有时还加其他混合材料或添加剂）磨细而成，其中主要成分是 CaO（约占总质量的 62%～67%）、SiO_2（20%～24%）、Al_2O_3（4%～7%）、Fe_2O_3（2%～5%）等。这些氧化物组成了硅酸盐水泥的四种基本矿物组分：硅酸三钙（$3CaO \cdot SiO_2$，简写为 C_3S）是熟料的主要成分，含量通常在 50% 以上；硅酸二钙（$2CaO \cdot SiO_2$，简写为 C_2S）含量约 20%；铝酸三钙（$3CaO \cdot Al_2O_3$，简写为 C_3A）含量为 7%～15%；铁铝酸四钙（$4CaO \cdot Al_2O_3 \cdot Fe_2O_3$，简写为 C_4AF）含量为 10%～18%。

水泥的标号是水泥强度大小的标志，对应于水泥砂浆硬结 28 天后具有的抗压强度。例如检测得到 28 天后水泥的抗压强度为 310 kg/cm^2，则水泥的标号就定为 300 号。抗压强度为 300～400 kg/cm^2 的水泥，标号均算为 300 号。普通水泥有 200、250、300、400、500、600 六种标号。200 号～300 号的水泥可用于一般房屋建筑；400 号以上的水泥可用于建筑较大的桥梁或厂房，以及一些重要路面和制造预制构件。

水泥是无机非金属材料中使用量最大的一种建筑材料和工程材料，广泛用于建筑、水利、道路、石油化工以及军事工程中。19 世纪出现的钢筋混凝土，奠定了现代都市高楼大厦的基础。水泥对人类的贡献不言而喻，但是，水泥行业是中国继电力、钢铁之后的第三大用煤大户，中国水泥熟料平均烧成热耗为 115 kg 标煤/t，比国际先进水平高 10% 还多；水泥行业二氧化碳的排放量仅次于电力行业；水泥企业的矿山资源消耗与生态环境危害也是突出问题。据中国环境科学研究院、中国水泥协会介绍，水泥行业是重点污染行业，其颗粒物排放占全国颗粒物排放总量的 20%～30%，二氧化硫排放占全国排放总量的 5%～6%。有些立窑生产中加入萤石以降低烧成热耗，但造成了周边地区的氟污染。水泥行业要通过技术改造和加强监管，减少粉尘、二氧化碳、二氧化硫等污染物的排放，并积极寻找原料和燃料的替代品以节约成本和资源，从而产生更大的经济效益和社会效益。

6.1.3 砖瓦

砖瓦是砖和瓦的统称，是最早出现的建筑材料，也是最基本的建筑材料。

1. 砖

砖（brick）主要是指建筑用的人造小型块材，是最传统的砌体材料，俗称砖头。中国在春秋战国时期陆续创制了方形和长形砖，秦汉时期制砖的技术和生产规模、质量和花式品种都有了显著发展，"秦砖汉瓦"便由此而来。御窑金砖是中国汉族传统窑砖烧制业中的珍品，明清以来受到历代帝王的青睐，成为皇宫建筑的专用产品。明代永乐年间，明成祖朱棣迁都北京，大兴土木建造紫禁城。经苏州"香山帮"工匠的推荐，相城区陆慕御窑村的砖窑被工部看中，决定"始砖于苏州，责其役于长洲窑户六十三家"。由于砖的外观沉稳大气、质地优良，博得了永乐皇帝的称赞，赐名窑场为"御窑"，其生产的规格为二尺二、二尺、一尺七见方的大方砖雅称"金砖"。古籍《金砖墁地》有这样的解释：专为皇宫烧制的细料方砖，颗粒细腻，质地密实，敲之作金石之声，称"金砖"。金砖的原料是苏州相城区陆慕御窑村一带的黄泥，经过选泥、练泥、制坯、装窑、烘干、焙烧、窨（音 yìn）水（即浇水闷窑）、出窑八道工序制成。图 6-1 展示了一块御窑金砖。

图 6-1　御窑金砖

资料来源：http://blog.sina.com.cn/s/blog_4e1b51310101gj83.html

早期的普通黏土砖的主要原料为粉质或砂质黏土，包括页岩、煤矸石等粉料，其主要化学成分为 SiO_2、Al_2O_3、Fe_2O_3 和结晶水，由于地质生成条件的不同，可能还含有少量的碱金属和碱土金属氧化物等。后来砖的原料由黏土逐步向煤矸石和粉煤灰等工业废料发展，它们的化学成分与黏土相似，但由于可塑性不及黏土，所以制砖时常常需要加入一定量的黏土，以满足制坯时对可塑性的需要。另外，砖坯中的煤矸石和粉煤灰属可燃性工业废料，含有未燃尽的碳，随砖的焙烧也在坯体中燃烧，因而可节约大量焙烧用外投煤和 5%～10%的黏土原料，这类砖也称内燃砖或半内燃砖，表观密度小，导热系数低，且强度可提高约 20%。

普通黏土砖的生产工艺主要包括取土、炼泥、制坯、干燥、焙烧等。当砖窑中焙烧时为氧化气氛，则生成三氧化二铁（Fe_2O_3）而使砖呈红色，这样的砖被称为红砖。若在氧化气氛中烧成后，再在还原气氛中闷窑，红色 Fe_2O_3 被还原成青灰色氧化亚铁（FeO），称为青砖。青砖一般较红砖致密、耐碱、耐久性好，但由于价格高，生产应用较少。

随着用砖需要和制砖技术的发展，出现了不同种类的砖。按所用原材料可以将砖分为黏土砖、页岩砖、煤矸石砖、粉煤灰砖、灰砂砖和炉渣砖等；按生产工艺可分为烧结砖和非烧结砖。凡以黏土、页岩、煤矸石或粉煤灰为原料，经成型和高温焙烧而制得的砖统称为烧结砖。非烧结砖又叫免烧砖，不需要经过高温焙烧，而是在黏合剂存在下经过压制、养护而成。烧结砖按孔洞率可以分为烧结普通砖、烧结多孔砖和烧结空心砖。

中国国家标准 GB5101—2003《烧结普通砖》规定，凡以黏土、页岩、煤矸石和粉煤灰等为主要原料，经成型、焙烧而成的实心或孔洞率不大于 15%的砖，称为烧结普通砖。烧结普通砖又称普通黏土砖，其生产和使用在中国已有 3000多年历史。普通黏土砖虽然存在诸多不足，但由于价格低廉、工艺简单、设计和施工技术成熟以及人们的使用惯性等原因，在现代建设工程的墙体材料中仍占重要地位，预计在今后相当长的时间内，特别是在农村，仍然是主要的墙体材料之一。烧结多孔砖和烧结空心砖的生产工艺与烧结普通砖相同，但由于坯体有孔洞，增加了成型的难度，因而对原料的可塑性要求很高。烧结多孔砖是以黏土、页岩或煤矸石为主要原料烧制而成的孔洞率超过 25%、孔尺寸小而多、方向平行于受力方向（竖向孔）的多孔砖，常用于六层以下的结构承重部位。烧结空心砖是以黏土、页岩或煤矸石为主要原料烧制而成的孔洞率大于 35%、孔尺寸大而少、且孔洞垂直于受力方向（水平孔）的空心砖，烧结空心砖自重较轻，强度较低，多用于非承重墙，如多层建筑的内隔墙或框架结构的填充墙等。多孔砖和空心砖的抗风化性能、石灰爆裂性能、泛霜性能等耐久性技术要求与普通黏土砖基本相同，吸水率相近。

需要指出的是，烧结普通砖中的黏土砖，因其毁田取土、生产能耗高、块体小、施工效率低、砌体自重大、抗震性差等缺点，在中国大中城市已基本不用。用烧结多孔砖和烧结空心砖代替烧结普通砖，可使建筑物自重减轻 30%左右，节约黏土 20%～30%，节省燃料 10%～20%，墙体施工效率提高 40%，并可以改善砖的隔热隔声性能。通常在相同的热工性能要求下，用空心砖砌筑的墙体厚度可比用实心砖砌筑的墙体减薄半砖左右，所以推广使用多孔砖和空心砖是加快中国墙体材料改革、促进墙体材料工业技术进步的重要措施之一。利用工业废料生产的粉煤灰砖、煤矸石砖、页岩砖，以及各种砌块、板材正在逐步发展起来，将逐渐取代烧结普通砖。

现代居室装修时普遍使用瓷砖、墙砖和地砖。瓷砖是由黏土、石英砂等耐火的金属氧化物及半金属氧化物经研磨、混合、压制、施釉、烧结形成的一种瓷质或石质建筑装饰材料。一般表面有釉质，耐酸碱腐蚀。瓷砖有多种分类方法。按用途分可分为墙砖和地砖等。墙砖又称面砖，根据用于内、外墙面装饰可分为内墙砖和外墙砖。地砖又称地板砖或地面砖，是一种地面装饰材料。地砖也有多种规格，由于质坚、防潮、耐压、耐磨、易清理而深受人们喜爱。

2. 瓦

瓦（tile）又称瓦片，是重要的屋面建筑材料，一般用泥土烧成，也可用水泥等材料制成，形状有拱形、平面或半圆筒形等，颜色以灰色和砖红色为主，应用于建筑上,不仅挡风、遮雨、隔热,而且美观、整洁、耐用。在中国瓦的生产比砖还早。

早期使用的是黏土瓦,又称陶瓦,它的材质跟黏土砖一样,主要原料是黏土。陶瓦价格较低,曾经被用于楼盘公寓、酒店、会所、学校、寺庙等各种建筑。随着工业技术的发展和对瓦性能要求的提高,逐渐出现了琉璃瓦、玻纤瓦、彩钢瓦、合成树脂瓦等各有特色的瓦。

琉璃瓦是采用优质矿石原料,经过筛选、粉碎、高压成型、高温烧制而成的一种瓦,具有强度高、平整度好、吸水率低、抗折、抗冻、耐酸、耐碱、不褪色、不风化等多种优点,广泛适用于厂房、住宅、宾馆、别墅等工业和民用建筑,并以其造型多样、釉色质朴、多彩、环保、耐用,深得人们的青睐。中国早在南北朝时期就在建筑上使用琉璃瓦件作为装饰物,到元代时皇宫建筑大规模使用琉璃瓦,明代十三陵与九龙壁都是琉璃瓦建筑史上的杰作。琉璃瓦经过历代发展,已形成品种丰富、型制讲究、装配性强的系列产品,常用的普通瓦件有筒瓦、板瓦、勾头瓦、滴水瓦、罗锅瓦、折腰瓦、走兽、挑角、正吻、合角吻、垂兽、戗兽、宝顶等。图 6-2 展示了几种琉璃瓦。

图 6-2　琉璃瓦

资料来源:http://baike.sogou.com/h64388368.htm?sp=l64388369

玻纤瓦,也叫油毡瓦或沥青瓦,是由改性沥青、玻璃纤维、彩色陶粒、自粘胶条组成,主要特点是质轻、防雨、抗震、色彩多样、施工简便。

彩钢瓦又称彩色压型瓦,是采用彩色涂层钢板,经辊压冷弯成各种波型的压型板,它适用于仓库、大跨度钢结构房屋、特种建筑等工业与民用建筑的屋面、墙面以及内外墙装饰,具有质轻、高强、防雨、防火、抗震、色彩丰富、施工方便、寿命长、免维护等特点,现已被广泛应用。

合成树脂瓦是指以合成树脂为主要成分、采用多层共挤技术制成的一种瓦,其质量的关键是面层材料,一种较好的面层材料是具有超高耐候性的丙烯腈、苯乙烯、丙烯酸三元共聚物(ASA)。合成树脂瓦具有质轻、高强、坚韧、自防水、自清洁、保温、隔热、隔音、耐气候、耐腐蚀、防火、抗震、绝缘、颜色持久、安装方便等多种优点，但价格较高。合成树脂瓦被广泛应用于公寓、别墅、移动房屋、厂房、园林楼阁、古城遗址等各种建筑，正在逐步被公认为现代最好的屋顶材料。

6.1.4　玻璃

广义上说，凡熔融体通过一定方式冷却，因黏度逐渐增加而形成的具有固体性质和结构特征的透明非晶体物质，都称为玻璃（glass）。玻璃能像固体一样保持特定的外形，而不像液体那样随作用力而流动，因此通常被认为是一种固体物质，但是，从微观上看，玻璃也是一种液体，其中原子不像晶体中那样在空间具有长程有序的排列，而近似于液体中那样短程有序。在理想状态下，均质玻璃的物理性质（如硬度、折射率、弹性模量、热膨胀系数、导热系数、电导率等）和化学性质在各方向上是相同的，即具有各向同性。与结晶物质不同，玻璃由固体转变为液体是在一定温度区域（即软化温度范围）内进行的，没有固定的熔点。

玻璃一般是硅酸盐类非金属材料，是由二氧化硅（SiO_2）和其他化学物质熔融在一起形成的。玻璃的主要生产原料为纯碱、石灰石、长石、石英石或石英砂。

玻璃按主要化学成分可以分为氧化物玻璃和非氧化物玻璃。非氧化物玻璃品种和数量很少，主要有硫系玻璃和卤化物玻璃。硫系玻璃可截住短波长光线而通过黄光、红光、近红外光和远红外光，其电阻低，具有开关与记忆特性。卤化物玻璃的折射率低，色散低，多用作光学玻璃。氧化物玻璃又分为硅酸盐玻璃、硼酸盐玻璃和磷酸盐玻璃等。硅酸盐玻璃指基本成分为 SiO_2 的玻璃，其品种多，用途广。通常按玻璃中 SiO_2 以及碱金属、碱土金属氧化物的不同含量，分为石英玻璃、高硅氧玻璃、钠钙玻璃、铅硅酸盐玻璃、铝硅酸盐玻璃和硼硅酸盐玻璃等。玻璃按照加工方法可以分为平板玻璃和深加工玻璃两大类。平板玻璃厚度一般为 3～15 mm，根据不同厚度可用于画框、窗户、隔断、地弹簧玻璃门、玻璃墙面等。为达到生产和生活中的各种需求，人们对平板玻璃进行深加工处理，就得到了深加工玻璃。深加工玻璃可以分为钢化玻璃、磨砂玻璃、压花玻璃、夹丝玻璃、中空玻璃、夹层玻璃、调光玻璃、防弹玻璃、高温玻璃、耐高压玻璃、防紫外线玻璃、防爆玻璃、节能玻璃等很多品种，广泛用于建筑、医疗、化工、电子、仪表、核工业及日常生活等众多领域。

我们通常使用的玻璃，即普通玻璃，是指硅酸盐平板玻璃，化学组成是 Na_2SiO_3、$CaSiO_3$、SiO_2，或 $Na_2O \cdot CaO \cdot 6SiO_2$，属于混合物，主要成分是二氧化硅，广泛应用于建筑物的阻风挡雨和透光。由石英砂、纯碱、长石及石灰石经高温制成的石英玻璃，SiO_2 含量大于 99.5%，透紫外光和红外光、热膨胀系数低、化学稳定性好、熔融温度高、黏度大、成型较难，多用于半导体、电光源、光导通信、激光和光学仪器中。

钢化玻璃是普通平板玻璃经过再加工处理而成的一种预应力玻璃。玻璃在电炉里加热软化，再急速冷却可得钢化玻璃。钢化玻璃相对于普通平板玻璃来说，具有两大特征：第一，强度是平板玻璃的数倍，抗拉强度是平板玻璃的 3 倍以上，抗冲击强度是平板玻璃的 5 倍以上；第二，钢化玻璃不容易破碎，即使破碎也会以无锐角的颗粒形式碎裂，对人体的伤害大大降低。图 6-3 是破碎的普通玻璃和钢化玻璃照片。

图 6-3　破碎的普通玻璃（左）和钢化玻璃（右）

资料来源：http://jinzhonghuansl.fang.com/bbs/2510304463～-1/151975539_151975539htm

中空玻璃是将两块玻璃保持一定间隔，周边用密封材料密封而成，间隔中是干燥的空气。中空玻璃主要用于有隔音、隔热要求的装修工程中。

夹层玻璃一般通过在两层普通平板玻璃（也可以是钢化玻璃或其他特殊玻璃）之间夹一层有机黏合剂组成。当受到破坏时，碎片仍黏附在胶层上，避免了碎片飞溅对人体的伤害，多用于有安全要求的部位，如汽车挡风玻璃和防弹玻璃。防弹玻璃中的玻璃多采用强度较高的钢化玻璃，而且夹层的数量也相对较多。

聚甲基丙烯酸甲酯（polymethyl methacrylate，PMMA），是由甲基丙烯酸甲酯聚合而成的高分子化合物，被称为有机玻璃，又称亚克力、亚格力等，是一种开发较早的重要热塑性塑料。有机玻璃并不是真正意义上的玻璃，只是跟玻璃有相似的外观和性能而得名。与玻璃相似，有机玻璃具有很好的透明性和透光性，可透过 92%以上的太阳光和 70%以上的紫外线，比重小，强度较大，力学性能、耐候性、绝缘性、隔声性能好，易染色，易加工，外观漂亮，但是质地较脆，易受有机溶剂腐蚀，表面硬度不够，容易擦毛。加入一些添加剂可以使有机玻璃的性能有所提高，如变得比较耐热、耐摩擦等。有机玻璃可以做成无色透明、有色透明、珠光、压花等品种，其中无色透明有机玻璃最常见、使用量最大。有机玻璃不仅能用于商业、轻工、建筑、化工等领域，而且在工艺品、广告装潢、楼宇沙盘模型制作中应用十分广泛。

6.1.5 木材

木材（timber）泛指用于工业和民用建筑的木质材料，工程中所用的木材主要取自树木的树干部分。木材是建筑中的多功能材料，从全木结构房屋、大梁、窗框、家具到各种装饰，都可以由木材打造。

木材的元素组成为碳 49%～50%、氢 6%左右、氧约 44%、氮 0.1%左右，及少量灰分。灰分中主要含有钙、钾、镁、钠、锰、铁、磷、硫等，有些热带的木材中还含有硅。这些元素组成纤维素、半纤维素和木质素等木材中的高分子和小分子。木材纤维素分子式也为$(C_6H_{10}O_5)_n$，平均聚合度（n）约为 10000。木材因获得和加工容易、性能优良、绿色环保，自古以来一直是一种重要的建筑材料。

木材按树种进行分类，一般分为针叶树材（软木材）和阔叶树材（硬木材）。针叶树主要有杉木、红松、白松、黄花松等，其树叶呈针状，树干通直、高大，纹理顺直，本质较软，易加工，表观密度小，胀缩变形小，耐腐蚀性较强，常作承重材料。阔叶树主要有檀香、紫檀、黄花梨、酸枝木、鸡翅木、乌木、铁木、金丝楠木、香樟木、胡桃木、柏木、水曲柳、橡木、榆木、椴木、桦木、杨木等。此类木材材质坚硬，密度大（有些表观密度大于 1 g/cm^3，在水中沉底），加工较难，胀缩变形大，颜色、纹理美观，主要用作装修或制作家具。

木材有很多优点：轻质却有较高的强度和较好的韧性，导热系数低，吸声性能、电绝缘性、装饰性好，抗震性能优良，可再生、可降解，冬暖夏凉，易加工。但木材是各向异性有机材料，顺纹方向与横纹方向的力学性质有很大差别。木材的顺纹抗拉和抗压强度均较高，但横纹抗拉和抗压强度均较低。木材强度还因树种而异，并受木材缺陷、荷载作用时间、含水率及温度等因素的影响，其中以木材缺陷及荷载作用时间两者的影响最大。因木节尺寸和位置不同、受力性质（拉或压）不同，有节木材的强度比无节木材可降低 30%～60%。在荷载长期作用下木材的长期强度几乎只有限时强度的一半。另外木材还有易燃、易虫蛀、易腐朽等缺点。现在具有防腐功能的防腐木材是采用防腐剂渗透并固化于木材中，使木材具有防止腐朽菌腐蚀和生物侵害的功能。

由于木材性能优良，且加工、制作方便，被广泛用作建筑结构材料（梁、柱、椽）、装饰装修材料，及家具制造材料。条木地板是室内最普遍使用的木质地面材料，它由龙骨、地板等部分构成。地板有单层和双层两种，双层的下层为毛板，顶层为硬木条板，硬木条板多选用水曲柳、柚木、榆木、柞木、枫木等硬质树材，单层条木地板常选用松、杉等软质树材。条板宽度一般不大于 12 cm，板厚为 2 cm 左右。

天然木材存在的一些缺点，可以通过制成人造板材加以克服。另外，木材在加工成型材和制作成构件的过程中，会留下大量的碎块、木屑等，将这些下脚料进行加工处理，也可以制成人造板材加以利用。常见的人造板材有以下几种：

（1）胶合板。胶合板的原料与其他人造板材不同，不是木材下脚料，而是原木。胶合板是将原木旋切成的薄片，用黏合剂黏合后热压而成的人造板材，其中薄片的叠合必须按照奇数层数进行，并且保持各层纤维互相垂直，胶合板最高层数可达 15 层。胶合板大大提高了木材的性能和利用率，其主要特点是材质均匀、强度高、无疵病、幅面大、使用方便。板面具有真实、立体和天然的美感，广泛用作建筑物室内隔墙板、护壁板、顶棚板、门面板，以及用于各种家具制造和装饰。在建筑中常用的是三合板和五合板。

（2）纤维板。纤维板又称密度板，是将木材加工下来的板皮、刨花、树枝等边角废料，经破碎、浸泡、研磨成木浆，再加入一定的黏合剂，经热压成型、干燥而成的人造板材，分硬质纤维板、半硬质纤维板和软质纤维板。纤维板的特点是材质构造均匀、各向同性、强度一致、抗弯强度高、耐磨、绝热性好、不易胀缩和翘曲变形、不腐朽，无木节、虫眼等缺陷。生产纤维板可使木材的利用率达90%以上。

（3）刨花板、木丝板、木屑板是分别以刨花木渣、边角料、刨制的木丝、木屑等为原料，经干燥后拌入黏合剂，再经热压成型而制成的人造板材。这类板材一般表观密度较小，强度较低，主要用作绝热和吸声材料，其中的热压树脂刨花板和木屑板，表面可粘贴塑料贴面或用胶合板作饰面层，这样既增加了板材的强度，又使板材具有装饰性，可用作吊顶、隔墙、家具等的材料。图 6-4 是胶合板（左）、纤维板（中）和刨花板（右）的形貌。

图 6-4　胶合板（左）、纤维板（中）和刨花板（右）

资料来源：http://www.z4bbs.com/forum.php?mod=viewthread&ordertype=1&tid=3764292

（4）复合板主要有复合地板及复合木板两种。复合地板是一种多层叠压木地板，又分为实木复合地板和强化复合地板。实木复合地板是由实木板材或胶合板交错层压而成，保留了实木地板木纹自然、脚感舒适、保温性能好的特点。强化复合地板一般由四层材料组成，从上至下分别为耐磨层、装饰层、基材层和底层。耐磨层是由氧化铝、碳化硅等高耐磨材料形成的透明薄膜。装饰层由经过特殊加工处理（如印制特定纹理）的木纹纸与透明的三聚氰胺树脂经高温、高压压合而成。基材层，又称芯板，是由木屑或其他木质材料与黏合剂混合经加压而成的密度板。底层由聚脂等聚合物材料制成，起防潮作用。复合地板表面光滑美观、坚实耐磨、不变形、不干裂、不需打蜡、耐久性好、铺设方便，且易清洁，但脚感和环保性不如实木地板和实木复合地板。复合木板又叫木工板，它是由三层板材胶黏压合而成，其上、下面层为胶合板，芯板是由木材加工后剩下的短小木料制得的木条用黏合剂黏拼而成的板材。复合木板幅面大、表面平整、使用方便，可代替实木板用于建筑物室内隔墙、隔断，以及橱柜制作等。

6.2　涂　　料

最早的涂料（coating material 或 paint）是采用天然产物作原料，如从漆树上采取漆液、从桐油籽中榨取桐油，加工成的可以涂覆在物体表面起保护和装饰作用的一种材料。中国是世界上最早使用涂料的天然原料——大漆的国家，并在春秋战国时期就掌握了熬炼桐油制涂料和用桐油与大漆制造复配涂料的技术。由于涂料早期以天然的植物油或漆为主要原料，因此被称为"油漆"。随着社会和经济的发展，人们对油漆的质量、品种、数量提出了更高的要求，于是一些除漆、桐油以外的植物油和天然树脂（如松香、沥青等）也成为了油漆的原料。但是天然原料的品种和数量毕竟是非常有限的。令人欣喜的是，20世纪初石油化工和高分子科学的发展，尤其是醇酸树脂的工业化生产，为油漆提供了丰富的合成原料，即各种合成树脂。于是人们开始采用合成树脂、合成颜料及有机溶剂来制造油漆，使油漆产品的面貌发生了根本的变化。

6.2.1　涂料的概念及作用

在大量采用合成原料代替天然原料制造油漆的情况下，用"油漆"一词统称这类产品已不能确切体现出这类产品的特性，因此便有了更能体现应用特点、内涵更加丰富的名称，即涂料。现代的涂料是指可以用不同的施工工艺涂于物体表面，会干结成连续的固态薄膜，并具有一定强度和良好附着力的材料。也有些涂料品种人们仍习惯称之为"漆"。涂料已被广泛应用于各种金属、木材、水泥、砖石、皮革、织物、塑料、橡胶等材料的表面，而这些材料可以用于航天航空、国防军事、交通运输、工业生产以及人民生活等各个领域，因此我们在日常生活中随时随地都能接触到涂料干结的涂膜，又称漆膜或涂层。涂料能得到如此广泛的应用是基于它的重要作用。

（1）保护作用。涂料涂于物件表面，首先能保护这些物件，不致因直接受机械性外力摩擦和碰撞而破坏，即使涂膜受损也可重新涂上一层。其次涂膜能将材料和空气、水分、阳光及外界的腐蚀性物质隔开，使物件不直接被这些物质侵蚀，延长物件使用寿命。例如机器和设备上面的涂料主要是起保护作用。

（2）装饰作用。涂料起的装饰作用在今天几乎人人都有切身体会。最明显的例子是居室和家具的涂料，它们不仅保护了墙面和家具，而且美化了家家户户的生活环境。汽车涂料的颜色则是购买者在同款车中做出选择的决定因素。

（3）标志作用。工厂的各种设备、管道、容器等涂上不同颜色的涂料后分别代表一定的含义。例如红色管道代表里面是加热蒸汽；绿色管道代表里面是冷却水；白色管道代表里面是冷冻液。使操作工人容易识别，提高操作准确度，减少事故。道路划线漆、铁道标志漆对保证行车安全、维护交通秩序有非常重要的作用。

（4）特殊作用。电机、电工器材等外表面的涂料具有电绝缘性。一些电子工业用的涂料则具有导电性。海轮船底涂料具有防污性能，能防止海生物附着，保证航速。高速飞行的飞机、火箭、导弹、宇宙飞船用的涂料能减阻、隔热、耐辐射。战争年代的建筑、设备用的涂料可以起到伪装效果。用于书写的涂料可以在墙体、布匹等材料上书写标题、广告等内容。涂在皮革上的涂料可以防油防水保护皮革。另外还有对光敏感的光敏涂料和对热敏感的热敏涂料等。

6.2.2 涂料的化学组成

一种观点认为涂料可以分成不挥发成分和挥发成分两部分，其中不挥发成分是指涂布后干结在涂膜中的各种物质，又称成膜物质。成膜物质又可以分成主要成膜物质、次要成膜物质和辅助成膜物质。主要成膜物质是黏结剂，也称基料、漆料、漆基；次要成膜物质有颜料、体质颜料和功能性颜料；辅助成膜物质包括各种助剂。挥发成分指涂布后挥发、不留在膜中的物质，通常是溶剂或稀释剂。另一种观点认为涂料的组成成分有成膜物质、颜料和填料、助剂、溶剂四部分。以下按照相对简单的第二种涂料组成对各部分进行介绍。

1. 成膜物质

成膜物质是形成涂层的最主要成分，具有一定的黏结力、附着力及强度。主要是油脂和树脂（resin）。树脂通常是指常温下是固态、半固态或液态，受热后有硬化或熔融范围，软化时在外力作用下有流动倾向的有机高分子化合物，包括天然树脂和合成树脂。

（1）油脂。油脂来自于动植物，即第 3 章讨论过的脂类中的油脂，其主要化学成分是甘油三脂肪酸酯。作为涂料成膜物质的油脂必须含有不饱和脂肪酸，其中不饱和键发生化学反应才能使涂料干结成膜。另外，天然油料中含有少量高级脂肪酸、蜡、色素等杂质，必须除去，除去杂质的过程称为油的精制。

（2）天然树脂。涂料中用的天然树脂有以下几种：

松香：是赤松树、黑松树等松树皮层分泌的松脂，是一种质脆硬、淡黄或黄褐色的透明固体树脂。熔点高于 70℃，酸值大于 160。松香一般不直接使用，而要制成衍生物，再与干性油一起熬炼制得漆料，应用性能才比较好。

虫胶：又名漆片、紫胶，为生长在热带地区树木上的一种昆虫分泌的物质，经过精制而成。主要成分为光桐酸酯。

生漆：又名大漆、土漆、天然漆，是中国特产，是从生长着的漆树上采集的树汁，一种乳白色黏性液体，经滤去杂质加工而成。

沥青：沥青有天然沥青、石油沥青和煤焦沥青。天然沥青又称地沥青，由沥青矿挖掘而得，漆膜黑亮坚硬。石油沥青是由石油减压蒸馏后的残油氧化而得。煤焦沥青是煤焦油加工过程中经过蒸馏去除液体馏分以后的残余物，一般室温下是一种黑色脆性块状固体。

蜡：蜡包括石蜡和地蜡。石蜡从石油经蒸馏至 300℃后的残油中提炼得到；地蜡是天然蜡状混合物。

（3）天然高分子化合物加工产品。用于涂料的天然高分子化合物加工产品主要包括纤维素衍生物和氯化天然橡胶。纤维素衍生物是由天然纤维素经过化学处理生成的纤维素酯或醚，其中硝酸纤维素酯应用最广，另有醋酸纤维素等。氯化天然橡胶是由天然橡胶降解后进行氯化而得。

（4）合成树脂。合成树脂是现代涂料成膜物质的主要来源，品种非常多。涂料中常用的合成树脂有聚乙烯树脂、聚丙烯酸酯树脂、环氧树脂、酚醛树脂、不饱和聚酯树脂、聚氨酯树脂、有机硅树脂、聚酰亚胺树脂、氨基树脂、醇酸树脂等。

2. 颜料和填料

颜料和填料根据功能可以分成着色颜料、体质颜料以及功能性颜料和填料三类。

（1）着色颜料。着色颜料使涂膜呈现色彩，增加涂膜遮盖力，提高机械强度、耐磨及耐腐蚀性等，有钛白、锌钡白、氧化锌、炭黑、金属颜料、有机颜料等。

（2）体质颜料。又称填料，体质颜料几乎无着色力，均为无色或白色的固体粒子，可配合其他颜料分散在漆料中，提高漆料浓度，增加漆膜厚度和保护能力，增进涂料黏附力，使涂膜易打磨，质感好，有高岭土、石棉粉、滑石粉、石英粉、碳酸钙、硫酸钡等。

（3）功能性颜料和填料。功能性颜料和填料使涂料具有特定功能。如防锈是一种常见的特殊功能，含有防锈颜料 Pb_3O_4、Fe_2O_3 等的涂料既能防锈，又可着色。隐形是国防军事中一项重要技术，用含有铁氧体等磁性填料的吸波涂料涂装飞行器可以帮助其隐形。

3. 助剂

涂料中助剂的作用是改善涂料性能，延长贮存期限，扩大应用范围，便于施工。可以根据要达到的效果添加相应的助剂。随着对涂料性能要求的不断提高，出现了各种各样的涂料助剂。

（1）增塑剂。增塑剂又称塑化剂，是高沸点液体或低熔点固体有机物，能改善树脂和橡胶等聚合物体系的流动性、柔韧性、耐寒性和抗震性。增塑剂要求光稳定性和热稳定性好、挥发性弱、耐介质作用好、与树脂相容性好，而且色浅、臭轻、毒性小。一般合成树脂和橡胶必须加入增塑剂才有好的应用性能。增塑剂和成膜物质混合后可以增加漆膜弹性和附着力。增塑剂可以分成非溶剂型增塑剂和溶剂型增塑剂。非溶剂型增塑剂常用邻苯二甲酸酯类（酯有二乙酯、二丁酯、二辛酯等）、磷酸酯类（酯有三苯酯、三甲酚酯、三丁酯等）等，最常见的品种是邻苯二甲酸二(2-乙基)己酯（DEHP 或 DOP）。溶剂型增塑剂是一些挥发性极弱的有机化合物，如蓖麻油、氧化石蜡。增塑剂向聚合物表面迁移，凝结成滴，被形象地称为"出汗"。

（2）催干剂。催干剂的作用是加速涂料干燥过程，缩短漆膜干燥时间。常用钴、锰、铅、铁、锌、钙等金属的氧化物、盐类和有机酸皂。催干剂混合使用比单独使用效果好。主要用于含双键的油性涂料。

（3）润湿剂和分散剂。润湿剂的作用是降低液体和固体间的界面张力，使固体表面易被润湿。分散剂的作用是促进固体粒子在液体中悬浮。润湿剂和分散剂主要是一些表面活性剂。如：磺酸盐类、聚丙烯酸盐类、聚氧乙烯醚类、卵磷脂类及低黏度硅油。

（4）流平剂。流平剂的作用是延长流平时间以控制涂膜平整度和致密性。溶剂型涂料常用 200# 汽油、甲苯、乙二醇醚等。在乳胶涂料中，流平剂又称为成膜助剂，是一些中沸点或高沸点的醇，如：乙二醇、丙二醇、己二醇、一缩二乙二醇、乙二醇乙醚、乙二醇丁醚醋酸酯、苯甲醇等，其作用是在涂膜干燥过程中减慢水的挥发速度，有利于形成连续完整的涂膜，对改善涂膜的流平性、附着力、耐洗刷性等均有帮助。由于成膜助剂具有水溶性，因此用量太多对干燥时间、贮存稳定性和涂膜耐水性有不良影响。

（5）增稠剂。增稠剂的作用是增加涂料稠度，以适应施工性能要求；帮助颜料分散，防止产生沉淀；防止聚合物粒子的凝结使涂料变质。增稠剂大多是水溶性高分子化合物。如：聚乙烯醇，羟甲基、羟乙基或者羟丙基纤维素，聚丙烯酸盐，聚甲基丙烯酸盐等。增稠剂由于具有水溶性而对涂膜的耐水性有不良影响。

（6）固化剂。固化剂的作用是帮助线型聚合物转变为体型聚合物而使涂膜固化，同时提高涂膜的耐热性、耐介质性和耐磨性。固化剂是能与涂料成膜物质发生化学反应的小分子或高分子化合物。

（7）紫外吸收剂。顾名思义，紫外吸收剂的作用是吸收紫外线，防止漆膜中的聚合物在阳光、灯光照射下发生分解，引起老化现象。涂料中常用的紫外吸收剂有 2-羟基-4-甲氧基二苯甲酮，水杨酸对-辛基苯基酯等。

（8）其他。涂料用助剂还有很多，如：

消泡剂：作用是减少泡沫和帮助泡沫消失。常用：磷酸三丁酯、高级脂肪酸、多聚丙二醇、松油醇、某些水溶性硅油、有机硅分散液、环氧乙烷和环氧丙烷嵌段共聚物。

防冻剂：作用是降低涂料冰点，防止涂料低温下结冰，帮助涂料低温下成膜。常用：乙二醇、丙二醇、甘油、一缩二乙二醇。

防结皮剂：作用是防止涂料贮存过程中表面形成不溶性的干燥皮膜，有丁醛肟、环己酮肟、甲乙酮肟、对苯二酚等。

抗静电剂：作用是使带电荷的漆膜迅速放电，防止静电聚积。例：长碳链季铵盐。

防霉剂：作用是防止乳胶涂料在贮存过程中以及涂膜在潮湿条件下发霉。常用：五氯酚钠、醋酸苯汞、有机锡化合物、氧化锌。

防锈剂：作用是防止乳胶涂料在涂刷时遇到钢铁表面产生锈斑。常用：亚硝酸钠、苯甲酸钠。

防沉淀剂：作用是防止涂料贮存过程中颜料沉底结块。常用：硬脂酸锌或硬脂酸铝、滑石粉、改性膨润土。

消光剂：作用是调整漆膜光泽。漆膜光泽随消光剂加入量增加而下降。常用：硬脂酸铝二甲苯溶液。

触变剂：作用是使涂料具有触变性，贮存时不易沉淀，涂饰时不易流坠，以获得需要厚度的均匀涂层。常用：硬脂酸铝、膨润土、低分子量的聚酰胺树脂。

4. 溶剂

溶剂是为便于施工、改善涂膜质量而加入的，最后全部挥发，不留在干结的涂膜中，故又称挥发组分。涂料中的溶剂可以分成三类。①真溶剂：真溶剂是能溶解成膜物质的溶剂。例：200$^{\#}$溶剂汽油（又称松香水）、二甲苯、甲苯等。②助溶剂：又称潜溶剂，本身不能溶解成膜物质，但在一定限度内与真溶剂混用，能代替部分真溶剂。例：乙醇、丁醇。③稀释剂：不能溶解成膜物质，也不助溶，在一定限度内与真溶剂、助溶剂混合使用，起稀释作用，因其价格便宜，可降低涂料成本。例：水。

涂膜固化（又称干燥）机理有物理和化学两种。在干燥过程中，成膜物质不发生变化，只靠涂料中液体的蒸发而得到干硬涂膜的过程称物理机理干燥。这类涂料必须是其中的聚合物即成膜物质在配制涂料时就已有足够大的分子量,当它失去溶剂后就能形成连续的、硬而不粘的膜,乳胶涂料的固化就是属于物理机理。化学机理干燥是指涂料中的组分与空气中的水或氧发生化学反应而固化,或者是涂料组分之间发生化学反应而固化。例:醇酸树脂涂料是通过吸收空气中的氧并与之反应而固化成膜的,有些聚氨酯涂料能靠吸收空气中的水分并与之反应而固化,双组分环氧树脂涂料和烘干型不饱和聚酯木器漆则需要涂料组分之间发生化学反应而固化。

6.2.3 涂料分类

涂料有多种分类方法:

(1)按介质情况可以分成溶剂型涂料、乳胶涂料和粉末涂料(无溶剂)。

(2)按是否含颜料可以分成清漆和色漆。

(3)按成膜物质可以分成油基漆、硝基漆、酚醛树脂涂料、醇酸树脂涂料、环氧树脂涂料、聚氨酯涂料等。

(4)按成膜机理可以分成非转化型涂料和转化型涂料。前者固化过程无化学反应;后者固化过程伴随化学反应。

(5)按涂层位置和作用可以分成底漆、腻子、面漆和罩光漆。

(6)按施工方法可以分成刷用漆、喷漆、烘漆和浸渍漆。

(7)按使用效果可以分成装饰涂料、防护涂料、专用涂料和特种涂料(导电、发光、防火等)。

(8)按漆膜外观可以分成有光漆、半光漆、无光漆、皱纹漆和垂纹漆。

(9)按使用对象或用途可以分成建筑涂料、汽车漆、船舶漆等。

6.2.4 涂料品种举例

以下介绍一些按成膜物质分类的涂料品种。

1. 聚醋酸乙烯酯涂料

以醋酸乙烯酯(代号 PVAc)的均聚物或共聚物为成膜物质的涂料。这类涂料常以水作稀释剂制成乳胶涂料,即由合成树脂以极细颗粒分散于水中形成的乳液,配以颜料、填料及助剂制成的涂料,又称乳胶漆。

聚醋酸乙烯酯均聚物乳胶涂料用于建筑物涂装,黏着性、耐光性和耐磨性较好,价廉、环保,但不耐水、不耐碱和气候作用。一个用于内墙的聚醋酸乙烯酯均聚物乳胶涂料的配方及其中各成分的作用如下所示:

[乳胶涂料配方]

成分名称	质量分数/%	成分作用
PVAc 乳液（固含量 45%）	46	成膜物质
六偏磷酸钠	0.6	分散剂
1,2-丙二醇	3	成膜助剂
钛白粉	15	白色颜料
滑石粉	3.5	体质颜料（填料）
碳酸钙	3.5	体质颜料（填料）
磷酸三丁酯	0.4	消泡剂
水	28	溶剂

通过与其他单体共聚，可以改善聚醋酸乙烯酯乳胶涂料的性能，聚醋酸乙烯酯共聚乳胶涂料有氯乙烯-醋酸乙烯酯乳胶涂料：防腐蚀性好；醋酸乙烯酯-顺丁烯二酸酯乳胶涂料：耐碱性比均聚乳液好，可用于外墙涂饰；醋酸乙烯酯-丙烯酸酯乳胶涂料：耐水、耐碱、耐光、耐候性比均聚乳液好，可用于内、外墙涂饰。

2. 醇酸树脂涂料

多元醇和多元酸进行缩聚反应，生成主链上含有酯基（—COO—）的大分子，这种大分子叫做聚酯。涂料工业中将主链上含有不饱和双键的聚酯称为不饱和聚酯，主链上不含有不饱和双键的聚酯称为饱和聚酯，而将脂肪酸和油脂改性的聚酯称为醇酸树脂。

醇酸树脂涂料是以醇酸树脂为成膜物质的涂料的总称，是典型的溶剂型涂料。醇酸树脂涂料从 20 世纪初开始生产，至今已成为应用最广的涂料之一。醇酸树脂是由多元醇、多元酸和脂肪酸反应而得的聚合物。多元醇有丙三醇、季戊四醇、乙二醇、新戊二醇、三羟甲基丙烷、山梨醇。多元酸有邻苯二甲酸酐、顺丁烯二酸酐、间苯二甲酸、对苯二甲酸、偏苯三甲酸。脂肪酸有亚麻酸、桐油酸，一般来源于植物油。工业生产中有时直接采用油类参与反应，如桐油、亚麻子油、妥尔油、豆油。

醇酸树脂涂料有许多优点：价格便宜、施工简单、对施工环境要求不高，涂膜丰满坚硬、具有良好的光泽、柔韧性、附着力、机械强度，保光性、耐溶剂性、耐候性、装饰性和保护性也比较好，且不易老化。但由于醇酸树脂中含有极性的酯基，所以涂膜的耐水性、防潮性和耐碱性欠佳。为了改善醇酸树脂的性能，可以用丙烯酸树脂、有机硅、苯乙烯或纳米粒子对醇酸树脂进行改性。

醇酸树脂涂料可以涂饰金属制品和木制品。用于汽车、机械、建筑、家具、家电、玩具等领域。以下是一款醇酸清漆的配方及其中各成分的作用：

[醇酸清漆配方]

成分名称	质量分数/%	成分作用
醇酸树脂（50%含量）	84	成膜物质
环烷酸钴	0.45	催干剂
环烷酸锌	0.35	催干剂
环烷酸钙	2.40	催干剂
溶剂汽油或二甲苯	12.8	溶剂

配制方法：按一定比例称好、搅拌混合均匀即可，外观：透明无杂质。

3. 环氧树脂涂料

环氧树脂涂料是以环氧树脂（含环氧基团的聚合物）为成膜物质的涂料的总称。最常用的为分子量为 400～4000 的双酚 A 型环氧树脂，室温下为黏稠液体或低熔点固体。环氧树脂涂料的固化通常需要加入固化剂（又称交联剂）来实现，固化剂有胺、酸酐、聚酰胺等低分子量合成树脂，它们直接参与交联反应而固化在涂膜中。

环氧树脂涂料有如下优点：①涂膜与基底的黏合力强；②收缩率小（小于2%），热膨胀系数小（一般为$6\times10^{-5}℃^{-1}$），尺寸稳定性好；③力学性能好；④耐酸性、耐碱性和耐溶剂性优良；⑤电绝缘性极佳。环氧树脂涂料也有一些缺点：①耐水性较差；②耐气候性较差，易粉化；③涂膜坚硬，作为底漆或腻子不易打磨。

环氧树脂涂料广泛应用于金属、玻璃、塑料、木材、水泥、织物的涂饰。

环氧树脂涂料有多种类型。胺固化环氧树脂漆，为双组分，一般用于大型设备，如油罐和贮槽内壁的涂装；环氧无溶剂漆，也是双组分，可用于油库、船舱、海洋设备的防腐蚀和保护层等；环氧粉末涂料，可用于冰箱、空调、微波炉、防盗门、家用热水器和防腐管道的涂饰。

粉末涂料是涂料中较新的品种，适合自动化生产，无溶剂，公害小，涂装效率高。但要求涂料能在交联温度以下熔融，冷却后易粉碎，室温贮存稳定，使用时在烘焙条件下又能熔融，到一定温度能交联固化。环氧粉末涂料是较早开发的品种，是粉末涂料的代表。环氧粉末涂料由环氧树脂、固化剂、颜料、填料以及其他助剂组成。环氧粉末涂料涂膜有优良的附着力、耐腐蚀性和耐气候性，抗冲击、耐磨，但配色比液体涂料困难，涂膜固化温度较高。为此又研制了聚酯-环氧粉末涂料，聚丙烯酸酯-环氧粉末涂料等，利用不同树脂的优点取长补短。

4. 丙烯酸树脂涂料

丙烯酸树脂涂料是以丙烯酸树脂为成膜物质的涂料的总称。丙烯酸树脂是由丙烯酸或甲基丙烯酸及其酯，以及其他共聚单体通过聚合反应得到的高分子化合物。做涂料成膜物质时通常采用一定比例的其他不饱和烯烃单体进行共聚，共聚单体有丙烯腈、丙烯酰胺、醋酸乙烯酯、苯乙烯等。还有的用氨基树脂、聚氨酯树脂、环氧树脂和多元醇聚合物等具有活性基团的聚合物对丙烯酸树脂进行交联。

丙烯酸树脂涂料自身颜色浅，因此加入颜料后色泽鲜艳，而且具有较好的保光性、保色性、耐热性和耐候性。丙烯酸树脂涂料比醋酸乙烯酯均聚物、共聚物乳胶涂料具有更好的耐水、耐碱和抗污染性，缺点是线型结构的热塑性丙烯酸树脂涂料涂膜耐溶剂性较差，而交联得到的热固性丙烯酸树脂涂料涂膜在高温固化后易脆裂，喷涂时有时会产生低光泽、拉丝结皮等现象。另外，丙烯酸树脂涂料单独使用时成本较高。

丙烯酸树脂涂料有多种类型。

（1）乳胶型丙烯酸树脂涂料是以水为介质进行乳液聚合得到的聚丙烯酸酯作为成膜物质的涂料。主要用于建筑材料、混凝土、木材、石材和墙壁的涂饰。

（2）溶剂型丙烯酸树脂涂料是以有机溶剂为反应介质进行溶液聚合所得的聚丙烯酸酯作为成膜物质的涂料，或将乳液聚合所得的聚丙烯酸酯溶于溶剂中制得的涂料。主要用于汽车、家用电器、铝制品和工业机械设备的涂装。

（3）无溶剂型丙烯酸树脂涂料，即粉末涂料。丙烯酸粉末涂料主要用作机器零件、汽车等金属防腐蚀涂料。

（4）辐射固化涂料，辐射源有紫外线（UV）、电子束、Co-60 等。辐射固化涂料的优点是低毒、低能耗、高速、高效。丙烯酸 UV 固化涂料由丙烯酸酯齐聚物、光引发剂（又称光敏剂）、颜料、填料和活性稀释剂组成。将上面成分混合均匀后涂敷，在一定功率的紫外灯下辐照即可固化。丙烯酸 UV 固化涂料已被广泛应用于光纤着色、免漆地板、各种印刷和集成线路板。

5. 有机硅涂料

有机硅涂料是以有机硅聚合物或改性有机硅聚合物为成膜物质的涂料，是元素有机聚合物涂料的主要品种。有机硅树脂的合成原料是氯硅烷（$R_xSiCl_yH_z$），$x+y+z=4$，$z\leqslant2$，R 为甲基（—CH_3），苯基（—C_6H_5），乙烯基（—$CH\!=\!CH_2$）。通过调节 R 与 Si 的比值，可得到不同性质的有机硅树脂，也可用醇酸树脂、环氧树脂、丙烯酸酯树脂等对有机硅树脂进行改性。

有机硅涂料有以下特点：①对金属、玻璃等表面有较好的黏附力；②有优良的耐高、低温性，在 200℃以上高温或–80℃左右的低温下仍有较好的柔韧性和抗冲击强度；③具有优良的耐潮湿性、耐水性、耐候性、抗污性、耐化学品腐蚀性和电绝缘性。但是，有机硅涂料常温下不易固化，一般需要高温烘烤成膜，而且价格较高。

有机硅涂料有多种用途：①橡胶、塑料、玻璃制品、造纸、食品工业中做脱模剂；②做炊具等的防粘涂料；③作为电器绝缘涂层；④用作锅炉烟囱、发动机排气管等的耐热涂层。

6.3 黏 合 剂

几千年以前，人类已用黏土、淀粉、松香、动物血等天然物质作黏合剂（adhesive）使用。中国是使用黏合剂最早的国家之一。北魏贾思勰著的《齐民要术》中就叙述了用动物皮"煮胶"的方法。较早人们使用天然橡胶和硝酸纤维素（俗称火棉）制作黏合剂，后来出现了淀粉及改性淀粉（包括氧化淀粉、交联淀粉、磷酸酯淀粉）黏合剂。进入 20 世纪，随着石油化工和高分子工业的发展，以聚合物为主要成分的合成黏合剂逐渐涌现。首先出现的是酚醛树脂、脲醛树脂和合成橡胶黏合剂；20 世纪 40～50 年代，不饱和聚酯、环氧树脂和聚氨酯树脂黏合剂问世，此后又出现了橡胶-树脂黏合剂，并成功用于黏接飞机部件；50 年代末出现了常温快速（几十秒）固化的氰基丙烯酸酯黏合剂；60 年代开发了厌氧胶、热熔胶等特种黏合剂。至今黏合剂几乎已渗透到现代社会的各个领域：航空航天、交通、建筑、机械制造、纺织、制鞋、装饰装潢、化工、农业、医疗和生活。我们熟悉的浆糊、胶水、橡皮膏都属于黏合剂。在建筑、装饰、装修过程中，黏合剂主要用于板材制造、墙面预处理、壁纸粘贴、墙地砖粘贴、地板和地毯铺设等方面，除了起到黏合作用以外，还能增加材料的防水性、密封性、弹性、抗冲击性等一系列性能，并且可以提高建筑装修效率和质量，增加室内环境的美观舒适感。我们居住的房屋从头顶上方的屋顶、脚下的地板、地砖，到房屋中的装饰和家具，到处都能发现黏合剂的踪迹。

6.3.1 黏合剂的概念和特点

黏合剂，又称胶黏剂或黏结剂，简称"胶"，俗称"胶水"，是指能够依靠与被粘材料在界面处的结合力把两个固体材料连接在一起，并在结合处密封，且有一定强度的媒介物质。这种结合力包括：物理结合力，有氢键、范德瓦尔斯力；化学结合力，有离子键、共价键、配位键；机械作用：有黏合剂固化后形成的"钉""根""钩""榫"。

黏合剂和黏接技术能得到迅速发展和广泛应用，主要是与传统连接方法（铆接、焊接、螺钉连接）相比，有许多突出的优点：

（1）黏接范围广大。黏合剂不但可以黏接相同和不同的材料，如纸张、织物、金属、陶瓷、木材，而且可以黏接传统方法不能黏接的材料，如玻璃和陶瓷等易碎物品、异形件、复杂构件、薄板、薄膜和微小制件。

（2）黏接工艺简单、操作效率高。用黏合剂黏接只需在一定条件下涂胶、固化即可，而涂胶和固化都可以机械化、自动化，因此操作效率大大提高。

（3）黏合件美观精致。用黏合剂黏接的接头光滑，应力分布均匀，不但不影响物件的原貌，而且可以塑制特定的造型，用黏合剂黏接而成的工艺品尤其是透明制品显得非常精致。

（4）黏合件重量轻、成本低。黏合剂一般密度为 $1.1\sim2$ g/cm^3，比传统连接方法中使用的螺钉等金属材料的密度小很多，而且用量少，因此可以大大减轻连接件的重量，而在航空航天领域，节重 1 kg，成本可以降低约 10 万元。

（5）改善和赋予连接件一定性能。例如用黏合剂和木材制造的胶合板比原木材具有更高的强度和更好的均匀性和美观性；用黏合剂黏结多层普通玻璃得到的安全玻璃与普通玻璃相比有更好的强度，且一旦受到强烈冲击不易碎裂，即使碎裂也不会产生锋利的碎片；而导电胶、绝缘胶分别能赋予黏接件导电或绝缘的性能。

当然，黏合剂也存在一些不足之处：

（1）黏接接头强度有待提高，一般为传统连接方法的 1/10～1/2；

（2）耐老化、耐热性欠佳，一般黏合剂使用范围为–60～350℃；

（3）有些黏合剂对胶合面处理要求高；

（4）黏接部位的无损伤质量检验法有待发展。

6.3.2　黏合剂的化学组成

黏合剂包括主体材料和辅助材料两大部分。主体材料，又称主剂、基料或黏料，是起黏合作用并使胶层有一定机械强度的物质。有三大类：

1）天然大分子

天然大分子有来自植物的淀粉、纤维素、单宁、阿拉伯树胶、天然橡胶等，和来自动物的骨胶、鱼胶、血蛋白胶、酪蛋白、紫胶等，以及天然存在的沥青。

2）合成高分子

合成高分子包括以下几类：

（1）热塑性树脂：热塑性树脂是加热可以熔化、冷却又可以固化，在溶剂中可以溶解、溶剂挥发又可以固化，而且过程可以反复进行的高分子，简称"可溶可熔"的树脂。可以作黏合剂主体材料的热塑性树脂有聚乙烯、聚丙烯、聚氯乙烯、聚醋酸乙烯酯、聚乙烯醇、聚乙烯醇缩醛、聚苯乙烯、α-氰基丙烯酸酯、热塑性聚酯、聚苯醚、聚苯硫醚等。

（2）热固性树脂：与热塑性树脂不同，热固性树脂是"不溶不熔"的树脂，即在溶剂中不能溶解，固化后加热也不会熔化。黏合剂主体材料常用的热固性树脂有酚醛树脂、环氧树脂、不饱和聚酯、聚丙烯酸酯、氨基树脂、聚氨酯等。

一些合成树脂既能作涂料的主要成膜物质，又能作黏合剂的主体材料。如：

聚醋酸乙烯酯树脂、聚丙烯酸酯树脂、聚氨酯树脂、环氧树脂、酚醛树脂等，这些高分子化合物在做涂料成膜物质和黏合剂主体材料时，虽然名称相同，但是一般在结构和性能上存在差别。

（3）聚合物合金，如酚醛-环氧树脂、环氧-聚酰胺树脂等。

（4）合成橡胶，主要有氯丁橡胶、丁苯橡胶、丁基橡胶、丁腈橡胶、异戊橡胶、聚硫橡胶、氯磺化聚乙烯橡胶、硅橡胶等。

（5）橡胶树脂复合物，如酚醛-丁腈胶、酚醛-氯丁胶、环氧-丁腈胶、环氧-聚硫胶等。

3）无机盐

用作黏合剂主体材料的无机盐主要有硅酸盐、磷酸盐、硼酸盐、低熔点的金属粉末等。

黏合剂中的辅助材料，又称助剂，作用是改善黏合剂性能，便于施工。有固化剂、稀释剂、增塑剂、偶联剂、填料、引发剂、增稠剂、防老剂、阻聚剂、稳定剂、络合剂、乳化剂、阻燃剂、发泡剂、消泡剂、着色剂和防霉剂等，概述如下：

1）固化剂

固化剂又称硬化剂或交联剂，是使线型高分子进一步进行化学反应转变成体型（又称网状）高分子，同时使黏合剂固化的助剂，有胺类、酸酐类等，其作用与上一节涂料中的固化剂相似。

2）稀释剂

是增加黏合剂的渗透能力，控制干燥速度，方便施工，延长黏合剂使用寿命的助剂，有活性稀释剂和非活性稀释剂之分。活性稀释剂参与固化反应，如环氧丙烷丁基醚；非活性稀释剂不参与固化反应，如：乙醇、水、乙二醇乙醚。

3）增塑剂

与上一节涂料助剂中增塑剂的作用和品种相似，用于增加黏合剂的流动性、柔韧性、耐寒性和抗震性。黏合剂中常用的增塑剂有邻苯二甲酸酯、磷酸三苯酯等。

4）偶联剂

能同时与极性物质和非极性物质产生一定结合力的化合物。偶联剂有时可与被黏物表面分子和黏合剂分子发生化学反应形成化学键，改善黏接强度，常用的偶联剂为有机酸、有机硅烷、钛酸酯、多异氰酸酯等。

5）填料

是增加黏合剂的抗冲击强度、电击穿强度、抗震性、耐磨性、耐热性、耐水性，降低固化收缩率和成本的助剂。常用的填料有金属粉（如铝粉）、氧化物粉（如 Fe_2O_3 粉）、石英粉（如 SiO_2 粉）、石墨粉、石膏粉、玻璃纤维、电木粉、磁粉。

6）其他辅助材料

如防老剂用于提高耐气候性；防霉剂用于阻止细菌繁殖；增黏剂用于增加黏度和黏附性；阻燃剂用于延缓和阻止燃烧等。

6.3.3　黏合剂分类

黏合剂按照外观形态可以分成溶剂型、乳液型、糊状、膏状和固体型黏合剂；按照固化方式可分为介质挥发型、聚合反应型、热熔型和压敏型黏合剂；按照应用目的可以分为结构型、非结构型和专用黏合剂；按照应用对象可以分成木材黏合剂、金属黏合剂、纸张黏合剂、鞋用黏合剂、手术用黏合剂等；根据主体材料化学成分可分为无机黏合剂和有机黏合剂。有机黏合剂又可以分为天然黏合剂和合成黏合剂。合成黏合剂还可以分为热塑性黏合剂、热固性黏合剂、聚合物合金黏合剂、合成橡胶黏合剂和橡胶树脂复合型黏合剂。其中合成黏合剂是品种最多、应用最广的黏合剂。

热塑性黏合剂是以热塑性树脂为主体材料，通过分散介质挥发（溶剂型、乳胶型）或溶体冷却（热熔型）而固化黏合的黏合剂。热塑性黏合剂的特点是初黏力较大，有一定的抗冲击强度和抗剥离强度，可反复进行胶接，使用方便；但耐热性不高，耐介质作用性差，在压力作用下会蠕变。因此，热塑性黏合剂一般用于黏接强度要求不太高，黏接后应用条件也不十分苛刻的场合，作非结构型黏合剂使用。例：一般性的金属、陶瓷、玻璃、塑料、纸张、木材、织物等的黏合。聚醋酸乙烯酯黏合剂、聚乙烯醇黏合剂、聚氯乙烯黏合剂、α-氰基丙烯酸酯黏合剂都是典型的热塑性黏合剂。

由含有反应性基团的中低分子量聚合物通过加热或加入固化剂交联成网状结构而达到黏接目的的黏合剂称为热固性黏合剂。热固性黏合剂易扩散润湿，黏结力强，机械性能、耐热性、耐介质作用性、抗蠕变性能好；但耐冲击、耐剥离强度、耐弯曲性差，固化后易收缩。热固性黏合剂是一类产量大、应用广的合成黏合剂，其中许多是性能优良的结构型黏合剂，用于黏接强度要求高，使用环境苛刻的场合。典型的热固性黏合剂有酚醛树脂黏合剂、环氧树脂黏合剂、氨基树脂黏合剂、聚丙烯酸酯树脂黏合剂、聚氨酯树脂黏合剂、硅橡胶黏合剂等。

6.3.4　黏合剂品种举例

黏合剂的品种非常多，下面主要介绍几种按照主体材料分类的有机合成黏合剂。

1. 聚醋酸乙烯酯黏合剂

聚醋酸乙烯酯黏合剂是以聚醋酸乙烯酯（代号 PVAc）均聚物或共聚物为主

体材料的黏合剂，是产量很大的热塑性黏合剂。共聚单体有：氯乙烯、丙烯酸、丙烯酸酯、顺丁烯二酸酯等。醋酸乙烯酯聚合生成聚醋酸乙烯酯均聚物的反应方程式可以表示如下：

$$n CH_2 = \underset{\underset{OCOCH_3}{|}}{CH} \longrightarrow \underset{\underset{OCOCH_3}{|}}{\left[CH_2 - CH \right]_n}$$

聚醋酸乙烯酯均聚物的合成反应方程式

聚醋酸乙烯酯黏合剂有乳液型和溶液型两种产品。其均聚物乳液黏合剂由聚醋酸乙烯酯乳液、增稠剂、增塑剂、填料、消泡剂和防腐剂组成，溶剂是水，廉价、低毒、黏接强度较好、耐老化，但耐水、耐热性欠佳，可加入乙二醛、氯化锌等适度交联进行改善。聚醋酸乙烯酯均聚物乳液黏合剂可以用于黏接木材、纸张等材料，加入共聚单体可以提高其黏接强度、耐水性和耐热性，扩大黏接范围，除了黏接木材和纸张以外，还可以黏接金属、塑料等。

2. 聚乙烯醇黏合剂

聚乙烯醇黏合剂是以聚乙烯醇（代号 PVA）及其衍生物为主体材料的黏合剂。由于乙烯醇本身不稳定，所以聚乙烯醇由聚醋酸乙烯酯水解制得。聚乙烯醇水溶液添加填料、增塑剂、防腐剂、熟化剂组成的黏合剂，又称合成胶水，无色透明，可以用于纸制品、织物、纤维板及日常黏接。聚乙烯醇的制备反应方程式如下所示：

$$\underset{\underset{OCOCH_3}{|}}{\left[CH_2 - CH \right]_n} \xrightarrow{水解} \underset{\underset{OH}{|}}{\left[CH_2 - CH \right]_n}$$

聚乙烯醇的制备反应方程式

商品聚乙烯醇有聚乙烯醇 1750、聚乙烯醇 1788、聚乙烯醇 1799 等不同品种，四个数字中的前两位表示平均聚合度（即方程式中的 n）的千位数和百位数，后两位表示酯基的水解程度，又称为醇解度，是指有多少百分比的酯基通过水解反应转变成了羟基。如 1788 表示聚合度为 1700，醇解度为 88%。

聚乙烯醇与甲醛反应可以得到聚乙烯醇缩甲醛，缩醛度为 50% 的水溶液，是市售牌号 106 胶黏剂和 107 胶黏剂的主要成分，曾经大量用于织物和木材的黏接，但由于其可能释放甲醛造成居室环境污染，已被禁止在家庭装修中使用。

缩醛度为 70%~80%，游离羟基为 17%~18% 的聚乙烯醇缩丁醛黏合剂，胶层柔软，本身强度较高，与玻璃的透明度及折射率相似，且能与玻璃很好地黏合，加入邻苯二甲酸酯和癸二酸酯作增塑剂，可以用于汽车安全玻璃制造等领域。

3. 酚醛树脂黏合剂

酚醛树脂黏合剂是以酚醛树脂为主体材料的黏合剂。酚醛树脂由酚与醛通过缩聚反应制得。酚有苯酚（最常用）、甲酚、二甲酚、间苯二酚、对叔丁酚；醛主要有甲醛（常用）和糠醛。控制酚和醛的摩尔比，并采用不同的催化剂，可得不同的酚醛树脂。在酸（如盐酸）催化下，控制酚、醛摩尔比大于 1 时，获得热塑性酚醛树脂，加入固化剂交联可转变成热固性酚醛树脂。在碱（如氨水或 NaOH）催化下，控制酚、醛摩尔比小于 1 时，可以直接获得热固性酚醛树脂。

酚醛树脂黏合剂有以下特点：发展早、产量大、价廉、黏接力强、电绝缘性好、耐热、耐老化，但不耐水，和其他黏合剂复合使用可以提高酚醛树脂的耐水性、附着性和黏接性。酚醛树脂黏合剂主要应用于木材加工和家具工业。酚醛树脂黏合剂还常用于跟硅树脂和橡胶制成强度好、耐高温的复合型黏合剂。

4. 氨基树脂黏合剂

氨基树脂黏合剂是以氨基树脂为主体材料的黏合剂。氨基树脂黏合剂一般由氨基树脂、固化剂和其他助剂组成。氨基树脂由含氨基的化合物和甲醛通过聚合反应得到。含氨基的化合物包括尿素、三聚氰胺、硫脲、苯胺等，主要的氨基树脂有脲醛树脂和三聚氰胺树脂。固化剂有有机酸和无机强酸的铵盐，如 20%的 NH_4Cl 水溶液。其他助剂有填充剂：木粉、大豆蛋白；防臭剂：间苯二酚、橡胶、尿素；防老剂：间苯二酚、硫脲；还有耐水剂、消泡剂等。

脲醛树脂是由尿素与甲醛通过缩聚反应而制成。脲醛树脂黏合剂由于制造简单、成本低、色浅、能防霉抗菌、需要的热压时间较短等优点，主要用于木材的黏接，在胶合板、刨花板、木工板、家具、夹心门等生产中用量很大。三聚氰胺树脂又称蜜胺树脂，其合成较脲醛树脂复杂，成本较高，但其黏合剂的耐水性、耐热性、耐化学药品性、耐磨性、硬度、光泽、电绝缘性等性能较脲醛树脂好，而且通过改性可以克服固化后胶层发脆的缺点，主要用于人造板饰面纸的浸渍、塑料贴面板装饰纸和表层纸的浸渍，固化后的三聚氰胺树脂无色透明，并且与木材、塑料等基底材料黏合得很好。

5. 丙烯酸酯类黏合剂

丙烯酸酯类黏合剂是以丙烯酸、甲基丙烯酸及其酯的均聚物或共聚物为主体材料的黏合剂。丙烯酸酯的共聚单体还有苯乙烯、丙烯腈、醋酸乙烯酯等。丙烯酸酯均聚物的合成反应可以表示如下：

$$n\text{CH}_2 = \text{CH} \longrightarrow \underset{}{\left[\text{CH}_2 - \text{CH}\right]_n}$$
$$\underset{\text{COOR}}{|} \qquad \qquad \underset{\text{COOR}}{|}$$

丙烯酸酯均聚物的合成反应方程式

丙烯酸酯、甲基丙烯酸酯和丙烯酸共聚物的合成反应可以表示如下：

$$m\text{CH}_2 = \text{CH} + n\text{H}_2\text{C} = \overset{\text{CH}_3}{\underset{|}{\text{C}}} + p\text{CH}_2 = \text{CH} \longrightarrow$$
$$\underset{\text{COOR}}{|} \qquad \qquad \underset{\text{COOR}}{|} \qquad \qquad \underset{\text{COOH}}{|}$$

$$\left[\text{CH}_2 - \text{CH}\right]_x \left[\text{CH}_2 - \overset{\text{CH}_3}{\underset{|}{\text{C}}}\right]_y \left[\text{CH}_2 - \text{CH}\right]_z$$
$$\underset{\text{COOR}}{|} \qquad \qquad \underset{\text{COOR}}{|} \qquad \qquad \underset{\text{COOH}}{|}$$

丙烯酸酯共聚物的合成反应方程式

丙烯酸酯类黏合剂有很多类型。溶液型丙烯酸酯黏合剂是聚丙烯酸酯的溶液，如聚甲基丙烯酸甲酯（PMMA）溶于氯仿、四氯化碳、苄甲基丙酮中的一种溶剂制成的溶液，或者是以丙烯酸酯类单体进行溶液聚合得到的聚合物溶液，它们可以用于有机玻璃及有机玻璃与金属等材料的黏接。用乳液聚合得到的聚丙烯酸酯乳液制成的乳液型丙烯酸酯黏合剂，可以用于黏接织物、薄膜，也可以用作建筑防水涂料、砖石胶黏剂和密封剂等。辐射固化型丙烯酸酯黏合剂，贮存条件下稳定，在光或电子束等辐射源辐射下可以快速固化。

丙烯酸酯厌氧胶是特殊的丙烯酸酯黏合剂，当它暴露于空气中时，由于氧气存在而阻碍聚合，不能固化，因此可以在空气中贮存。当施工后涂有厌氧胶的两个面贴在一起微加压力时，因排除了大部分空气，微量氧气的存在能促进胶层中产生自由基，发生聚合反应，从而很快固化黏合。厌氧胶可以用于车辆、机器上螺栓、柱销的锁紧和密封，轴承、齿轮的连接，工件的定位和工艺品的黏接。

α-氰基丙烯酸酯胶黏剂，俗称快干胶（或瞬干胶），是另一类特殊的丙烯酸酯黏合剂。其主要组成如下：

（1）α-氰基丙烯酸酯单体；

（2）增稠剂（胶本身太稀，因此加入一些高分子树脂粉）；

（3）增塑剂（提高韧性，常用磷酸三苯酯，邻苯二甲酸二丁酯）；

（4）阻聚剂（防止贮存时聚合）；

（5）稳定剂（SO_2，CO_2，P_2O_5，醋酸酮等）；

（6） 共聚单体（丙烯酸丙烯酯等，提高耐热性）。

α-氰基丙烯酸酯胶黏剂不用溶剂，使用时加少量水分（如空气中的水蒸气）催化，发生聚合反应，在室温下几秒至几分钟即可胶牢，固化速度快，使用方便。当要拆除时，将胶接物在丙酮、甲乙酮、二甲基甲酰胺、硝基甲烷中的一种溶剂中浸泡 30 分钟左右，即可拆除。α-氰基丙烯酸酯胶黏剂可用于一般要求的金属、塑料、橡胶、陶瓷、玻璃等的黏合，还可用于外科手术刀口皮肤的黏合。其通用品为 α-氰基丙烯酸乙酯胶黏剂，如国产牌号 502 胶黏剂，可用于胶接仪器、仪表、制作工艺品；而 α-氰基丙烯酸异丁酯或异辛酯胶黏剂属于医用品，如国产牌号 661 胶黏剂，由 α-氰基丙烯酸异丁酯、微量对苯二酚和微量二氧化硫组成，可用于黏接清洁、止血、消毒后的皮肤、血管和骨骼等。α-氰基丙烯酸酯的固化（即聚合）反应可以表示如下：

$$n CH_2 = \overset{\displaystyle CN}{\underset{\displaystyle COOR}{C}} \longrightarrow \left[CH_2 - \overset{\displaystyle CN}{\underset{\displaystyle COOR}{C}} \right]_n$$

α-氰基丙烯酸酯的聚合反应方程式

6. 环氧树脂黏合剂

环氧树脂是一个分子中含有两个以上环氧基、在适当试剂存在下能形成三维交联网状固化物的化合物的总称。有双酚 A 环氧树脂、丙烯酸环氧树脂、氨基环氧树脂等，其中，双酚 A 型环氧树脂产量最大、用途最广。环氧树脂黏合剂是以环氧树脂为主体材料的黏合剂。其特点是黏接强度好、耐介质性好、使用温度范围广（可制成耐高温或耐低温的黏合剂）、收缩率小、易用其他成分改性、黏接接头固化后可进行机械加工等，被广泛应用于航空、导弹、建筑、桥梁、农机、家具、化工、医疗等行业，用来黏接金属、陶瓷、塑料、玻璃、水泥、木材、纤维、皮革等多种材料，有"万能胶""大力胶"之称。

用作黏合剂主体材料的一般是相对分子质量为 300～700、软化点低于 50℃的低分子量环氧树脂，环氧树脂黏合剂的助剂有①固化剂，包括胺、酸酐、低分子量合成树脂、咪唑、无机盐、硼化合物等很多种类。固化剂一般在使用时才与环氧树脂按一定量混合均匀后及时使用。②固化促进剂，如苯酚、吡啶、三乙胺等，作用是加快固化反应，降低固化温度，缩短固化时间。③稀释剂：有非活性稀释剂，如丙酮、甲苯等；活性稀释剂，如乙二醇二缩水甘油醚。④增塑剂：有活性增塑剂，如液体丁腈橡胶；非活性增塑剂，如邻苯二甲酸二丁酯。⑤填充剂：如石棉、石英粉、TiO_2 等。以下是一例环氧树脂黏合剂（室温固化环氧胶 1#）的配方，该黏合剂可以用于金属、胶木、陶瓷、玻璃等的黏合。

[室温固化环氧胶 1# 配方]

成分名称	质量分数/%
环氧树脂	43.9
邻苯二甲酸二丁酯	8.8
二乙烯三胺或乙二胺	3.5
氧化铝粉 200 目	43.8

7. 聚氨酯树脂黏合剂

以多异氰酸酯和聚氨基甲酸酯（简称聚氨酯）为主体材料的黏合剂称聚氨酯树脂黏合剂。聚氨酯是具有氨基甲酸酯链的聚合物，由多异氰酸酯和多羟基化合物聚合而成。多异氰酸酯有 2,4（或 2,6-）甲苯二异氰酸酯（代号 TDI），1,6-己二异氰酸酯（代号 HDI），二苯甲烷-4,4′-二异氰酸酯（代号 MDI），萘-1,5-二异氰酸酯（代号 NDI），多亚甲基多苯基多异氰酸酯（代号 PAPI，或粗 MDI）等。另一原料多羟基化合物主要有聚酯多元醇和聚醚多元醇。聚氨酯用于黏合剂常要用固化剂固化。主体材料为端异氰酸酯基（NCO）时，常用的固化剂是含有活泼氢的化合物，包括水。

聚氨酯黏合剂种类有①多异氰酸酯类：单独使用或与橡胶共用，通过与被黏物中的羟基反应而固化。用于橡胶-金属、橡胶-纤维、塑料、皮革等的黏接。②双组分聚氨酯胶黏剂：甲组分为含异氰酸酯基的组分，乙组分为多羟基预聚物，这款黏合剂胶层软硬度可调，NCO 多，胶层硬；NCO 少，胶层软。双组分聚氨酯胶黏剂用量大，用途广，黏接强度高。③单组分聚氨酯胶黏剂：一种是潮湿固化型的异氰酸酯基的预聚物，可用水固化；另一种将异氰酸酯端基用苯酚等封闭后与多元醇混合，在加热时苯酚等封闭基团离去而释放 NCO，与多元醇反应，这种黏合剂使用方便，适应自动化黏接。

聚氨酯黏合剂的特点有①初黏力大，黏接力强，适用范围广，可用于机械、建筑、制鞋、服装、包装领域，黏接金属、陶瓷、玻璃、木材、皮革、纤维、塑料等；②可通过调节组分配比调节胶层硬度；③可在常温接触压下固化；④能耐低温：–250℃以下仍能保持较高的剥离强度及很好的抗剪切强度；⑤异氰酸酯基没被封闭的聚氨酯黏合剂毒性大，不能与水接触，施工时湿度不能太大，胶层强度不高，耐热性差，一般作非结构胶。

8. 氯丁橡胶黏合剂

氯丁橡胶黏合剂是以氯丁橡胶为基料的黏合剂，氯丁橡胶是由 2-氯丁二烯聚合得到的产物。氯丁橡胶黏合剂可以黏接橡胶、皮革、木材、织物、金属等材料，例如制鞋领域鞋帮和衬里的黏合；汽车工业中雨刮器、塑料门把、座垫、车顶、车底部位材料的黏接；建筑工业中混凝土与木质结构的黏接；还有胶布、雨具的制作、修补；大型帆布制品的黏接；乒乓球拍海绵和胶粒的黏接等。氯丁橡胶黏合剂与酚醛树脂黏合剂共用，有接触黏接的特点，可将部件快速黏接在指定位置上。2-氯丁二烯的聚合反应可以表示如下：

$$n CH_2 = CH - \overset{\displaystyle Cl}{\underset{\displaystyle |}{C}} = CH_2 \longrightarrow \left[CH - CH = \overset{\displaystyle Cl}{\underset{\displaystyle |}{C}} - CH_2 \right]_n$$

2-氯丁二烯的聚合反应方程式

9. 硅橡胶黏合剂

硅橡胶黏合剂是以硅橡胶为基料的黏合剂。用纯的 R_2SiCl_2（R 可以是相同或不同的烃基，主要是甲基）水解缩聚生成的线性弹性聚合物，称为硅橡胶。硅橡胶的化学结构式如下，其中不同的 R 基团可以给硅橡胶带来不同的性能。

$$\left[\overset{\displaystyle R}{\underset{\displaystyle R}{\overset{\displaystyle |}{\underset{\displaystyle |}{Si}}}} - O \right]_n$$

硅橡胶的化学结构式

硅橡胶黏合剂一般需要交联剂帮助固化，固化后的胶层有良好的耐热性、耐寒性、耐冲击性、耐振动性、耐化学（酸、碱、油）药品性和电绝缘性，但是力学性能较差，可以加入二氧化硅等材料补强。

硅橡胶黏合剂主要用途有各种电子元件及组合件的黏接、绝缘、防潮、防震和密封；飞行舱、仪器舱、船舱的密封；以及建筑材料的黏接和间隙部分的密封等。

6.4　涂料和黏合剂的潜在危害

随着涂料和黏合剂工业的发展，涂料和黏合剂新品种不断涌现，它们为社会发展和人民生活改善作出的巨大贡献有目共睹，但是与此同时，它们给环境带来的问题也不容忽视。

涂料和黏合剂中的聚合物、颜料、填料、固化剂、增塑剂、成膜助剂、溶剂、稀释剂、以及其他助剂都有可能释放有毒有害物质，如甲醛、甲基丙烯酸甲酯、苯乙烯、甲苯二异氰酸酯、乙二胺、间苯二胺、二甲基苯胺、苯、甲苯、三氯甲烷、四氯化碳、1,2-二氯乙烷、磷酸三甲酚酯、防老剂 D、煤焦油、石棉粉、石英粉、环烷酸钴、环烷酸铅等，这些物质可以分成挥发性有机化合物、低挥发性有机化合物、无机纤维或粉尘，以及重金属化合物。挥发性有机化合物是涂料和黏合剂环境问题的主要成因，居室中的污染有很大一部分来源于它。大多数挥发性有机化合物不但毒性很大，而且有刺激性气味，有些挥发性有机化合物还会在大气中发生光化学反应，产生新的有毒物质。这些物质都会严重污染大气，影响生物的生长和人类的健康，苯、间苯二胺等芳香族化合物具有致癌性，有些卤代烃会破坏大气臭氧层，引起一系列衍生的问题。像磷酸三甲酚酯、防老剂 D、煤焦油等低挥发性有机化合物，虽然不是主要通过挥发进入大气，但是会通过接触转移进入环境或人体，危害人体健康。磷酸三甲酚酯对肝脏和肾脏有很大的伤害作用，甚至可能致癌，防老剂 D 已被确认有致癌性。石棉粉、石英粉等无机纤维或粉尘非常细小，随风飞扬，通过呼吸道和毛孔进入人体，可积累在肺中，导致肺癌、支气管癌等。石棉引起的疾病潜伏期可长达 40 年之久，日本称石棉为"静静的定时炸弹"，长期吸入石棉粉会引起矽肺和肺癌。含有铅、铬、镉等重金属的填料、颜料或助剂对人体的危害也非常严重。在环境意识和健康意识日益提高的今天，对涂料和黏合剂的环保要求将愈加严格。

思 考 题

1. 砖的主要化学成分是什么？为什么有青砖和红砖？
2. 钢材的主要化学成分有哪些？
3. 不锈钢有哪些类型？各有什么特点？
4. 硅酸盐类水泥的主要原料和化学成分是什么？如何评价水泥的功过？
5. 什么是普通玻璃、石英玻璃、钢化玻璃、夹层玻璃和有机玻璃？各有什么特点？
6. 木材的特点和化学组成是什么？人造板材有哪些？
7. 黏合剂和涂料分别由哪些化学物质组成？
8. 新装修的居室中可能有哪些有害物质？

第7章

"行"中的化学

本章要点：介绍塑料、橡胶、汽油、柴油的化学组成、对人类的贡献及可能带来的问题。介绍汽车制动液、防冻液、玻璃防雾剂、汽车清洗剂、汽车上光蜡等汽车用化学品。

在现代社会中，无论是上班工作、外出求学、出门旅游，还是走亲访友，除了少数情况依靠步行以外，大都需要借助于交通工具，如飞机、火车、轮船、长途汽车、公交车、家用汽车等。可以说轮子和机翼载着现代社会和人们的生活飞速发展，同时交通工具本身也因此得到了快速发展。交通工具的发展与化学工业密不可分。化学原理和化学品的使用贯穿于交通工具的制造、使用、维护保养，直至报废回收全过程。在常用的各种交通工具中，家用汽车以其方便、快捷和舒适受到很多人，尤其是上班族的青睐，成为交通运输大军中的主力，下面以其为例展示"行"与化学的密切关系。

（1）汽车的制造：汽车生产需要用到各种材料，除钢材以外，塑料是重要的汽车结构材料和装饰材料，如顶棚、保险杠、防护板、信号灯罩、门内衬、仪表盘、方向盘等的主要材料都是塑料。橡胶更是汽车中化学品的鼻祖。橡胶轮胎是汽车工业中的中流砥柱和常青树，汽车管路、减震材料、密封件等的主要材料都是橡胶。另外，在汽车上各个连接部位，随处可觅各种黏合剂的踪迹，而汽车的外衣——车身涂料既能保护汽车，又能赋予汽车靓丽的外表。

（2）汽车的使用：目前汽车行驶的主要动力仍是由石油化工生产的汽油和柴油，而保证各部分灵活协调工作还需各种润滑材料，它们也都是化学物质。

（3）汽车的维护保养：用于汽车养护的化学品种类繁多。按功能可分为清洁类（对汽车某一系统、部位或总成进行免拆清洗）、保护类（对汽车部件、某一部位或总成起到保洁、防腐、防锈作用，延长其使用寿命）、促进类（添加到燃油中，可改善燃油性能, 促进燃油燃烧, 提高燃烧效率, 节省燃油, 增强发动机动力, 减少污染排放)、止漏类 (添加到冷却系统、润滑系统或变速箱中, 可防止其中液体的渗漏)、修复类 (添加到润滑油中, 可改善润滑油的性能, 减少发动机摩擦阻力, 延长发动机使用寿命) 等。按养护部位可分为 16 大类, 分别用于发动机润滑系统、冷却系统、引擎舱系统、燃油系统、进排气系统、皮带系统、转向系统、变速箱系统、行驶系统、刹车系统、空调系统、发动机系统、防盗系统、车窗系统的养护, 以及车身精细保养和全车防锈。

（4）汽车的报废：报废的汽车先拆解, 分出有用的零部件, 然后进入破碎中心, 用不同设备进行破碎后, 分选出塑料、橡胶、铁质金属、非铁质金属 (如铜、铝)、海绵及灰尘。金属送冶炼厂回收利用, 塑料和橡胶分别送到塑料厂和橡胶厂处理、回收、再利用。例如废塑料经热裂解制得燃料油、燃料气, 甚至深度分解成合成塑料高分子时的原料单体。废橡胶脱硫、解交联, 转变为线型可塑结构后制成再生胶片, 也可以高温热分解或催化裂解, 回收小分子化学品和炭黑等。

本章主要介绍交通工具中的重要材料塑料与橡胶, 交通工具最主要的驱动能源汽油和柴油, 以及一些重要的汽车用化学品。

7.1 塑 料

轻量化、绿色环保、舒适安全, 是未来汽车材料发展的三大主题。而轻量化的关键就是汽车材料的塑料化。目前发达国家汽车的平均塑料用量为 190 kg/辆。美国、日本汽车平均塑料用量约占汽车自重的 13%, 德国约占 15%, 中国汽车塑料用量约占汽车自重的 8%。汽车工业发达国家已将汽车塑料用量作为衡量现代汽车设计与制造水平的一个重要标志。

7.1.1 塑料的概念和组成

塑料 (plastic) 是一种以天然或合成的高分子化合物 (或称树脂) 为主要成分, 在一定的温度和压力条件下, 可塑制成一定形状, 当外力解除后, 在常温下仍能保持其形状不变的材料。塑料是重要的有机合成高分子材料, 在前面黏合剂和涂料中讨论的高分子化合物很多都可以作为塑料的主要成分。我们通常所用的塑料并不是一种纯物质, 而是由作为主要成分的树脂和各种辅助材料, 如填料、增塑剂、润滑剂、稳定剂、着色剂、抗静电剂等组成的一个混合体系。树脂可占塑料总重量的 40%～100%。有些塑料基本上是合成树脂, 不含或只含少量添加剂, 如有机玻璃、聚苯乙烯塑料等。合成树脂进行成型加工时, 为了改善加工性能或树脂本身性能需要添加的一些辅助材料, 称为塑料助剂或塑料添加剂。塑料助剂种类繁多, 有一些特别重要, 例如增塑剂、稳定剂和填料。

1）塑料增塑剂

塑料增塑剂，与第6章涂料助剂中的增塑剂具有相似的作用和品种，用于增加塑料的可塑性和柔软性，降低塑料脆性，使塑料易于加工成型。例如，为了降低聚氯乙烯树脂的成型温度，同时使制品柔软必须要添加增塑剂。不但如此，增塑剂还可以调节塑料制品的软硬度，例如生产聚氯乙烯塑料时，若加入较多的增塑剂便可得到软质聚氯乙烯塑料，若增塑剂用量小于10%，则得到硬质聚氯乙烯塑料。塑料中最常用的增塑剂是邻苯二甲酸酯类。

2）塑料稳定剂

塑料稳定剂是指保持塑料稳定，防止其分解、老化的化学品，如光稳定剂和热稳定剂。常用的有硬脂酸盐、环氧树脂等。为了防止合成树脂在加工和使用过程中受光和热的作用分解和破坏，延长塑料制品的使用寿命，要在塑料中加入稳定剂。有些塑料的热分解温度与成型加工温度非常接近，不加入热稳定剂就无法成型，无法做成有应用价值的产品。

3）塑料填料

塑料填料又叫填充剂，它可以提高塑料的强度和耐热性能，并降低成本。例如酚醛树脂中加入木粉后可大大降低成本，使酚醛塑料成为廉价的塑料之一，同时还能显著提高机械强度。填料可分为有机填料和无机填料两类，前者如木粉、碎布、纸张和各种织物纤维等，后者有玻璃纤维、硅藻土、石棉、炭黑等。填充剂在塑料中的含量一般控制在40%以下。

其他塑料助剂还有赋予塑料颜色的着色剂；减少塑料静电的抗静电剂；为了制备质量轻、抗震、隔热、隔音的泡沫塑料而要添加的发泡剂；防止塑料在加热成型或在高温使用过程中受热氧化而变黄、开裂的抗氧剂等。

7.1.2 塑料的分类

1. 按照树脂化学结构分类

塑料可以按照不同标准进行分类，其中按照树脂的化学结构分类既能体现塑料的主要化学成分，又比较系统。按此方法分类的塑料品种及其回收标识等信息见表7-1。

表7-1 按树脂化学结构分类的塑料品种及其回收标识等信息

树脂中英文名称	树脂代号	回收标识	备注
聚乙烯 polyethylene	PE		
高密度聚乙烯 high density polyethylene	HDPE	02	可用于清洁用品包装容器等

续表

树脂中英文名称	树脂代号	回收标识	备注
低密度聚乙烯 low density polyethylene	LDPE	04	可用于保鲜膜等塑料薄膜等
线性低密度聚乙烯 linear low density polyethylene	LLDPE		
聚丙烯 polypropylene	PP	05	可用于热水杯、微波炉餐盒等
聚氯乙烯 polyvinyl chloride	PVC	03	用途广,但很少用于食品包装
聚苯乙烯 polystyrene	PS	06	可用于碗装泡面盒、快餐盒等
通用级聚苯乙烯 general purpose polystyrene	GPPS		
聚苯乙烯泡沫 expansible polystyrene	EPS		
耐冲击性聚苯乙烯 high impact polystyrene	HIPS		
苯乙烯-丙烯腈共聚物 styrene-acrylonitrile copolymer	AS 或 SAN		
丙烯腈-丁二烯-苯乙烯共聚物 acrylonitrile-butadiene-styrene copolymers	ABS		
聚甲基丙烯酸甲酯 polymethyl methacrylate	PMMA		俗称有机玻璃或亚克力
乙烯-醋酸乙烯酯共聚物 ethylene-vinyl acetate copolymer	EVA		
聚对苯二甲酸乙二醇酯 polyethylene terephthalate	PET	01	简称聚酯,可用于矿泉水瓶、碳酸饮料瓶等
聚对苯二甲酸丁酯 polybutylene terephthalate	PBT		
聚酰胺 polyamide	PA		主要为尼龙 6 和尼龙 66(Nylon 6,Nylon 66)
聚碳酸酯 polycarbonate	PC	07	可制作水杯、奶瓶等
聚甲醛 polyacetal	POM		
聚苯醚 polyphenyleneoxide	PPO		
聚亚苯基硫醚 polyphenylenesulfide	PPS		简称聚苯硫醚
聚氨基甲酸酯 polyurethane	PU		简称聚氨酯

美国塑料工业协会(Society of Plastics Industry,SPI)制定了塑料制品使用的塑料种类的回收标志代码,由在三个箭头组成的代表循环的三角形中间加上数字

构成，他们将三角形的回收标记附于塑料制品上，并用数字 1～7 和英文缩写来指示塑料所使用的树脂种类。这样一来，塑料品种的识别就变得简单而容易，回收成本大幅度下降。现在许多国家都采用了这套 SPI 的标识方案。中国自 1996 年开始实行的《塑料包装制品回收标志》与之相似。现在常见的标识有两种形式，一种在三个箭头内的数字前面有"0"，如图 7-1 所示，另一种三个箭头内只有数字 1 到 7，如图 7-1 下面文字所述，两种标识中的数字含义相同，对应表 7-1 中的树脂。

图 7-1　塑料回收标志

资料来源：https://zhidao.baidu.com/question/1577557221105470020.html

中的"1"代表聚对苯二甲酸乙二醇酯（PET）树脂。常见于矿泉水瓶、碳酸饮料瓶的瓶身或瓶底，这种瓶子又被称为宝特瓶，超过 70℃易变形，有对人体有害的物质释出。1 号塑料瓶用了 10 个月后，可能释放出增塑剂邻苯二甲酸二(2-乙基)己酯（DEHP 或 DOP），具有致突变性和致癌性。因此，这种瓶要避免晒太阳、装酒或油等物品，也不要长期或重复使用。

中的"2"代表高密度聚乙烯（HDPE）树脂。这个标识常见于白色药瓶、清洁用品、沐浴产品的包装上。用这种塑料制作的容器无法彻底清洁，因此不要循环使用，更不能用来做水杯，或者用来做存储食物的容器。

中的"3"代表聚氯乙烯（PVC）树脂。常用来制造雨衣、建材、塑料膜、塑料盒等。可塑性优良，价钱便宜，故使用很普遍，只能耐热 81℃。高温时容易产生有毒物质，很少用于食品包装。用 PVC 树脂制作的容器难以清洗干净，盛装与人体直接接触物品的包装或容器不要循环使用。

中的"4"代表低密度聚乙烯（LDPE）树脂。可用于制作保鲜膜等塑料薄膜。温度超过 110℃时会发生热熔。用保鲜膜包裹食物加热，食物中的油脂很容易将保鲜膜中的有害物质溶解出来。因此，食物入微波炉前先要取下包裹着的保鲜膜。

♻ 中的"5"代表聚丙烯（PP）树脂。常见豆浆瓶、优酪乳瓶、果汁饮料瓶、水杯、微波炉餐盒。PP 树脂熔点高达 167℃，是唯一可以放进微波炉加热的塑料容器，并且可在仔细清洁后重复使用。需要注意，有些微波炉餐盒，盒体以5 号（PP）塑料制造，但盒盖却以 1 号（PET）塑料制造，由于 PET 不能耐受高温，故不能与盒体一并放进微波炉。

♻ 中的"6"代表聚苯乙烯（PS）树脂。常见于碗装泡面盒和快餐盒，它们不能放进微波炉中加热，也要避免用快餐盒打包滚烫的食物，以免因温度过高而释放出有毒化学物质。另外，聚苯乙烯塑料制成的容器装酸性和碱性物质后，也会释放出有毒化学物质。

♻ 中的"7"代表聚碳酸酯（PC）树脂。常见于水壶、太空杯、奶瓶，这种材质的容器使用过程中很容易释放出对人体有害的物质，使用时应避免加热。

2. 按照树脂特点分类

按树脂特点，可以分成热塑性塑料和热固性塑料。热塑性塑料由线型高分子制成，加热时能熔融，且能溶解在合适的溶剂中，强度、硬度和脆性较小，可以重复塑造使用，如聚乙烯、聚丙烯、聚苯乙烯、聚氯乙烯、聚甲醛、聚酰胺、聚碳酸酯、丙烯腈-丁二烯-苯乙烯共聚物等树脂制成的塑料。热固性塑料由体型高分子制成，加热时不能熔融，且不能溶解在溶剂中，强度、硬度和脆性较大，无法重新塑造使用，如酚醛树脂、环氧树脂、聚氨酯树脂、不饱和聚酯树脂（UP）、脲醛树脂（UF）、硅树脂（SI）等制成的塑料。

3. 按照塑料的使用特性分类

根据塑料不同的使用特性，可以将塑料分为通用塑料、工程塑料和特种塑料三种类型。

1）通用塑料

通用塑料一般是指产量大、用途广、成型性好、价格便宜的塑料，如聚乙烯、聚丙烯、聚氯乙烯、聚苯乙烯，它们的性能及用途如下：

（1）聚乙烯：聚乙烯可分为低密度聚乙烯（LDPE）、高密度聚乙烯（HDPE）和线性低密度聚乙烯（LLDPE）。三者当中，HDPE 有较好的热性能、电性能和机械性能，而 LDPE 和 LLDPE 有较好的柔韧性、抗冲击性、成膜性等。LDPE 和LLDPE 主要用于包装用薄膜、农用薄膜、塑料改性等，而 HDPE 可用于薄膜、管材、医用器材、日用品等多个领域。

（2）聚丙烯：聚丙烯品种主要有均聚聚丙烯（PPH），嵌段共聚聚丙烯（PPB）和无规共聚聚丙烯（PPR），均聚聚丙烯主要用在拉丝、纤维、薄膜等领域，共聚聚丙烯主要用于家用电器、注射产品、管材等，无规共聚聚丙烯主要用于透明制品和高性能管材等。

（3）聚氯乙烯：由于其成本低廉，产品具有自阻燃的特性，故在建筑领域里用途广泛，尤其是下水道管材、塑钢门窗、板材、人造皮革等。

（4）聚苯乙烯：属于通用塑料的普通聚苯乙烯透明度高，质地脆硬，常作为透明材料用于汽车灯罩、日用透明件、透明杯、罐等。

2）工程塑料

工程塑料一般指能承受一定外力作用，具有良好的机械性能，耐高、低温性能，以及耐腐蚀性能，尺寸稳定性较好，可以用作工程结构的塑料，有些可替代金属材料。工程塑料又可分为通用工程塑料和特种工程塑料两大类。通用工程塑料包括：聚酰胺、聚甲醛、聚碳酸酯、改性聚苯醚、热塑性聚酯、超高分子量聚乙烯等。特种工程塑料有聚氨基双马来酰胺、聚三嗪、交联聚酰亚胺、耐热环氧树脂、聚砜、聚醚砜、聚苯硫醚、聚醚醚酮（PEEK）等。工程塑料广泛应用于电子电气、汽车、建筑、办公设备、机械、航空航天等行业，以塑代钢、以塑代木已成为国际流行趋势，其中的"塑"便是工程塑料。

丙烯腈-丁二烯-苯乙烯共聚物（ABS）塑料是一种用途广泛的工程塑料，具有杰出的物理、机械和热性能。坚韧、有光泽、有刚性，广泛用于洗衣机、空调、冰箱、电扇等家用电器的面板、面罩、组合件和配件。

3）特种塑料

特种塑料一般是指具有特种功能，可用于航空、航天等特殊应用领域的塑料。如氟塑料和有机硅塑料具有突出的耐高温、自润滑等特殊性能；增强塑料和泡沫塑料具有高强度、高缓冲性等特殊性能，这些塑料都属于特种塑料的范畴。增强塑料按材质可分为布基增强塑料（如玻璃布增强或石棉布增强塑料）、无机矿物填充塑料（如石英或云母填充塑料）、纤维增强塑料（如玻璃纤维或碳纤维增强塑料）三种。泡沫塑料可以分为硬质、半硬质和软质泡沫塑料三种。硬质泡沫塑料没有柔韧性，压缩硬度很大，只有达到一定应力值才产生变形，应力解除后不能恢复原状；软质泡沫塑料富有柔韧性，压缩硬度很小，很容易变形，应力解除后能恢复原状，残余变形较小；半硬质泡沫塑料的柔韧性和其他性能介于硬质与软质泡沫塑料之间。硬质泡沫塑料可做热绝缘材料、隔音材料、保温材料、漂浮材料及减震包装材料；软质泡沫塑料主要做衬垫材料，泡沫人造革等。几乎各种塑料均可做成泡沫塑料，但常用的泡沫塑料有聚氨酯、聚苯乙烯、聚氯乙烯、聚乙烯、酚醛树脂泡沫塑料等，其中聚苯乙烯泡沫塑料是使用最多的一种缓冲材料。

4. 汽车用塑料

就全世界范围而言，轿车塑料用量为整车重量的10%左右，应用部位遍及全车。表 7-2 中列出了不同树脂制成的塑料及其在汽车上的具体用途。

表 7-2　汽车用塑料的名称及应用部位

塑料名称	应用部位
聚乙烯塑料	汽油箱、挡泥板、转向盘、各种液体储罐、车厢内饰件以及衬板等
聚丙烯塑料	顶盖和玻璃边饰、转向盘、仪表板、保险杠、加速踏板、通风采暖装置、发动机配件及外装件、蓄电池壳、空气过滤器、风扇及护罩、散热器隔栅、分电器盖、灯壳等
聚氯乙烯塑料	汽车座垫、侧围保护饰件、顶盖内衬、车门内饰层及其他装饰覆盖件和电线包皮等
聚甲基丙烯酸酯塑料	灯玻璃类
聚对苯二甲酸丁二醇酯塑料、聚对苯二甲酸乙二醇酯塑料	通风隔栅、前挡泥板延伸部分、灯座、车牌支架、分电器盒盖、点火线圈、开关、插座、风扇、雨刮杆、油泵叶轮和壳体、各种手柄等
聚酰胺塑料	燃油过滤器、空气过滤器、机油过滤器、齿轮、水泵壳、水泵叶轮、风扇、制动液罐、动力转向液罐、雨刮齿轮、前大灯壳、百叶窗、轴承保持架、速度表齿轮等
聚碳酸酯塑料	保险杠、刻度板、加热器底板
聚甲醛塑料	排水阀门、空调阀门、水泵叶轮、暖风器叶轮、油泵叶轮、行星齿轮、半轴垫片、钢板弹簧、吊耳衬套、轴承保持架、电器开关和电器仪表上的小齿轮、各种手柄及门销等
聚氨酯塑料	汽车座垫、扶手、头枕、保险杠、仪表板、挡泥板、前端部、发动机罩等
ABS 树脂塑料	散热器护栅、护栅饰层、行李箱饰层、尾面板饰层、驾驶室仪表盘、控制箱、装饰类、灯壳、嵌条等
酚醛树脂塑料	制动衬片、离合器摩擦片、分电器盖等

　　汽车用塑料按照用途可分为汽车外装件用塑料、汽车内装件用塑料和车用工程塑料。汽车外装件用塑料是指用于保险杠、散热器格栅、侧防撞条、后导流板、各种车用灯具、车用玻璃饰边，以及车门把手、雨刮、门锁等车身附件的塑料。汽车内装件用塑料是指用于转向盘、仪表板、门内板、座椅、顶棚，及其他盖板、行李箱等的塑料。车用工程塑料是指用于车身、动力和底盘系统，以及防碰撞安全系统的塑料。

　　汽车轻量化的发展方向推动着汽车用塑料的发展和新产品的诞生，例如美国聚合物集团公司（Polymer Group Inc.，PGI）采用可再生的聚丙烯和聚对苯二甲酸乙二醇酯制造了一种新材料，该材料具有质轻、吸声、高强度等特点，应用于车身、轮舱衬垫、汽车门板、汽车零部件和仪表板等部分，能产生屏障层，吸收汽车车厢内的声音，从而减少 25%～30%的汽车内噪声，该材料未来可扩展至办公室、影剧院等需要吸声材料的场所。

7.1.3 塑料的特性和应用

1. 塑料的特性

塑料既有显著的优点又有明显的缺点。塑料的优点主要有以下几个方面：

（1）大多数塑料质轻、防水、不会锈蚀；

（2）具有较好的耐冲击性和耐磨耗性；

（3）绝缘性好、导热性低；

（4）成型性、着色性好，制造和加工成本低。

塑料的缺点有

（1）大部分塑料耐热性差，热膨胀率大，易燃烧，燃烧时产生有毒气体，例如聚苯乙烯燃烧时会产生甲苯，聚氯乙烯燃烧会产生氯化氢；

（2）有些塑料不耐有机溶剂腐蚀；

（3）尺寸稳定性差，容易变形；

（4）多数塑料耐低温性差，低温下变脆，容易老化。

塑料的老化是指塑料制品在使用一定时间后，产生褪色、变色、变脆、龟裂、脱落、粉化等现象。引起塑料老化的因素有内部因素和外部因素。内部因素主要是树脂含有不饱和键、残留催化剂等。外部因素很多，有光、热、氧气、酸和碱等化学物质，湿度，电流，电压，机械力，微生物，加工工艺，添加剂流失等。图 7-2 是一张老化碎裂的塑料路灯罩的照片。

图 7-2　老化的塑料路灯罩

（5）难降解，不容易回收，有污染。比如动物园的猴子、鹈鹕、海豚等动物，会误吞游客随手丢弃的塑料袋，最后由于无法消化而痛苦地死去；远眺美丽纯净的海面上，走近了看，其实漂了很多无法为海洋所容纳的塑料垃圾，在多只死去的海鸟样本的肠子里，发现了多种无法被消化的塑料。"白色污染"主要是由废弃塑料带来的。

2. 塑料的应用

尽管塑料存在诸多缺点，但是塑料工业是国民经济的重要基础产业之一，塑料是改变世界的三大合成材料（合成纤维、合成塑料和合成橡胶）之一，在工业、农业、交通运输、国防工业、医疗卫生、日常生活各个方面，塑料为我们提供了形形色色的各种桶、盆、管、板、带、线、膜，以及零部件。

随着科学技术的发展，对塑料性能的改进能使塑料扬长避短。希望不远的将来，通过改性后的塑料可以有更多更广的应用，甚至可代替钢铁材料而又不再污染环境。已有实例说明这种愿望正在逐步实现。

实例之一是新型防弹塑料。墨西哥的一个科研小组 2013 年研制出一种新型防弹塑料，用它制作的防弹玻璃和防弹服，质量只有传统材料的 1/5～1/7。这是一种经过特殊加工的塑料，这种新型塑料可以抵御直径 22 mm 的子弹。通常的防弹材料在被子弹击中后会出现受损变形，无法继续使用。这种新型材料受到子弹冲击后，虽然暂时也会变形，但很快就会恢复原状并可继续使用。此外，这种新材料可以将子弹的冲击力均匀分散，从而减少对人体的伤害。

实例之二是塑料血液。英国谢菲尔德大学的研究人员开发出一种人造"塑料血"，外形就像浓稠的糨糊，只要将其溶于水后就可以给病人输血，可作为急救过程中的血液替代品。这种新型人造血的主要成分为高分子，一块人造血中有数百万个高分子，这些分子的大小和形状都与血红蛋白分子类似，还含有二价铁离子，可以像血红蛋白那样把氧气输送到全身。由于制造原料是塑料，因此这种人造血轻便易带，不需要冷藏保存，使用有效期长，而且造价较低。

实例之三是能吃塑料的黄粉虫（图 7-3）。2015 年北京航空航天大学杨军教授研究组、深圳华大基因公司赵娇博士等在环境学科领域的权威期刊 *Environmental Science*

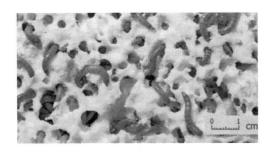

图 7-3　正在吃塑料的黄粉虫

资料来源：http://www.lzbs.com.cn/wswz/2015-11/26/content_4263794.htm

& *Technology* 上合作发表了两篇研究论文，证明了黄粉虫（又称面包虫）的幼虫可降解聚苯乙烯这类最难降解的塑料。杨军教授通过研究发现 100 只黄粉虫每天可以吃掉 34～39 mg 的泡沫塑料。"塑料在黄粉虫肠道快速生物降解，揭示了丢弃在环境中塑料废物的新命运。"杨军教授如是说。

7.2 橡 胶

从前面的叙述中我们可以看到塑料对汽车的重要性，从本节介绍我们将看到另一类合成高分子材料——橡胶在交通工具中的重要性绝不亚于塑料。那么什么是橡胶呢？

7.2.1 橡胶的概念及结构

橡胶（rubber）是具有可逆形变的高弹性高分子化合物加工后制成的具有弹性、绝缘性，不透水和空气的材料。橡胶在室温下富有弹性，在很小的外力作用下能产生较大形变，除去外力后能恢复原状。合成橡胶也是三大合成材料之一。

橡胶在做成制品的过程中要添加多种化学物质，称为橡胶助剂。包括：

（1）橡胶硫化助剂，包括硫化剂（又称交联剂）、促进剂、活化剂和防焦剂等；

（2）橡胶防护助剂，包括抗氧剂、光稳定剂、紫外线吸收剂、有害金属抑制剂、防霉剂等；

（3）橡胶补强助剂，包括炭黑、白炭黑（化学成分 $SiO_2 \cdot nH_2O$）、金属氧化物、无机盐、树脂等；

（4）橡胶黏合助剂，是一些黏合剂；

（5）工艺操作助剂，包括塑解剂、增溶剂、增塑剂、软化剂、润滑剂、分散剂、增黏剂、隔离剂、脱模剂等；

（6）特殊助剂，包括着色剂、发泡剂、消泡剂、增稠剂、湿润剂、乳化剂、稳定剂、防腐剂、阻燃剂、抗静电剂和芳香剂等。

橡胶有三种结构：

（1）线型结构：是未硫化橡胶的普遍结构。由于分子量很大，无外力作用时，大分子链呈无规卷曲线团状，有外力作用时线团受压紧缩，纠缠度增大，撤除外力，线团的纠缠度减小，分子链发生反弹，产生强烈的复原倾向，这便是橡胶高弹性的由来。

（2）支链结构：橡胶大分子链的分支即支链。支链的聚集会形成凝胶，凝胶对橡胶的性能和加工都不利。在炼胶时，各种配合剂往往进不了凝胶区，造成局部空白，形成不了补强和交联，因此凝胶区可能成为产品的性能薄弱部位。

（3）交联结构：线型分子通过一些原子或原子团的架桥而彼此连接起来形成三维网状的交联结构，这样，链段的自由活动能力下降，压缩变形、溶胀度、可塑性和伸长率下降，而强度、弹性和硬度上升。

橡胶的交联称为橡胶硫化（vulcanization）。"硫化"一词因最初的天然橡胶制品用硫黄作交联剂进行交联而得名。随着橡胶工业的发展，现在可以用多种非硫交联剂进行交联，因此硫化更科学的名称应是"交联"或"架桥"，即线型高分子通过交联作用而形成网状高分子的工艺过程，是塑性橡胶转化为弹性橡胶或硬质橡胶的过程。橡胶的硫化一般需要硫化促进剂的帮助。硫化促进剂是一类能加快硫化反应速度、缩短硫化时间、降低硫化温度、减少硫化剂用量，并能提高或改善硫化胶物理性能和机械性能的助剂。硫化是橡胶加工中的最后一个工序，经过硫化后的橡胶称硫化胶，通过硫化可以得到定型的具有实用价值的橡胶制品。

7.2.2 橡胶的分类与化学组成

1. 按原料来源分类

按原料来源橡胶可分为天然橡胶和合成橡胶两大类。天然橡胶是从橡胶树、橡胶草等植物中提取胶质后加工制成，主要来源于三叶橡胶树，当这种橡胶树的表皮被割开时，就会流出乳白色的汁液（即胶乳），因此橡胶一词来源于印第安语"流泪的树"。胶乳经凝聚、洗涤、成型、干燥即得天然橡胶。1770 年，英国化学家约瑟夫·普里斯特利（J.Joseph Priestley，1733.3.13—1804.2.6），发现橡胶可用来擦去铅笔字迹，当时将这种用途的材料称为"rubber"，此词一直沿用至今，不仅指橡胶这种材料，而且也指我们熟悉的"橡皮"。天然橡胶的基本化学成分为顺-聚异戊二烯。天然橡胶具有很好的耐磨性和弹性，以及很大的扯断强度及伸长率。但是在空气中易老化，遇热会变黏，在矿物油或汽油中易膨胀和溶解，耐碱但不耐强酸。天然橡胶是制作胶带、胶管、胶鞋的原料，并适用于制作汽车轮胎、减震零件，以及在汽车刹车油、乙醇等带氢氧根或羟基的液体中使用的部件。合成橡胶则是以烯烃和二烯烃为单体聚合而成的高分子化合物，品种丰富。橡胶使用情况的统计结果为天然橡胶的消耗量约占 1/3，合成橡胶的消耗量约占 2/3。

2. 按橡胶的外观形态分类

按外观形态，橡胶可分为块状生胶、乳状橡胶（简称乳胶）、液体橡胶和粉末橡胶四大类。块状生胶是胶乳脱水、干燥得到的未经硫化的橡胶块；乳胶为橡胶的胶体状水分散体；液体橡胶为橡胶的低聚物，未硫化前一般为黏稠的液体；粉末橡胶是将乳胶加工成粉末状，以利配料和进一步加工制作橡胶制品。

3. 按橡胶的性能和用途分类

根据橡胶的性能和用途橡胶可分为通用橡胶和特种橡胶。

1）通用橡胶

通用橡胶是指部分或全部代替天然橡胶使用的胶种，主要用于制造轮胎和一般工业橡胶制品。通用橡胶的需求量大，是合成橡胶的主要品种。天然橡胶归入通用橡胶。重要的通用橡胶有异戊橡胶、丁苯橡胶、顺丁橡胶、氯丁橡胶、丁基橡胶、乙丙橡胶等。

（1）异戊橡胶全名为顺-1,4-聚异戊二烯橡胶，是由异戊二烯聚合得到的高顺式高分子化合物。异戊橡胶与天然橡胶一样，具有良好的弹性和耐磨性，优良的耐热性和较好的化学稳定性，因其结构也与天然橡胶近似，故又被称为合成天然橡胶。异戊橡胶生胶（未加工前）强度显著低于天然橡胶，但质量均一性、加工性能等优于天然橡胶。异戊橡胶可以代替天然橡胶制造载重汽车和越野汽车轮胎，还可以用于生产各种橡胶制品。

（2）丁苯橡胶由丁二烯和苯乙烯共聚制得，简称 SBR，是产量最大的通用合成橡胶，具有良好的抗水性和化学稳定性。与天然橡胶相比，品质均匀，具有更好的耐磨性及耐老化性，但机械强度较弱，可与天然橡胶掺合使用，广泛用于轮胎业、制鞋业、纺织业及输送带行业等。

（3）顺丁橡胶全名为顺式-1,4-聚丁二烯橡胶，简称 BR，由丁二烯聚合制得。与其他通用橡胶比，硫化后的顺丁橡胶的耐寒性、耐磨性和弹性特别优异，动负荷下发热少，耐老化性能好，易与天然橡胶、氯丁橡胶、丁腈橡胶等并用。顺丁橡胶绝大部分用于生产轮胎，少部分用于制造耐寒制品、缓冲材料以及胶带、胶鞋等。顺丁橡胶的缺点是抗撕裂性能和抗湿滑性能较差。

（4）氯丁橡胶由氯丁二烯聚合制得，简称 CR。抗张强度高，耐热、耐光、耐老化性能优良，化学稳定性较高，耐水性良好，耐油性能优于天然橡胶、丁苯橡胶和顺丁橡胶。另外具有较强的耐燃性和优异的抗延燃性。氯丁橡胶的缺点是电绝缘性能、耐寒性能较差，生胶在贮存时不稳定。氯丁橡胶适合制作各种直接接触大气、阳光、臭氧的零件和耐燃、耐化学腐蚀的橡胶制品，如运输皮带和传动带，电线、电缆的包覆层，耐油胶管、垫圈以及耐化学腐蚀的设备衬里，以及家电的橡胶零件或密封件。

（5）丁基橡胶由异丁烯与少量异戊二烯聚合而成，甲基的立体障碍使分子的运动比其他聚合物少，故对大部分一般气体具有不渗透性，耐热、阳光、臭氧、油和极性溶剂，电绝缘性好。缺点是硫化速度慢（比天然橡胶慢 3 倍左右），需要高温或长时间硫化，而且与其他聚合物互黏性和相容性差，一般仅能与乙丙橡胶和聚乙烯等并用，与补强剂之间作用弱，需要进行热处理或使用添加剂，以增加橡胶的补强作用。丁基橡胶可用于汽车轮胎的内胎、皮包、窗框密封条、蒸汽软管、耐热输送带等。

（6）乙丙橡胶是乙烯、丙烯共聚制得的二元共聚物和乙烯、丙烯与少量非共轭双烯共聚制得的三元共聚物的总称。乙丙橡胶耐老化、电绝缘性能、耐臭氧性能、耐水性及耐化学试剂性能极佳，耐磨性、弹性、耐油性和丁苯橡胶接近，对气体具有良好的不渗透性，而且乙丙橡胶可大量充油和填充炭黑，制品价格较低。乙丙橡胶可以作为轮胎胎侧、胶条和内胎以及汽车的零部件，如制动（刹车）系统中的橡胶零件，散热器和汽车水箱中的密封件，还可以做电线、电缆包覆层及高压、超高压绝缘材料，民用可制造胶鞋、卫浴设备密封件或其他零件。

2）特种橡胶

特种橡胶是指具有某些特殊性能的橡胶。主要有丁腈橡胶、硅橡胶、氟橡胶、聚硫橡胶。此外，还有聚氨酯橡胶、氯醇橡胶、丙烯酸酯橡胶等。

（1）丁腈橡胶是由丁二烯和丙烯腈共聚制得的聚合物，简称 NBR，丁腈橡胶具有优异的耐油性，其耐油性仅次于聚硫橡胶、丙烯酸酯橡胶和氟橡胶，可在120℃的空气中或在150℃的油中长期使用。此外丁腈橡胶还具有良好的耐磨性、耐老化性、耐水性、气密性及优良的黏接性能，但耐臭氧性、电绝缘性和耐寒性比较差。丁腈橡胶主要应用于耐油制品，例如各种密封件，还可作为 PVC 改性剂或与 PVC 并用做阻燃制品，与酚醛树脂并用做结构型黏合剂，或者做抗静电性能好的橡胶制品。

（2）硅橡胶是由硅原子和氧原子交替形成主链，侧链为含碳基团的聚合物。硅橡胶具有优异的耐气候性（既耐热，又耐寒）、耐臭氧性以及良好的绝缘性。缺点是强度低，抗撕裂性能和耐磨性能差。硅橡胶主要用于航空工业、电气工业、食品工业及医疗工业。

（3）氟橡胶是分子结构中碳原子上含有氟原子的聚合物。通常以共聚物中含氟单元的氟原子数目来表示，如氟橡胶 26，是偏二氟乙烯同六氟丙烯的共聚物。氟橡胶具有优异的耐高温、耐化学腐蚀、耐真空、耐油、耐老化性能，现在已经被广泛应用于国防、航天、航空、汽车、化工和家用电器等领域，主要用于制作O 型圈、垫片、其他形式的静密封和动密封，以及燃油和传动系统中的一些部件。

（4）聚硫橡胶是指由二卤代烷与碱金属或碱土金属的多硫化物缩聚而成的，分子主链中含有硫原子的一类橡胶，有固态橡胶、液态橡胶和胶乳三种类型。聚硫橡胶有优异的耐油和耐溶剂性，但强度不高，耐老化性和加工性不好，且有臭味。固体聚硫橡胶主要用于耐腐蚀的胶管、印刷胶辊、垫圈、油罐衬里和耐臭氧制品；液态聚硫橡胶可以用作黏结固体火箭推进剂中的氧化剂和金属燃料等固体颗粒的黏合剂；聚硫胶乳制成的涂料可用于溶剂罐、高辛烷值航空汽油箱及混凝土贮罐的内表面涂层。

7.2.3　橡胶的应用

和塑料一样，橡胶工业也是国民经济的重要基础产业之一，而橡胶是橡胶工业的基本原料。橡胶被广泛应用于国防军事、工农业生产、医疗卫生、交通运输、土木建筑、电气通信和文体生活，为各行各业和我们的生活提供丰富多彩的橡胶制品。

1. 橡胶与国防军事

橡胶是国防军事上重要的战略物资，比如，一辆坦克要用 800 多公斤橡胶；一艘万吨级的军舰要用几十吨橡胶。国防军事还要用到使用橡胶制作的船舶、帐篷、服装和其他防护用品。至于国防尖端技术需要的耐高温、耐低温、耐油、耐高真空等特殊性能的橡胶品种更是不可替代。

2. 橡胶与工农业生产

用于工业部门的橡胶制品主要有胶带、胶管、密封垫圈、胶辊、胶板、橡胶衬里、传输带及劳动保护用品。在矿山、煤炭、冶金等工业领域，用橡胶制作的传输带是运输产品的主要工具，矿用磨机橡胶衬里代替锰钢，使用寿命提高了 2～4 倍，还减小了噪声。

橡胶在农业生产中也有重要应用，一台农用拖拉机中需要上百件橡胶制品，另外，联合收割机的橡胶履带，灌溉用水池和水库采用的橡胶防渗层及橡胶水坝，到水中劳动需要的水裤和水鞋等都是橡胶制品。

3. 橡胶与医疗卫生

医疗卫生行业也要用到许多橡胶制品，如医院里诊断、输液、导尿、洗肠胃用到的各种软管、手套、冰囊等都是橡胶制品。很多医疗设备和仪器的配件也是橡胶制品，如橡胶瓶塞、橡胶容器。硅橡胶还被用来制造人造器官及人体组织代用品，也可制作药物胶囊，放入体内适当位置，使囊内药物缓慢连续地释放出来，既能提高疗效又比较安全。

4. 橡胶与交通运输

橡胶工业是随着汽车工业发展起来的。汽车橡胶制品是汽车配件中不可缺少的重要组成元件。不同类型的汽车平均每辆大约有 100～200 种橡胶制品。除轮胎外，因不同规格汽车而异，耗用橡胶材料大约为 15～60 kg，占汽车总成本的 6% 左右。汽车工业用非轮胎类橡胶制品品种超过 1000 种，约有 8000 多种规格。总结橡胶在汽车中的应用，主要有以下几个方面：①轮胎；②车辆门窗周围起到密封作用的橡胶密封条；③车辆发动机的减震橡胶块；④车辆发动机的燃油胶管、空调胶管、暖风管等；⑤液压油封。据统计，汽车行业占用了全球每年橡胶生胶消耗量的 70%以上，其中轮胎约占用 60%，汽车橡胶制品配件约占用 40%。

轮胎是汽车的腿，是橡胶使用大户。汽车轮胎由骨架材料和主体材料组成。

轮胎骨架材料的作用是给予外胎足够的强度，承受负荷，提供承载性能。骨架材料包括：金属轮毂、胎圈钢丝、纤维帘线和钢丝帘线。

轮胎主体材料包括橡胶和添加剂两部分。轮胎需要有承载性能和缓冲性能，还要耐高温和耐磨。橡胶负责提供轮胎的缓冲、耐高温和耐磨性能。用于轮胎的橡胶有天然橡胶、丁苯橡胶、顺丁橡胶、丁基橡胶等。轮胎最常用的橡胶是顺丁橡胶，它是高顺式聚丁二烯橡胶，化学结构中顺式1,4-丁二烯含量达到90%~98%，这种橡胶弹性高、耐磨性好。

添加剂用来提高轮胎耐热性和耐磨性等性能，有许多种类，其中补强剂使轮胎更加耐磨，品种有炭黑与白炭黑等活性补强剂，以及陶土和碳酸钙等惰性补强剂；硫化剂使线性大分子通过发生化学反应，形成立体网状交联结构，增强轮胎稳定性；促进剂用以加快硫化速度，缩短硫化时间，减少硫化剂用量；防护剂用于防止橡胶的分子结构在氧气和臭氧等的氧化和微生物的作用下发生变化而引起橡胶老化。

7.2.4　橡胶的老化

我们可能看到过用了一段时间的橡皮筋发黏、变硬、失去弹性和断裂的现象，如果注意看一下，用久了的自行车轮胎和汽车轮胎上也会有裂缝，这些现象说明橡胶已经老化或开始老化。橡胶的老化是指橡胶及其制品在加工、贮存和使用过程中，由于受内外因素的综合作用而引起橡胶物理、化学性质和机械性能逐步变坏，最后丧失使用价值的变化，表现为龟裂、发黏、硬化、软化、粉化、变色、

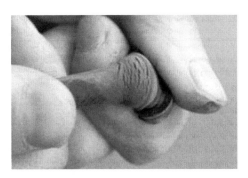

图 7-4　橡胶气门芯的老化现象

资料来源：http://www.jnwb.net/trade/2015/0120/94748.shtml

长霉等。引起橡胶老化的因素有氧、臭氧、光、热、机械应力、水分、油类、有机溶剂、酸、碱和金属离子等。橡胶制品都有一定的寿命，虽然合适的添加剂可以延长橡胶的使用寿命，但是使用一段时间后橡胶必然会老化，因此要经常关注橡胶制品，尤其是汽车中包括轮胎气门芯在内的各种零部件的状况，以免导致安全事故。从图 7-4 可以看到橡胶气门芯的老化现象。

7.3 汽油和柴油

7.3.1 汽油

汽油，在美国被称为 gasoline，而在英国又被称为 petrol，是一种具有芳香味的无色至淡黄色透明液体混合物。汽油来自原油加工，是用量最大的轻质石油产品。汽油的主要化学成分为碳原子数 5～12 的脂肪烃和环烷烃类，以及一定量芳香烃和硫化物。汽油密度为 0.70～0.78 g/cm^3，很难溶解于水，易挥发，易燃，热值为 $4.4×10^4$ kJ/kg（燃料的热值是指 1 kg 燃料完全燃烧后所产生的热量）。空气中汽油含量为 74～123 g/m^3 时遇火爆炸。汽油在空气中完全燃烧生成二氧化碳（CO_2）、二氧化氮（NO_2）及二氧化硫（SO_2）等有害成分和水（H_2O），不完全燃烧还产生一氧化碳（CO）、一氧化氮（NO）和碳颗粒（表现为黑烟），还有碳氢化合物和油雾，排放到大气当中，人们会闻到汽油味。汽车尾气中还含有铅等重金属的化合物和甲醛等。

1. 汽油的分类和用途

根据生产过程，汽油组分可分为直馏汽油、热裂化汽油（焦化汽油）、催化裂化汽油、催化重整汽油、叠合汽油、加氢裂化汽油、烷基化汽油和合成汽油等。汽油组分经精制、调和得到汽油产品。

汽油产品根据用途可分为航空汽油、车用汽油、溶剂汽油三大类。航空汽油（aviation gasoline, Avgas）用于由往复式发动机驱动的飞机，如直升机、通信机、气象机、农林业用机等。而由燃气涡轮发动机和冲压发动机驱动的民航大型客机等飞机使用航空煤油（jet fuel），两者合称航空燃油，通常都含有不同的添加剂以降低结冰和因高温而爆炸的风险。车用汽油主要用于由汽油机驱动的汽车、摩托车、快艇等。溶剂汽油则用于油脂、香料、涂料、合成橡胶等工业生产，以及溶解油污、萃取不溶于水的成分等。

2. 车用汽油标号

车用汽油按标号生产和销售，标号规格由国家汽油产品标准加以规定。2014

年 1 月起中国通用第四阶段车用汽油国家标准，简称国四或国（Ⅳ）。国（Ⅳ）的汽油标号有 3 个，分别为 90 号、93 号、97 号。2016 年年底中国全国执行第五阶段车用汽油强制性国家标准，简称国五或国（Ⅴ）。国（Ⅴ）将硫含量指标限值由国（Ⅳ）的 50 ppm 降为 10 ppm；将锰含量指标限值由国（Ⅳ）的 8 mg/L 降低为 2 mg/L，并规定不得人为加入；将烯烃含量由国（Ⅳ）的 28%降低到 24%。由于降硫、降锰引起辛烷值减少，国（Ⅴ）的汽油标号调整为 89 号、92 号、95 号。同时考虑汽车工业发展的趋势，在国（Ⅴ）标准的附录中增加了 98 号车用汽油。中国第五阶段车用汽油国家标准主要指标与欧洲现行标准水平相当。2016 年 1 月 1 日起，中国东部地区全面供应符合国（Ⅴ）标准的车用汽油，其中还包括 E10 乙醇汽油，即含有 10%（体积）乙醇的汽油。2017 年 1 月 1 日起，全国全面供应符合国（Ⅴ）标准的车用汽油，同时停止国内销售低于国（Ⅴ）标准的车用汽油。目前中国汽油的标号就是汽油的辛烷值。辛烷值越大，标号越大，抗爆性能越好。汽油的标号仅代表汽油的抗爆性，与汽油的清洁无关。所谓"高标号汽油更清洁"纯属误导。

高辛烷值汽油可以满足高压缩比汽油机（热效率高，节省燃料）的需要。高压缩比的发动机如果选用低牌号汽油，会使气缸温度剧升，汽油燃烧不完全，发动机强烈震动，输出功率下降，机件受损，耗油大却行驶无力。如果低压缩比的发动机用高标号汽油，会出现"滞燃"现象，即压缩比最高时还不到自燃点，一样会出现燃烧不完全现象，对发动机也不利。根据汽车使用手册上列出的发动机压缩比选择合适标号的汽油，能充分发挥发动机的效率。

3. 汽油的重要特性

汽油的重要特性包括蒸发性、抗爆性、安定性、安全性和腐蚀性。

1）汽油的蒸发性

汽油蒸发性是指汽油在汽化器中蒸发的难易程度。对发动机的起动、暖机、加速、气阻、燃料耗量等有重要影响。汽油的蒸发性由馏程、蒸气压、气液比 3 个指标综合评定。馏程指汽油馏分从初馏点到终馏点的温度范围。航空汽油的馏程范围要比车用汽油的馏程范围窄。蒸气压是指在标准仪器中测定的 38℃时的蒸气压，是反映汽油在燃料系统中产生气阻的倾向和发动机起机难易的指标。车用汽油要求有较高的蒸气压，航空汽油要求的蒸气压比车用汽油低。气液比指在标准仪器中，液体燃料在规定温度和大气压下，蒸气体积与液体体积之比。气液比是温度的函数，用它评定、预测汽油气阻倾向，比用馏程或蒸气压更为可靠。

2）汽油的抗爆性

汽油的抗爆性是指汽油在各种使用条件下抗爆震燃烧的能力。汽油抗爆能力的大小与化学组成有关。带支链的烷烃以及烯烃、芳烃通常具有优良的抗爆性。车用汽油的抗爆性用辛烷值表示。正庚烷的抗爆性能差，规定辛烷值为 0；异辛烷（化学名称 2,2,4-三甲基戊烷）的抗爆性能好，规定辛烷值为 100。不同体积比的正庚烷和异辛烷混合可以得到不同抗爆震等级的混合液，称为标准汽油。汽油的辛烷值是指与该汽油具有相同抗爆性的标准汽油中异辛烷的体积百分比与其辛烷值的乘积，也就是该汽油的标号。例如，92 号汽油辛烷值为 92，其抗爆性与 92%（体积）异辛烷和 8%（体积）正庚烷组成的混合液相同。95 号汽油辛烷值为 95，其抗爆性能相当于 95%异辛烷和 5%正庚烷的混合物的抗爆性能。提高汽油辛烷值主要靠增加高辛烷值汽油组分，但也可以通过添加四乙基铅和甲基叔丁基醚（MTBE）等抗爆剂来实现。四乙基铅能破坏生成的过氧化物，但会生成硬质的氧化铅（PbO）颗粒，它会沉积在燃烧室内，因而要同时加入一定量的导出剂溴乙烷（CH_3CH_2Br）或二溴乙烷（CH_3CHBr_2）使 PbO 转化为溴化铅（$PbBr_2$），因此会造成环境污染。甲基叔丁基醚有很高的辛烷值，毒性小，掺入汽油后还可以改善汽油的馏程，并能减少汽车废气中的一氧化碳（CO）和氮氧化物（NO_x）的含量，减轻环境污染。

3）汽油的安定性

汽油的安定性是指汽油在自然条件下，长时间放置的稳定性。用胶质和诱导期及碘价表征。胶质越低越好，诱导期越长越好，中国国家标准规定，每 100 mL 汽油实际胶质不得大于 5 mg。碘价表示不饱和烃的含量，汽油中含有不饱和烃，特别是含有二烯烃，在汽油储存和使用时，这些不饱和烃与空气中的氧作用，容易氧化成胶质而变质。可将汽油进行加氢精制，并添加少量抗氧剂，如叔丁基-4-羟基苯甲醚等，保持低温、避光和密闭隔氧，以延长汽油的储存时间。

4）汽油的安全性

汽油安全性的指标主要是闪点，中国国家标准规定的汽油闪点值≥55℃。闪点偏低，说明汽油中混有轻组分，会对汽油贮存、运输、使用带来安全隐患，还会导致汽车发动机无法正常工作。

5）汽油的腐蚀性

汽油中除烃类以外一般还包括硫及含硫化合物。在用硫酸精制和碱中和后，如果水洗过程不充分还会有水溶性酸或碱留在汽油中，这些都对金属有腐蚀作用。汽油的腐蚀性是指汽油在存储、运输、使用过程中对储罐、管线、阀门、汽化器、气缸等设备产生腐蚀的特性。用总硫、硫醇、铜片实验和酸值表征。

7.3.2　柴油

柴油（diesel fuel）也属于轻质石油产品，是主要由碳原子数为 10～22 的烃类组成的复杂液体混合物，主要含有碳、氢、氧、氮、硫元素，还可能含有硅、铝、铁、钙、镍等元素。柴油为柴油机燃料。柴油主要由原油蒸馏、催化裂化、热裂化、加氢裂化、石油焦化等过程生产的柴油馏分调配而成；也可由页岩油加工和煤液化制取。0 号柴油的密度在 20℃时一般为 $0.81\sim0.87$ g/cm^3，热值约为 3.9×10^4 kJ/kg，易燃，易挥发，不溶于水，易溶于醇和其他有机溶剂。

与汽油相比，柴油含有更多的杂质，燃烧时也更容易产生烟尘。柴油在空气中完全燃烧的产物有二氧化碳（CO_2）、二氧化氮（NO_2）、二氧化硫（SO_2）、水（H_2O）等。若燃烧不充分，还会产生一氧化氮（NO）、一氧化碳（CO）和碳颗粒，使柴油机汽车冒黑烟，加上未燃烧的碳氢化合物，造成严重的空气污染，人们会闻到柴油味。但是，一般的柴油机内部都安装有自动节速器使柴油机燃油消耗率低（低能耗），燃烧效率高。总体来说，与汽油机相比，柴油机的油耗低、CO_2 排放量小。德国大众公司组织的 Lupo 3L 轿车队在 80 天里围绕地球行驶一圈，平均百公里实测油耗仅为 2.7 L，该款轿车使用的就是柴油。但是柴油机的颗粒物和氮氧化物（NO_x）排放量比汽油机大，所以至今柴油轿车没有得到大规模发展。

1. 柴油的分类和用途

柴油分为轻柴油（沸点范围约 $180\sim370$℃）和重柴油（沸点范围约 $350\sim410$℃）两大类。根据凝点，轻柴油有 10、5、0、–10、–20、–35、–50 七个标号，分别表示各柴油凝点不高于与其标号相同的温度，例如 5 号柴油表示该柴油凝点不高于 5℃。轻柴油是高速（1000 转/分以上）柴油发动机的燃料。重柴油有 10、20、30 三个标号，是中、低速（1000 转/分以下）柴油发动机的燃料。

2013 年中国国家质检总局、国家标准委批准发布的 GB19147—2013《车用柴油（IV）》国家标准规定：10 号轻柴油适用于有预热设备的柴油机；5 号轻柴油适用于最低气温在 8℃以上的地区使用；0 号轻柴油适用于最低气温在 4℃以上的地区使用；–10 号轻柴油适用于最低气温在–5℃以上的地区使用；–20 号轻柴油适用于最低气温在–14℃以上的地区使用；–35 号轻柴油适用于最低气温在–29℃以上的地区使用；–50 号轻柴油适用于最低气温在–44℃以上的地区使用。选用柴油对应的适用温度如果高于其实际使用时的温度，发动机中的燃油系统就可能结蜡，堵塞油路，影响正常行驶。

柴油作为柴油发动机的燃料，主要用于由柴油发动机驱动的拖拉机、大型车辆、内燃机车及土建挖掘机、装载机、铁路机车、船舰、柴油发电机组和农用机械。由于柴油机较汽油机热效率高、功率大、燃料单耗低、比较经济，故应用广泛。

2. 柴油的重要性能

柴油使用性能中最重要的是着火性和流动性,其技术指标分别为十六烷值和凝点。

1)柴油的着火性

高速柴油机要求柴油喷入燃烧室后迅速与空气形成均匀的混合气,并立即自动着火燃烧,因此要求燃料易于自燃。从燃料开始喷入气缸到开始着火的间隔时间称为滞燃期或着火落后期。燃料的自燃点(在空气存在下能自动着火的温度)低,则滞燃期短,即着火性能好。柴油着火性用十六烷值表示。

柴油十六烷值的高低与其化学组成有关,正构烷烃的十六烷值最高,芳烃的十六烷值最低,异构烷烃和环烷烃居中。其中正十六烷自燃性好,设定其十六烷值为 100,α-甲基萘(即 1-甲基萘)自燃性差,设定其十六烷值为 0。用正十六烷与 α-甲基萘按不同体积百分数配成的混合物作为标准燃料。柴油十六烷值是指自燃性与该柴油相当的标准燃料中所含正十六烷的体积百分数与其十六烷值的乘积。十六烷值高的柴油容易起动,燃烧均匀,输出功率大;十六烷值低,则着火慢,工作不稳定,容易发生爆震。一般用于高速柴油机的轻柴油,其十六烷值以 40~55 为宜;中、低速柴油机用的重柴油的十六烷值可低到 35 以下。当十六烷值高于 50 后,再继续提高对缩短柴油的滞燃期作用已不大;相反,当十六烷值高于 65 时,会由于滞燃期太短,燃料来不及与空气均匀混合即着火自燃,以致燃烧不完全,部分烃类热分解而产生游离碳粒,随废气排出,造成发动机冒黑烟及油耗增大,功率下降。也可用 2,2,4,4,6,8,8-七甲基壬烷代替 α-甲基萘,设定其十六烷值为 15,与正十六烷配制标准燃料评价柴油十六烷值。加添加剂可提高柴油的十六烷值,常用的添加剂有硝酸戊酯或硝酸己酯。

2)柴油的凝点

柴油的凝点是指油品在规定条件下冷却至丧失流动性时的最高温度,又称凝固点。凝点是评定柴油流动性的重要指标,它表示柴油不经加热而能输送的最低温度。柴油中正构烷烃含量多且沸点高时,凝点也高。一般选用柴油的凝点低于环境温度 3~5℃,因此,随季节和地区的变化,需使用不同标号的柴油,即不同凝点的商品柴油。采用脱蜡的方法,可降低凝点,得到低凝柴油。在实际使用中,柴油在低温下会析出结晶体,晶体长大到一定程度就会堵塞滤网,这时的温度称作冷滤点。与凝点相比,它更能反映实际使用性能。对同一油品,一般冷滤点比凝点高 1~3℃。

柴油的其他指标还有柴油硫含量(中国柴油国五标准中要求含硫量控制在 10 ppm 以下)、柴油氧化性、柴油酸度、柴油残碳、柴油灰分、柴油闪点、柴油铜片腐蚀、柴油水分、柴油机械杂质等。

7.4 汽车用化学品

汽车用化学品全称为汽车用精细化学品，是指汽车工业和汽车售后服务业中用到的具有特定功能的化学品。

汽车用化学品品种繁多，分类标准不一。常见的一种是按照使用部位进行分类，主要包括汽车燃料系统用化学品、润滑系统用化学品、冷却系统用化学品、空调与舒适系统用化学品、排放系统用化学品等。另一种是按照使用目的进行分类，有汽车制动液、防冻液、玻璃防雾剂、润滑剂、抗磨剂、清洗剂、尾气净化剂、汽车用涂料、汽车用黏合剂、汽车用防护用品等。汽车用化学品均属消耗品，年耗量大，新产品不断涌现。

7.4.1 汽车制动液

汽车制动的整个过程可谓牵一发而动全身，涉及杠杆原理和液压传递原理。当驾驶者踩下制动踏板，制动踏板向下的行程中会推动制动总泵工作，总泵中的制动液会被输送到各个分泵中，在盘式制动中，分泵也就是刹车卡钳中的活塞，当活塞被推动后，使刹车片与刹车碟产生强烈的摩擦力，继而产生一股制动力，使汽车减速或者停下。图 7-5 示意了汽车中制动液的所在位置。

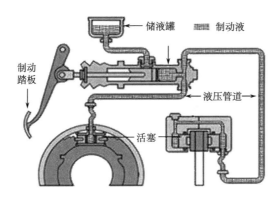

图 7-5 汽车中的制动液

汽车制动液又称刹车液，是汽车安全行驶中要求信赖性最高的制动系统中的一部分。汽车制动液是一种液体传动液。制动液的工作温度一般为 70～90℃，但当车辆在下长坡等过程中频繁制动时，制动液温度可高达 110℃，重型货车的制动温度高达 150℃，甚至更高。制动液应当在高、低温下都有良好的润滑性和流动性，不产生气阻，平衡回流沸点高，吸湿性小，化学稳定性好，皮碗膨胀率小，对金属腐蚀率低，在贮存和使用中都不产生分层、沉淀，能"消化"从空气中吸收的少量水分，而本身不变质，否则水分积存在底部会腐蚀金属、低温冻结、高温气化产生气阻。制动液按制造原料的不同可分为以下几种：

1. 蓖麻油-醇类制动液

这是早期研制的一类制动液，醇类用乙醇等低分子量的醇，蓖麻油要经过精制，精制方法是将粗蓖麻油先用 12% 的 NaOH 洗涤，然后用 70℃ 的盐水洗，再用水洗，最后在 140℃ 下脱水得到精制蓖麻油。

蓖麻油-醇型制动液平衡回流沸点只有 80℃，高、低温性能差，高温下使用易产生气阻，低温下使用易发生制动迟缓而导致刹车失灵，因此这类制动液仅适用于要求较低的温热带。中国目前仍有一部分这类制动液，但是有被淘汰的趋势。加入甘油使这类制动液可用于寒冷地区，也有用丁醇代替乙醇的制动液。蓖麻油-醇型制动液配方举例如下：

[制动液配方 1]

成分名称	质量分数/%
乙醇	55
甘油	13
精制蓖麻油	32

[制动液配方 2]

成分名称	质量分数/%
精制蓖麻油	30
正丁醇	20
乙醇	35
丙酮	13
氢氧化钾	2

2. 矿物油型制动液

矿物油型制动液用精制轻柴油加入增稠剂、防锈剂等调配而成，适用温度 –70～150℃，其优点是高、低温性能好，不易产生气阻或低温制动失灵，防锈性能和润滑性能好，制动灵活。但其缺点也很明显，对天然橡胶皮碗适应性差，容易使其胀裂而发生事故，与水分不相容，少量水进入后，在高温条件下容易汽化产生气阻，导致刹车故障。因此，中国和其他许多国家已不再使用矿物油型制动液。

3. 合成型制动液

鉴于蓖麻油-醇类和矿物油型制动液的性能缺陷,合成型制动液应运而生。合成型制动液由基础油、稀释剂和添加剂三部分组成。在现代的制动液配方中,除少量的硅酮型制动液之外,基础油和稀释剂几乎全部使用聚醚及其衍生物。添加剂有抗氧剂、润滑剂、缓蚀剂、抗橡胶溶胀剂、pH 调整剂等。合成制动液主要有 3 类,即醇醚型、酯型(羧酸酯型和硼酸酯型)和硅油型(硅酮型和硅酯型)。在合成型制动液中,醇醚型 DOT3、SAE J1703 制动液属于中、低级产品,酯型 DOT4、SAE J1704、超级 DOT4 制动液属于中、高级产品,硼酸酯型 DOT5.1 和硅油型 DOT5 制动液属高级产品。合成型制动液配方举例如下:

[制动液配方 3]

成分名称	质量分数/%
二、三、四乙二醇醚混合溶剂	60~65
蓖麻油酸钾	1.5
1,2-丙二醇	20
双酚 A(抗氧剂)	0.5
蓖麻油环氧乙烷加成物	15~20
苯并三氮唑(缓蚀剂)	0.1

[制动液配方 4]

成分名称	质量分数/%
三乙二醇甲醚硼酸三酯($[CH_3(OC_2H_4)_3O]_3B$)	67.39
三乙二醇单甲醚	23.20
二乙醇胺	1.78
聚乙二醇 300	7.62
亚硝酸钠	0.01

7.4.2 汽车防冻液

冬季气温低,为使汽车在低温下仍能继续使用,发动机冷却水中都加入了一些能够降低水冰点的化学物质作为防冻剂,保持在低温天气时冷却系统不冻结。因此人们把能降低水的冰点的化学物质和水组成的液体称作"防冻液"或"不冻液"。防冻液的全称应该叫防冻冷却液,意为有防冻功能的冷却液。

汽车防冻液有乙醇-水型、乙二醇-水型、甘油-水型和二甲亚砜-水型。防冻液一般由防冻添加剂(防冻剂)、防止金属产生锈蚀的添加剂(缓蚀剂)和水组成。

可能还含有消泡剂、着色剂、防霉剂、缓冲剂等其他添加剂。

乙醇的沸点是78℃，冰点是–114℃，乙醇与水可以任意比例混合，组成不同冰点的防冻液，乙醇的含量越高，冰点越低，但是当防冻液中的乙醇含量达到40%以上时，就容易着火。乙醇-水防冻液具有流动性好、散热快、取材方便、配制简单、冰点低等优点，其缺点是乙醇沸点低，挥发损失大，且容易着火。甘油-水型防冻液稳定，但甘油含量76%时冰点也只能降至–45℃，且成本高。二甲亚砜-水型防冻液稳定且冰点低，当二甲亚砜的含量为50%时，冰点可降低至–75℃，但成本高。

乙二醇是一种无色微黏的液体，沸点是197.3℃，冰点是–12.9℃，其水溶液的冰点在一定范围内随乙二醇含量的增加而下降。当乙二醇和水的含量各占50%时，冰点可降低至–35℃；乙二醇的含量为60%时，冰点可降低至–50℃左右。由于乙二醇沸点高、挥发损失小、流动性好、能与水以任意比例互溶、降低冰点效果显著、且成本适中，因此成为主要的防冻剂。世界各国的防冻液中约有95%属于乙二醇-水型。但是乙二醇毒性比乙醇和甘油大，在长期使用中，还可能发生氧化反应产生如下所示的醛、酸等产物：

$$
\begin{array}{c}
H_2C-OH \\
| \\
H_2C-OH
\end{array}
\longrightarrow
\begin{array}{c}
CHO \\
| \\
H_2C-OH
\end{array}
\longrightarrow
\begin{array}{c}
CHO \\
| \\
CHO
\end{array}
\longrightarrow
\begin{array}{c}
COOH \\
| \\
COOH
\end{array}
$$

乙二醇发生氧化反应的产物

生成的酸对金属有腐蚀性，所以，乙二醇-水型防冻液里必须加缓蚀剂，如苯并三氮唑、苯并三氮唑钠盐、巯基苯并噻唑、钼酸钠、钨酸钠、亚硝酸钠等。以下是两种乙二醇-水型防冻液的配方。

[防冻液配方1]

成分名称	质量分数/%
乙二醇	49
苯甲酸钠	0.9
磷酸二氢钠	0.4
苯并三氮唑	0.1
三乙醇胺	1.2
磷酸	0.37
消泡剂	0.03
水	48

[防冻液配方 2]

成分名称	质量分数/%
乙二醇	44.89
丙二酸	0.02
防蚀阻垢精	0.05
三乙醇胺	0.16
水	54.88

随着汽车工业的发展, 对发动机的性能要求越来越高, 防冻液不仅要求具有较低的冰点和较高的沸点, 还应具有较好的金属防腐性、防结垢性, 良好的热传导性和环保性, 以及较长的使用寿命和较低的成本等综合性能。

7.4.3 玻璃防雾剂

冬季或雨季, 汽车内外有温差且车内湿度较高时, 车窗玻璃就会起雾, 尤其是前窗挡风玻璃和后视镜起雾时, 会严重影响驾驶员的视线, 妨碍驾驶安全; 而车外雨水在汽车两侧反光镜上形成水滴, 也会导致驾驶员视线不良, 对安全行车造成威胁。

汽车玻璃防雾剂的作用是汽车车内和车外的防雾, 减少玻璃、塑料表面因为湿气冷凝而引起模糊不透明的现象。用干净毛巾或纸巾蘸取汽车玻璃防雾剂用力均匀地擦拭汽车玻璃和反光镜水滴形成处, 在一段时间内, 车内玻璃就不会起雾, 车外反光镜上的雨水会形成均匀的水膜快速流走, 汽车玻璃和反光镜保持明亮清晰。汽车玻璃防雾剂还可以帮助清除汽车挡风玻璃上的污垢, 提高挡风玻璃的透明度和清晰度, 提高行车安全性。汽车玻璃防雾剂配方很多, 下面列举两例。

[玻璃防雾剂配方 1]

成分名称	质量分数/%
聚乙烯基吡咯烷酮	0.13~0.18
乙二醇	0.70~1.00
平平加 O	0.40~0.80
水	加至 100

用法: 在汽车内侧玻璃上或其他玻璃上, 首先均匀喷洒或涂抹, 然后擦拭至透明, 并保证一定膜厚。

[玻璃防雾剂配方 2]

成分名称	质量分数/%

辛基酚聚氧乙烯醚	0.5
硅油	0.2
异丙醇	64.2
异丁烷（抛射剂）	5.0
香精	0.1
水	30.0

说明：按此配方制成的是汽车玻璃防雾气雾剂。

7.4.4　汽车清洗剂

洗车是最简单的汽车美容方法，但洗车并不就是用抹布洗洗抹抹那么简单。洗衣粉及类似的洗涤剂并不适合洗车，这些产品的碱性大，虽然能洗干净车辆，但是会加速车漆的老化。洗车一般有三种目的：一是清洗去污；二是日常的打蜡上光；三是做全面的汽车美容。针对不同目的，应选择不同的汽车清洗剂，才能有利于对汽车进行保护。

汽车清洗剂种类很多，根据清洗部位可以分为汽车外壳清洗剂、汽车车身洗涤剂、汽车挡风玻璃清洗剂、汽车仪表盘清洗剂、汽车座椅清洗剂、汽车内顶清洗剂、汽车轮胎清洗剂、油箱清洗剂、化油器清洗剂、发动机部件积碳清洗剂、发动机燃料系统清洗剂、汽车冷却系统清洗剂等。汽车清洗方法有物理清洗和化学清洗两大类，有时物理清洗和化学清洗并用，以取得更好的清洗效果。化学清洗是利用清洗剂中的成分与污垢发生化学反应而除去污垢，如酸洗或碱洗，清洗剂主要由酸（或碱）、缓蚀剂、表面活性剂等组成，其中，酸主要用于去除水垢和锈，常用的有盐酸、硫酸、氢氟酸；碱主要用于除油或在汽车修理中除去旧油漆，常用的碱有纯碱和烧碱。为了降低对金属的腐蚀，常加入缓蚀剂，不同的介质、不同的金属材料所用的缓蚀剂也不同，常用的缓蚀剂有硫脲类、咪唑啉类、吡啶类、季铵盐类、钼酸钠、聚磷酸盐、硅酸盐、苯并三氮唑、巯基苯并噻唑、亚硝酸钠等。下面列举一些汽车清洗剂的配方。

1. 汽车通用清洗剂

[清洗剂配方1]

成分名称	质量分数/%
十二烷基苯磺酸钠	8
壬基酚聚氧乙烯醚	7
十二烷基磷酸酯钾盐	5
焦磷酸钠	2

碳酸钠	2
水	76

制法：将水、焦磷酸钠、碳酸钠置于混合器中搅拌使其溶解，在搅拌下依次加十二烷基苯磺酸钠、壬基酚聚氧乙烯醚、十二烷基磷酸酯钾盐，混合均匀即可。

用法：取 1 份清洗剂加 400 份水，混合均匀以后，用高压水枪冲洗汽车外壳，然后再用清水冲洗干净。

[清洗剂配方 2]

成分名称	质量分数/%
壬基酚聚氧乙烯醚	5
磷酸三钠	20
硅酸钠	20
氢氧化钠	25
无水碳酸钠	30

制法：将各组分加入反应釜中，加热升温，在搅拌下混合均匀，冷却即成。

用法：使用时，需用 300～400 倍水稀释，并加热至沸腾，然后喷射冲洗，洗后需要用上光蜡擦亮或用防锈油（膏）涂抹。用本清洗剂可洗去沾在汽车底盘上的胶状泥沙和油污。

2. 汽车挡风玻璃清洗剂

[清洗剂配方 3]

成分名称	质量分数/%
壬基酚聚氧乙烯醚	1
十二烷基苯磺酸钠	0.5
异丙醇	80
水	加至 100

制法：将壬基酚聚氧乙烯醚和十二烷基苯磺酸钠溶于水中，加入异丙醇，搅拌均匀。

用法：用于汽车挡风玻璃、眼镜、玻璃制品的清洗防雾。

特性：本品有洗涤、润湿、分散作用，使用本品可使玻璃光洁并有防雾作用，而且对金属、玻璃等材料无腐蚀。

3. 发动机积碳清洗剂

发动机积碳主要存在于活塞、活塞环、燃烧室、气门、气门座等汽车核心部位。积碳是沥青质、油焦质等缩聚物的混合物，能溶于四氯化碳、二氯甲烷、二硫化碳、苯、醚等有机溶剂中，而不溶于汽油。发动机积碳清洗剂通常由溶剂、稀释剂、表面活性剂和缓蚀剂组成。清洗时，清洗剂通过吸附、扩散、渗透、溶解等作用，使网状聚合物溶胀脱落，配方举例如下：

[清洗剂配方4]

成分名称	质量分数/%
二氯甲烷	45～55
二甲苯	4～7
二丙二醇醚	10～20
环己酮	10～20
壬基酚聚氧乙烯醚	3～6
吐温-60	3～6
水	加至100

用法：积碳零件置于清洗剂中浸泡10～20分钟，待积碳软化后将其擦拭除去，用清水将零件冲洗干净，吹干。

4. 发动机燃料系统清洗剂

发动机燃料系统清洗有外循环清洗法和内循环清洗法。外循环清洗法要拆卸发动机，然后在燃油中加入外循环清洗剂，用专门设备进行强制循环清洗，清洗剂将污垢软化、分散、分解，再经燃烧、冲刷等作用后排出。一般汽油发动机清洗30分钟左右，柴油发动机清洗50分钟左右，这种方法清洗效果好，清洗后的发动机油耗下降、排气污染减轻，但需拆卸发动机，并需要专用设备。内循环清洗法直接将清洗剂加入燃油中，随发动机工作，即可自行清洗燃油系统，加入量视发动机污垢情况不同占燃油量的0.1%～0.5%，此法简单易行。

化油器清洗可以在化油器的孔洞中喷入由多种有机溶剂组成的清洗剂，依靠溶剂的溶解作用，将油垢洗去。

5. 冷却系统清洗剂

冷却系统清洗剂有碱洗剂、酸洗剂、有机除垢剂等。清洗方法也有内循环法和外循环法。内循环法是利用发动机自身的冷却循环动力循环清洗；外循环法是用外部的泵驱动清洗液进行循环清洗，这种方法有除垢率高，清洗液可重复使用、排放少、成本低等优点。下面是一个除油碱洗剂配方。

[清洗剂配方 5]

成分名称	质量分数/%
磷酸三钠	0.5
磷酸氢二钠	0.1~0.2
表面活性剂（OP-10、OP-15 等）	0.1~1.0
水	加至 100

另外，根据清洗时是否脱蜡，可以分成不脱蜡洗车液、增光洗车液和脱蜡洗车液。不脱蜡洗车液是国内外汽车美容行业中广泛采用的一种水系清洗剂，也是我们日常洗车的首选洗车液，它一般由多种表面活性剂配制而成，具有很强的浸润和分散能力，能够有效地去除车身表面的尘埃、油污，但又不会洗掉汽车表面原有的车蜡，保持漆面原有的光泽，所以采用不脱蜡洗车液洗车后不需要重新给汽车打蜡。增光洗车液也可以认为是不脱蜡洗车液的一种，但性能更优于普通的不脱蜡洗车液，它是集清洗、上蜡增光于一体的一种超浓缩洗车液，使用后能在车漆表面形成一层高透明的蜡质保护膜，令漆面光洁亮丽，给人一种焕然一新的感觉。脱蜡洗车液是目前国内外汽车美容行业中广泛采用的一种有机清洗剂，是新车开蜡和在用车重新打蜡前洗车的首选洗车液，它主要用来去除车身表面的石蜡、油脂、硅酮抛光剂、污垢、橡胶加工助剂以及手印等，采用脱蜡洗车液清洗后，汽车必须重新打蜡，否则会加速车漆老化。

7.4.5 汽车上光蜡

汽车外用上光蜡主要作用是增加汽车外表的光泽，提高汽车外表防水、防磨损、防静电、防尘、反射光线、吸收紫外线的能力，以及保护汽车外表涂层。在上光蜡中有的还加有摩擦剂，在上蜡的同时兼有去污作用。蜡的品种很多，软化点、硬度、柔软性、耐紫外线等性能相差很远，因此应用时一般都要用几种不同特性的蜡调配使用。防护性蜡要求有较好的防锈性能，且不能对汽车涂料有不良影响。乳化蜡要求干燥后的蜡膜具有反乳化性能，即再次遇到水时不能再被乳化而变得能够流动，如下雨天不能被雨水乳化而流走。汽车上光蜡配方举例如下。

[汽车上光蜡配方]

成分名称	质量分数/%
巴西棕榈蜡	18~24
石蜡	16~22
硅酮	3~5
松节油	20~24
溶剂油	32~40

思 考 题

1. 什么是塑料？为什么塑料中要添加增塑剂和稳定剂？
2. 数字 1~7 分别表示哪种塑料？各有什么特点？
3. 什么是橡胶、橡胶助剂和橡胶的硫化？
4. 天然橡胶的化学成分是什么？有什么特点？
5. 塑料和橡胶有什么用途？它们在汽车中有什么用途？
6. 什么是塑料和橡胶的老化？有什么危害？
7. 加油站汽油和柴油的标号代表何种含义？
8. 为什么汽油有腐蚀性？如何防止汽油变质？
9. 重要的汽车用化学品有哪些？

第8章

日用化学品

本章要点：介绍肥皂，以洗衣粉和洗洁精为代表的合成洗涤剂，以及牙膏、洗面奶、沐浴露、洗发液、润肤霜、防晒霜、粉饼、唇膏、香水、花露水、烫发剂、染发剂等化妆品的化学成分、制造方法、作用及使用中的注意事项。

日用化学品是指人们日常生活中使用的具有清洁、美化、清新、保湿、抑菌、杀菌等功能的精细化学品。日用化学品是中国和日本等一些亚洲国家习惯使用的名称，英文为 daily chemicals，而欧美国家称这些精细化学品为 personal care & household products，即个人护理与家居用品。日用化学品和我们的生活息息相关，我们刷牙、洗脸、沐浴、洗衣、美容、美发都离不开它。日用化学品虽不是生活的必需品，但它是高质量生活的重要组成部分。

日用化学品包括：①洗涤化学品；②化妆化学品；③香精香料化学品；④保湿保鲜化学品；⑤其他特殊功能的化学品。总体来说，日用化学品的特点是①对原材料和设备的要求严格；②生产工艺过程和操作条件必须严格控制；③安全无毒；④包装精美。洗涤剂和化妆品是日用化学品中的两个大类，占了日用化学品总产量的 70%左右，与我们的关系也最为密切，因此，本章主要介绍洗涤剂和化妆品。

洗涤剂是以清洁、去污为目的而设计、生产的化学品。洗涤剂广泛用于保护人类健康、清洁环境，以及工业生产中的各种清洗。洗涤剂包括肥皂和合成洗涤剂两大部分。

8.1 肥 皂

8.1.1 肥皂的起源及化学成分

最早人们用于洗涤的物质有草木灰、皂荚和肥珠子，那时还没有洗涤剂这个名称。肥皂是洗涤剂的祖先，其起源有多种传说。传说之一是肥皂起源于 5000多年前的古罗马沙婆（又称萨波，Sapo）山区，居住在沙婆山一带的古罗马人习惯在沙婆山下的易北河中洗衣服，他们发现河水能将衣服洗得很干净，更神奇的是，如果抓一点易北河岸的泥土加以搓洗，则能洗得更加干净。当时沙婆山上有祭奠古罗马神的祭坛，每年在祭祀时，要烧大量的山羊肉作为供品，在烧山羊肉时会流出大量油脂，一种推测是油脂滴入烧剩的草木灰中，与草木灰中的某些成分发生化学反应，生成了具有洗涤功能的物质，被雨水冲到山下的泥土和河流中，帮助人们把衣服洗干净。传说之二是肥皂起源于古罗马的高卢人，每遇节日，他们喜欢将羊油和山毛榉树灰的黏稠混合物涂在头发上，梳成各种发型。一次，节日突遇大雨，发型淋坏了，人们却意外发现头发变干净了。另一个传说认为肥皂起源于地中海东岸的腓尼基人，公元前 7 世纪，在古埃及的皇宫里，一个腓尼基厨师不小心把一罐食用油打翻了，他非常害怕，赶快趁别人没有发现时用灶炉里的草木灰撒在上面，然后再把这些浸透了油脂的草木灰用手捧出去扔掉，望着自己满手的油腻，他担心这么脏的手怎么才能洗干净啊！他一边犹豫着一边把手放到了水中，奇迹出现了：他只是轻轻地搓了几下，那满手的油腻就很快被洗掉了，甚至连原来一直难以洗掉的老污垢也被洗掉了，这个厨师很奇怪，就让其他的厨师也来用这种油和灰的混合物试一试，结果大家的手都洗得比原来更加干净，于是，厨房里的人们就经常用油脂拌草木灰洗手，后来法老王也知道了这个秘密，也让厨师做些拌了油的草木灰供他洗手用。

传说虽各不相同，但却包含了相同的化学原理，都是油脂与草木灰中的化学成分碳酸钾（K_2CO_3）发生了皂化反应，生成了肥皂的皂基——高级脂肪酸钾（RCOOK），无意中被古人利用，便是人类最早使用的肥皂。油脂皂化反应的化学方程式可以表示如下：

$$2 \begin{array}{c} CH_2OCOR \\ | \\ CHOCOR \\ | \\ CH_2OCOR \end{array} + 3 K_2CO_3 + 3H_2O \longrightarrow 2 \begin{array}{c} CH_2OH \\ | \\ CHOH \\ | \\ CH_2OH \end{array} + 6 RCOOK + 3CO_2$$

油脂的皂化反应方程式

后来，一些化学家研究了沙婆山下的泥土和河水中能洗净衣物的物质，发现确实是高级脂肪酸钾盐（RCOOK）。从结构上看，脂肪酸钾盐分子中含有非极性的憎水部分（长链烃基 R）和极性的亲水部分（羧酸根 COO⁻），所以是一个典型的具有洗涤作用的阴离子表面活性剂。化学家们的研究结果也许可以作为肥皂起源于古罗马沙婆山区的佐证，因此肥皂有了一个与沙婆山的名称"Sapo"相似的英文名称——"soap"。

中国人也很早就知道利用草木灰和天然碱洗涤衣物，人们还把猪胰腺、猪油与天然碱混合，制成块，称为"胰子"。另外中国古代人们还发现两种植物的果实具有很好的洗涤作用，一种是皂树的果实，叫皂荚（又叫皂角）；另一种是肥珠子（又叫无患子），其形貌分别如图 8-1 所示。中国在清末才出现肥皂，刚开始是从外国进口的，因此被称为"洋碱"，但人们很快发现它具有跟肥珠子和皂荚一样的作用，因此又给它取了一个本土化的名字，叫做"肥皂"。

图 8-1　皂荚（左）和肥珠子（右）

1751 年左右，肥皂在马赛开始大量生产，因此，现在肥皂还有"马赛皂"的称法。早期的肥皂是奢侈品，直至 1791 年法国化学家卢布兰用电解食盐水的方法制取氢氧化钠（当时被称为火碱）获得成功，才结束了用草木灰制取碱的古老方法，肥皂才得以平民化。电解食盐水的化学方程式如下：

$$2NaCl+2H_2O \xrightarrow{\text{通电}} 2NaOH+H_2\uparrow(\text{阴极})+Cl_2\uparrow(\text{阳极})$$

电解食盐水的化学方程式

随着人类智慧的发展和化学知识的进步，人们开始用动物油脂在锅中加碱熬炼制造肥皂，并且进一步把软质的钾皂变成了硬质的钠皂，还用香味浓郁的花瓣捣烂混入油脂，制成早期的香皂。19 世纪末，制皂工业由手工作坊转为工业化生产。进一步用植物油脂和精炼的植物油脂，如橄榄油、椰子油，制造肥皂，并加入天然提取及化学合成和调制的香精、色素及各种其他成分：人参、蜂蜜、药物，制成现在品种多样、性能各异的肥皂。现在的肥皂是高级脂肪酸盐及一些添加剂的总称，日用肥皂中的脂肪酸碳数一般为 10～18，主要是与氢氧化钠或氢氧化钾等无机碱反应生成盐，也有用氨及某些有机碱，如乙醇胺、三乙醇胺等，制成特殊用途的肥皂。现代肥皂中除含高级脂肪酸盐外，还含有水、松香、水玻璃、染料、香料等添加剂，还可能含有防腐剂、抗氧剂、发泡剂、硬化剂、增稠剂、营养成分、药用成分等。普通使用的黄色洗衣皂，一般掺有松香的钠盐，其目的是增加肥皂的溶解度和泡沫，降低成本。白色洗衣皂则加入碳酸钠和水玻璃（含量可达 12%左右），一般洗衣皂的成分中约含 30%的水分。如果把白色洗衣皂干燥后切成薄片，即得皂片。

8.1.2　肥皂的分类

肥皂有不同的分类方法。按照形态肥皂可以分为固体肥皂和液体肥皂。固体肥皂又有块状、小片状和粉末状。按照用途可以分为洗衣皂、洗面皂、浴用皂等。根据含碱量肥皂通常分为硬皂、软皂和过脂皂三种。硬皂即常说的"臭肥皂"，它含碱量高，去油污能力强，但对皮肤也有较大的刺激性，反复使用可使皮肤发生干燥、粗糙、脱皮等现象，因此，硬皂一般只用于洗衣，而不用于洗澡。软皂就是我们平时所用的"香皂"，它含碱量较低，对皮肤的刺激性较小，所以正常人和皮肤病患者（如银屑病患者）均可使用。过脂皂也叫多脂皂，不含碱，儿童香皂多属于这一类。

如果在肥皂中加入适量的苯酚和甲酚的混合物，或硼酸即得药皂，具有防腐和杀菌作用，如：来苏皂（又称石炭酸皂）、硼酸皂、硫黄皂、檀香皂等，均可为正常人和皮肤病患者使用，但如果患者对某种药皂过敏，则应避免使用。

8.1.3　肥皂的生产

肥皂有冷制法、热制法、连续皂化法和催化剂快速皂化法等多种生产方法。

1. 冷制法

冷制法是先把氢氧化钠和水玻璃溶于水中，再把牛油、椰油等油脂置锅中加热熔化，冷却至 40℃，将其注入到氢氧化钠与水玻璃的溶液中，边加边搅，使碱与油脂起皂化反应，当搅拌至皂液呈均匀胶状时即停止搅拌（不宜搅拌过久，否则碱与油脂会回复分离状态），然后盖好静放一天，熟化完成即成固体。此法简单而经济，缺点是产品不能久存，日久会生白霜和臭味。

2. 热制法

热制法皂化迅速，产品质量较好，成本也低。热制法生产肥皂的过程可以分为以下几步：

（1）油脂选用。备料要考虑到产品的硬度、色泽、泡沫、溶解度、去污力等质量问题和成本问题，一般可以选择几种油脂混合起来使用。

（2）皂化反应。将混合油脂倒入皂化锅中或用泵打入皂化反应罐中，用蒸气翻煮，缓慢地加入烧碱溶液，直到皂化反应完成，皂液成为糊状皂胶。

（3）肥皂盐析和碱析。先在皂胶中加入饱和食盐水，后加入少量清水及足够量的碱水，先后均要煮沸，以达到盐析和碱析的目的，等皂胶与甘油完全分离，停止加热，静置冷却后，皂液上浮，取其上层即为皂基。下层可留待下一批继续使用。

（4）肥皂成型。制好的皂基移入调和锅内，按比例加入准备好的泡花碱溶液、钛白粉、香料或香精，以及其他添加剂，在一定的温度下经搅拌调和，然后倒入冷却槽，也可采用真空干燥，使皂基凝为大块的肥皂。

（5）切块打印装箱。最后，把大块的肥皂切条、烘干、压模，经过质量检验，即可装箱出厂。

热制法生产肥皂既可以简易进行，也可以采用机械化和自动化，其主要设备包括：反应锅、冷却槽，以及搅拌、切皂、压模的工具或机器。反应锅是油脂与碱反应的容器，可以是普通铁锅、搪瓷锅，甚至烧杯、烧瓶，也可用双层铁锅，隔水加热。

3. 手工皂

近年环保意识的增强使"自己动手"（do it yourself，DIY）变得很流行，已被忽略的手工制皂又重新兴起。手工皂，就是自己动手做的肥皂。手工皂一般选用可生物降解的原料，不添加一般肥皂中常用的添加剂，因此被认为比较环保。制作手工皂既可以加入各种营养成分，又可以设计个性化的颜色、形状和造型，甚至做成各种工艺品，还可以享受制作的乐趣，因此深得年轻人喜爱。另外，手工皂因不分离掉制皂过程中产生的甘油，除了具有洗涤功能，还有滋润皮肤的作用，但由于一般不添加防腐剂，所以保质期较短。用来做手工皂的原料是植物油、去离子水、氢氧化钠和个性化添加成分，制作方法有手工皂传统制造法和手工皂融化再制法。

1）手工皂传统制造方法

基本步骤如下：

（1）溶碱。将去离子水和氢氧化钠放在容器中，一直搅拌到变得透明为止。应该注意的是，搅拌过程中将出现泡沫和发热现象。

（2）加油。一边搅拌一边将油逐渐地加入到烧碱水溶液中，用搅拌器以适宜速度均匀搅拌一定时间，制作小块皂需搅拌10分钟左右。

（3）注模。停止搅拌，两三分钟以后，将混合液注入模具中。

（4）静置反应。在温暖的地方放置1～2天，液体在模具中产生化学反应。

注意请不要用手触摸。

（5）切块晾干。待液体凝固之后，切成需要的小块，放在通风处，避开日光直晒，一个多月以后，制作完成。

2）手工皂融化再制法（Melt & Pour 法，简称 MP 法）

在手工皂里最简单的就是"融化再制法"，它是利用在市面上买的现成皂基经加热融化后，稍加冷却，加入自己喜欢的香料或香精，或者营养物质，注入喜欢的模具，经一段时间冷却干硬后即可脱模，一块随心所欲、独一无二的香皂即可完成。为避免与空气接触，建议立刻用保鲜膜或皂用聚乙烯膜仔细包好。因为不需使用氢氧化钠，操作过程就像上烹饪课一样有趣，所以连小朋友都可在大人的监督下轻松完成。下面以亮白美肌的柠檬手工皂为例，说明用 MP 法制作手工皂的具体过程。

柠檬素有"美容水果"之称，因富含维生素 C，对美白肌肤很有效，从柠檬皮中可以萃取得到柠檬精油，将柠檬皮加入手工皂中，除了美观之外，同时能起到去角质、杀菌和美白等功效，还能提神。

材料：透明皂基 300 g、柠檬 1 个、柠檬精油 5～10 滴。

制作方法：

（1）将皂基放入微波炉中加热融化，然后稍冷却；

（2）将柠檬精油加入到融化的皂基中；

（3）将柠檬皮切成小丁或细丝，放入模型中；

（4）将调好的皂基倒入模型中，放凉后取出即可使用。

8.2　合成洗涤剂

虽然肥皂历史悠久，相对环保，而且制皂工业也在不断创新，但洗涤领域的主力军还数合成洗涤剂（synthetic detergent）。合成洗涤剂是指由表面活性剂（如十二烷基苯磺酸钠、脂肪醇聚氧乙烯醚）和各种助剂（如三聚磷酸钠）配制成的，在洗涤物体表面污垢时，能改变水的表面张力，提高去污效果的物质。与肥皂相比，合成洗涤剂胜在配方灵活、品种丰富、功能强大。

8.2.1　合成洗涤剂组成

合成洗涤剂是一种混合物，一般配方中含有多种成分，但是所有成分可以归纳成两大部分，一是表面活性剂，二是各种助剂。

1. 合成洗涤剂中的表面活性剂

表面活性剂是合成洗涤剂中的核心成分。合成洗涤剂中常用的表面活性剂有：

①阴离子表面活性剂，如烷基苯磺酸钠（LAS 和 TPS）、脂肪醇硫酸钠（FAS）、脂肪醇聚氧乙烯醚硫酸钠（AES）、α-烯烃磺酸钠（AOS）等。②非离子表面活性剂，如脂肪醇聚氧乙烯醚（AEO）、烷基酚聚氧乙烯醚、烷基醇酰胺等，聚醚是近年来生产低泡洗涤剂时常用的非离子表面活性剂，常与阴离子表面活性剂复配使用，主要起消泡作用。③两性表面活性剂，如十二烷基二甲基甜菜碱等，一般用于低刺激的洗涤剂中。前面三类表面活性剂的主要作用是洗涤去污、发泡、稳泡或消泡。④阳离子表面活性剂，如十二烷基二甲基苄基氯化铵，主要起杀菌、柔软等作用。下面对一些合成洗涤剂中重要的表面活性剂进行简介。

1）烷基苯磺酸钠

烷基苯磺酸钠是阴离子表面活性剂中的第一大品种，用于制造洗涤剂的烷基苯磺酸钠中烷基链一般含有 10～13 个碳原子（可以表示成 C_{10}～C_{13}），链较短者在水中的溶解度较大，可用于配制液体洗涤剂。烷基苯磺酸钠亲水基团为磺酸基，与疏水基团烷基苯之间的连接是碳硫键（C—S），具有较好的耐水解稳定性，在热的酸或碱中能稳定。用于洗衣粉时，多为十二烷基苯磺酸钠。直链的十二烷基苯磺酸钠（LAS）是混合物（苯基可以与直链烷基中的不同碳原子相连），LAS 有良好的洗涤能力和生物降解性。支链的十二烷基苯磺酸钠（TPS）洗涤能力强，但生物降解性差。LAS 和 TPS 的化学结构式如下：

LAS 和 TPS 的化学结构式

2）脂肪醇硫酸钠

脂肪醇硫酸钠（FAS）是另一个重要的阴离子表面活性剂，又叫烷基硫酸钠，分子通式为 $ROSO_3Na$，其中 R 为 C_{12}～C_{18} 的烷基，如 R 为 C_{12} 的烷基，就是十二烷基硫酸钠，又叫月桂醇硫酸钠。FAS 的抗硬水性较好，但耐水解能力较差，尤其在酸性介质中，易水解成脂肪醇与硫酸钠。FAS 主要用于配制液状洗涤剂、餐具洗涤剂、香波、牙膏、纺织用润湿和洗净剂，还可以在乳液聚合中做乳化剂。此外，粉状的 FAS 可用于配制粉状清洗剂和可润湿性农药粉剂。

3）脂肪醇聚氧乙烯醚硫酸钠

脂肪醇聚氧乙烯醚硫酸钠（AES）是阴离子表面活性剂中仅次于 LAS 的第二大品种，分子通式为 $RO(C_2H_4O)_nSO_3Na$，其中 R 为 C_{12}～C_{16} 的烷基。AES 对水硬度不敏感，对皮肤刺激性小，泡沫丰富，有良好的生物降解性，与非离子型表面活性剂复配性好，是家用洗涤剂中最重要的表面活性剂之一，可用于配制香波、洗洁精、洗衣粉等。

4）α-烯烃磺酸钠

α-烯烃磺酸钠（AOS）是以两种成分为主的混合物，也是阴离子表面活性剂，性能与 LAS 相似，但对皮肤的刺激性稍弱，生物降解的速度稍快，加上生产工艺简单，原料成本低廉，很有发展前景。AOS 的主要用途是配制液体洗涤剂和化妆品。AOS 的化学成分如下所示，其中 R 为 $C_{11} \sim C_{14}$ 的烷基。

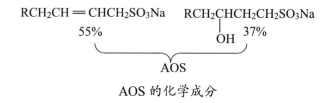

AOS 的化学成分

5）脂肪醇聚氧乙烯醚

脂肪醇聚氧乙烯醚（AEO）是非离子表面活性剂中最重要的产品，分子通式为 $RO(C_2H_4O)_nH$，其中 R 为 $C_{10} \sim C_{18}$ 的烷基，它们可以是液体或蜡状的产品，去污力强、配伍性好、泡沫少、耐硬水、易生物降解，而且价格低廉，是液状洗涤剂的理想原料。

6）烷基酚聚氧乙烯醚

烷基酚聚氧乙烯醚在非离子表面活性剂中占第二位，仅次于 AEO，分子通式为 R—⟨ ⟩—$O(C_2H_4O)_nH$，其中 R 为 $C_8 \sim C_{12}$ 的烷基。重要品种有辛基酚聚氧乙烯醚和壬基酚聚氧乙烯醚，商品牌号为乳化剂 OP。这类表面活性剂具有优良的洗涤性能，且价格较低，缺点是生物降解性差，对鱼类有毒性。

7）烷基醇酰胺

烷基醇酰胺由脂肪酸与脂肪醇胺发生酰胺化反应得到，国外商品名 Ninol，因此又称尼纳尔。根据产物中脂肪酸与二乙醇胺的比例有 1：1 和 1：2 两种类型。例如由月桂酸和二乙醇胺在不同条件下反应可以得到如下两种 N,N-双羟乙基十二烷基醇酰胺：

$$1：1型: C_{11}H_{23}CON \underset{C_2H_4OH}{\overset{C_2H_4OH}{<}}, \quad 1：2型: C_{11}H_{23}CON \underset{C_2H_4OH}{\overset{C_2H_4OH}{<}} \cdot NH \underset{C_2H_4OH}{\overset{C_2H_4OH}{<}}$$

烷基醇酰胺具有良好的洗涤作用、泡沫稳定作用和增稠作用，常用于配制液状洗涤剂、香波、干洗剂等，在其中作泡沫稳定剂和增稠剂。

8）十二烷基二甲基甜菜碱

十二烷基二甲基甜菜碱是一个典型的两性表面活性剂，它易溶于水呈透明溶液，有良好的发泡性和洗涤能力，配伍性好，刺激性低，可用于柔软剂、抗静电剂、个人卫生清洁剂和金属清洗剂，其化学结构式如 4.4.3 抗静电剂中所示。

9）十二烷基二甲基苄基氯化铵

由于在纤维上的吸附力大、洗涤能力弱、且价格贵，阳离子表面活性剂不适合用于洗涤，在洗涤剂中加入阳离子表面活性剂的目的是使洗涤剂具有消毒杀菌能力或起柔软作用。十二烷基二甲基苄基氯化铵是合成洗涤剂中重要的消毒剂和杀菌剂，其化学结构式如 4.4.4 杀菌剂中所示。

2. 合成洗涤剂中的助剂

总体而言，助剂能帮助合成洗涤剂获得更好的洗涤性能和更低的成本，具体而言，有以下多方面的作用：

（1）增强表面活性剂的表面活性，改善其对污垢的分散、乳化、增溶效果，提高合成洗涤剂的洗净力，防止污垢再沉积。

（2）软化硬水，提高洗涤液碱性，并起缓冲作用，防止表面活性剂水解。

（3）增加物料溶解度，提高产品黏度，改善产品泡沫性能。

（4）降低对皮肤的刺激性，并对纺织品起柔软、抑菌、杀菌、抗静电等作用。

（5）改善产品外观，赋予产品美观的色彩和优雅的香气，从而获得消费者的青睐，提高洗涤剂的商业价值。

合成洗涤剂中的助剂可以分为无机助剂和有机助剂两大类。

无机助剂主要有磷酸盐、硅酸钠、硫酸钠、碳酸钠和漂白剂等。

1）磷酸盐

常用的磷酸盐有三聚磷酸钠（STPP）、焦磷酸四钾、六偏磷酸钠等。合成洗涤剂中最常用的是三聚磷酸钠，外观为白色粉末，能溶于水，水溶液呈碱性，能络合污垢中的金属离子，软化硬水，在洗涤过程中起使污垢解体的作用，用量可达 15%～40%。三聚磷酸钠俗称五钠，分子式为 $Na_5P_3O_{10}$，化学结构式如下所示：

三聚磷酸钠的化学结构式

另一种磷酸盐是焦磷酸四钾（$K_4P_2O_7$），它很易吸湿，对钙、镁等金属离子有络合能力，也有一定的助洗效果，但对皮肤有刺激性，一般用于配制重垢型液体洗涤剂、金属清洗剂、硬表面清洗剂等清洁用品。

第三种磷酸盐是六偏磷酸钠，分子式可以写成$(NaPO_3)_6$。六偏磷酸钠水溶液的 pH 接近 7，对皮肤刺激性小，在中性和弱碱性溶液中对钙、镁离子有很好的络合能力，而且生成的络合物具有水溶性，浓度较高的六偏磷酸钠水溶液还有防腐效果，但是六偏磷酸钠容易吸湿和水解，一般用于工业清洗剂中。

传统的合成洗涤剂中都含有三聚磷酸钠及其他磷酸盐。"磷"是水体中藻类的一种营养物质，会造成水体富营养化（eutrophication）。所谓水体富营养化是指湖泊、水库和海湾等封闭或半封闭水体，以及某些开放性河流水体中的氮、磷等营养元素富集，水体生产力提高，某些特性藻类异常增殖，使水质恶化的过程。水体富营养化的后果之一是引发蓝藻事件。蓝藻又称蓝绿藻，是一种最原始、最古老的藻类植物，大多数蓝藻的细胞壁外面有胶质衣，因此又叫黏藻。蓝藻常于夏季大量繁殖，并在湖面形成一层蓝绿色带有腥臭味的浮沫，这种现象又被称为水华或湖靛。图 8-2 是 2012 年中国武汉东湖蓝藻爆发的情景。

图 8-2　2012 年中国武汉东湖蓝藻

资料来源：http://roll.sohu.com/20120821/n351162134.shtml

如果类似现象发生在海湾，则被称为赤潮，即海洋中的一些微藻、原生动物或细菌在一定环境条件下爆发性增殖或聚集达到某一水平，引起水体变色或对海洋中其他生物产生危害的一种生态异常现象。图 8-3 是 2015 年中国珠海赤潮爆发时的情景。

蓝藻和赤潮爆发时，藻类成片成团地覆盖水体表面，水体透明度下降，溶解氧急剧减少，加上大量藻类消耗水中的氧气，造成水中微生物和生物因缺氧而大量死亡并腐败，水体中生态平衡被破坏，水体失去自净功能，严重时导致水道堵塞，水厂停工。赤潮生物还会释放毒素引起海洋鱼、虾、贝等生物死亡，或毒素富集在海产品中对食用它们的其他动物包括人类产生毒害作用。有些赤潮生物能分泌黏性物质妨碍海洋生物的进食和呼吸，导致其窒息死亡。有些藻类还会诱发癌症，因此蓝藻和赤潮的危害很大。

图 8-3　2015 年中国珠海赤潮

资料来源：http://www.china.com.cn/guoqing/2015-01/12/content_34534487.htm

"磷"污染问题已经引起了世界各国的重视。很多国家提出了禁磷和限磷措施，并投入大量人力和物力研究和开发三聚磷酸钠的替代品。其中比较有效的有：

（1）有机螯合助剂，如乙二胺四乙酸（EDTA）、氮川三乙酸（NTA）、酒石酸钠、柠檬酸盐、葡萄糖酸盐等。

（2）高分子电解质，如聚丙烯酸钠以及人造沸石等。聚丙烯酸钠可以吸附于被洗物表面和污垢表面，增加被洗物与污垢之间的静电斥力，分散污垢，有利于污垢的去除，且能防止污垢再沉积。人造沸石又称分子筛，是硅铝酸盐的结晶，能软化硬水、吸附洗脱的污垢，防止其再次沉积到被洗物表面，被认为是比较有发展前途的洗涤助剂。

2）硅酸钠

硅酸钠可以用 $Na_2O \cdot nSiO_2 \cdot xH_2O$ 表示，是一种粒状固体或黏稠的水溶液，俗称水玻璃或泡花碱，其水溶液相当于由硅酸钠与硅酸组成的缓冲溶液。硅酸钠在洗涤剂中有多种作用：

（1）可以减少洗涤剂消耗和保护被洗物。

（2）对金属（如铁、铝、铜、锌等）具有防腐蚀作用。

（3）使粉状洗涤剂保持疏松，防止结块，增加颗粒的强度、流动性和均匀性。

（4）具有悬浮力、乳化力和泡沫稳定作用，可以阻止污垢在被洗物上再沉积。

硅酸钠用于洗涤剂有一个缺点：其水解生成的硅酸溶胶可被纤维吸附而不易洗去，织物晾干后手感粗糙。

3）硫酸钠

用于洗涤剂的硫酸钠分子式为 $Na_2SO_4 \cdot 10H_2O$，是一种白色结晶或粉末，俗称芒硝或元明粉。其优点是使阴离子表面活性剂的表面吸附量增加，促进溶液中胶束的形成，有利于润湿和去污，还可以降低料液的黏性，便于洗衣粉成型，常添加在洗衣粉中作为填充料，用量可达洗衣粉的 20%～50%。

4）碳酸钠

碳酸钠分子式为 Na_2CO_3，也是一种白色结晶或粉末，俗称纯碱或苏打。碳酸钠能使油垢皂化，并保持洗衣粉溶液一定的 pH，有助于去污，还具有软化水的作用。但碳酸钠碱性较强，一般用于低档洗衣粉。

5）漂白剂

合成洗涤剂中加入的漂白剂主要是次氯酸盐和过酸盐。

（1）次氯酸盐主要是次氯酸钠（NaClO），次氯酸根（ClO$^-$）具有强氧化性，稳定性差，只有在强碱性条件下才较为稳定，易受光、热、重金属和 pH 的影响，分解放出具有强氧化性的新生态氧和具有刺激性与毒性的氯气。

（2）过酸盐主要是过硼酸钠（$NaBO_3 \cdot 4H_2O$）、过碳酸钠（$2Na_2CO_3 \cdot 3H_2O_2$）、过硫酸钠（$Na_2S_2O_8$）等。遇水受热后产生过氧化氢（H_2O_2）而发挥漂白作用。

有机助剂有抗污垢再沉积剂、泡沫稳定剂与泡沫调节剂、酶制剂、溶剂和助溶剂、荧光增白剂、香精、抑菌剂、抗静电剂和织物柔软剂等。

1）抗污垢再沉积剂

常用的抗污垢再沉积剂有羧甲基纤维素钠（NaCMC）和聚乙烯吡咯烷酮（PVP）。

（1）NaCMC 抗污垢再沉积的机理是 NaCMC 吸附在纤维的表面，同时也被吸附在污垢粒子的表面，使二者都带上负电荷，在同性电荷的相互排斥作用下，减弱纤维对污垢的再吸附，另外，NaCMC 还具有增稠、分散、乳化、悬浮和稳定泡沫的作用，能将污垢粒子包围起来使之稳定分散在洗涤液中。

（2）PVP 的优点是抗污垢再沉积能力强、在水中溶解性能好、遇无机盐也不会凝聚析出，与表面活性剂配伍性能好。缺点是价格贵。

2）泡沫稳定剂与泡沫调节剂

高泡洗涤剂在配方中常加入少量泡沫稳定剂，使洗涤液的泡沫稳定持久。常用的泡沫稳定剂有甜菜碱型两性表面活性剂、烷基醇酰胺、月桂基二甲基氧化胺和豆蔻基二甲基氧化胺。烷基醇酰胺又称脂肪醇酰胺，属于非离子表面活性剂。在洗涤剂中，它的主要作用是增稠和稳定泡沫，兼有悬浮污垢防止其再沉积的作用。常用的脂肪醇酰胺是月桂酸二乙醇胺以及椰子油脂肪酸二乙醇胺。

低泡洗涤剂需在配方中加入少量泡沫抑制剂。常用的泡沫抑制剂有聚醚和硅油。

3）酶制剂

酶是一种生物催化剂，无毒并能被完全生物降解，作为洗涤助剂的酶与生化反应中的酶一样，其催化作用具有专一性。洗涤剂中的复合酶能将污垢中的脂肪、蛋白质、淀粉等较难去除的成分分解为易溶于水的物质，从而提高洗涤效果。因此，在洗涤剂中添加酶制剂可以降低表面活性剂和三聚磷酸钠的用量，使洗涤剂朝低磷或无磷的方向发展，减少对环境的污染。洗涤剂中用的酶主要有蛋白酶、脂肪酶、纤维素酶、淀粉酶等。

需要注意的是，酶的作用较慢，使用加酶洗衣粉时应将衣物在加酶洗衣粉的水溶液中浸泡一段时间，再按正常方法洗涤。加酶洗衣粉的 pH 一般不大于 10，在水温 40～60℃时，能充分发挥洗涤作用；水温高于 60℃时，酶会变性失去活力；水温低于 40℃时，则酶作用缓慢；水温低于 15℃时，酶的活性迅速下降，影响洗涤效果。

4）溶剂和助溶剂

液体洗涤剂中需加入溶剂是不言而喻的。在新型洗涤剂中，粉状洗涤剂中也使用多种溶剂，若污垢是油脂性的，溶剂的存在将有助于将油性污垢从被洗物上除去。常用的溶剂有松油、醇、醚、酯和氯化溶剂。

松油不溶于水，但能帮助有机溶剂和水混合均匀，如不加松油，混合物便分成两相。

醇、醚和酯是低分子量醇、乙二醇、乙二醇醚和酯等极性溶剂，有一定的水溶性，能使水和有机溶剂混合均匀。

氯化溶剂：如三氯乙烯、四氯乙烯等，用于干洗剂和特殊清洁剂。

值得一提的是，水虽然是无机化合物而不属于有机助剂，但它也是合成洗涤剂中重要而常用的溶剂。

在配制高浓度的液体洗涤剂时，往往有些活性物不能完全溶解，加入助溶剂可以解决这个问题。凡能减弱溶质和溶剂本身的内聚力，增加溶质与溶剂之间的吸引力，而对洗涤功能无害、价格低廉的物质都可用作助溶剂。常用的助溶剂有乙醇、尿素、聚乙二醇、甲苯磺酸钠、二甲苯磺酸钠等。

5）荧光增白剂

荧光增白剂（fluorescent brightener，FB）是一种无色的荧光染料。荧光增白剂吸收紫外线，发射蓝色或紫色的光，与织物本身的微黄色光互补，发出白光，同时反射出更多的可见光，从而使被洗物显得更白、更亮、更鲜艳，这就是所谓的荧光增白。与荧光增白不同的加蓝增白是在洗衣粉中加入少量蓝色染料，使被洗物上增加微量的蓝色，与原有的微黄色互为补色，从视觉上提高表观白度，但被洗物反射的亮度会降低。

在合成洗涤剂中添加 FB，不但能提高洗涤剂本身的白度，还能增加被洗物的白度或鲜艳度，提高合成洗涤剂的商业价值。FB 在合成洗涤剂中的用量一般为 0.1%～0.3%（质量分数）。

6）香精

香精是采用特定技术将多种天然香料和合成香料按照一定比例调配而成的混合物，一般每种香精都有一定的香型。其中的香料又称为香原料，是指能被嗅觉感觉出芳香气息的物质。香精用于合成洗涤剂，可以给洗涤剂和被洗物提供香气，并遮盖洗涤剂中有机溶剂及其他成分的异味。常用的有茉莉、玫瑰、青苹果、橘子、柠檬等香型的香精，用量为 0.1%～0.2%（质量分数）。

7）抑菌剂

衣物在洗涤中细菌可能遗留下来，洗后也有被细菌感染的危险。衣物上的细菌达到一定数量就会产生不良气味，甚至影响人体健康。加入抑菌剂可以防止细菌的繁殖。合成洗涤剂中常用的抑菌剂有 2-溴-2-硝基-1,3-丙二醇、2',4,4'-三氯-2-羟基二苯醚、三溴水杨酸替苯胺、十二烷基二甲基苄基氯化铵等。一般用量是千分之几质量分数。

8）抗静电剂和织物柔软剂

抗静电剂的作用是降低织物表面静电干扰。柔软剂的作用是改进织物手感。通常使用阳离子表面活性剂，如：二硬脂酸二甲基氯化铵、硬脂酸二甲基辛基溴化铵、高碳烷基吡啶盐、高碳烷基咪唑啉盐；柔软剂还可以用非离子表面活性剂，如高碳醇聚氧乙烯醚和具有长碳链的氧化胺。

8.2.2　合成洗涤剂分类

合成洗涤剂种类繁多，各成系列。按产品外观形态分为固体洗涤剂和液体洗涤剂。按大类用途分为民用洗涤剂和工业用洗涤剂。民用洗涤剂包括个人卫生清洁剂、衣物洗涤剂和家庭日用清洁剂，每个大类又包含不同的小类，每个小类又有不同品牌，每个品牌还有不同产品。以下是民用洗涤剂的一些分类举例。

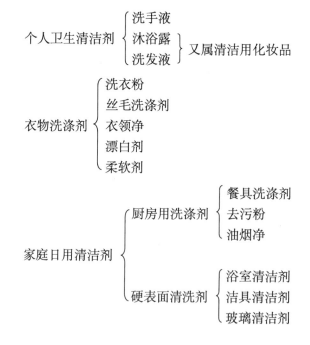

8.2.3　洗衣粉

虽然很多人不熟悉合成洗涤剂这个名称，但洗衣粉是大众耳熟能详的产品。洗衣粉由德国汉高（Henkel）公司于 1907 年发明，至今一直是衣物洗涤中的主要产品。大多数洗衣粉外观为白色或蓝色粉末，其中含有多种化学成分，而且各种成分都有一定的比例，即每种洗衣粉都有自己的配方。

1. 洗衣粉的配方

洗衣粉的配方有很多，以下是中国的民用洗衣粉配方。

[中国民用洗衣粉配方]

成分名称	质量分数/%
烷基苯磺酸钠	15～30
烷基磺酸钠	0～10
三聚磷酸钠	15～40
硅酸钠（干）	5～8
碳酸钠	0～12
硫酸钠	18.5～52
对甲苯磺酸钠	0～3
羧甲基纤维素	0.5～2
荧光增白剂	0.03～0.3
香精、色素	适量
水	1.95～9.6

2. 洗衣粉的生产工艺

无水洗衣粉只需将各种原料按比例混合均匀，即可包装。含水普通洗衣粉的生产工艺包括配料、浆料后处理、洗衣粉的成型干燥、筛分、后配料和成品包装六道工序。质量好的成品洗衣粉，一般颜色为鲜明的白色或蓝色，粉体颗粒大小与中国北方小米粒差不多，颗粒均匀饱满，干爽结实，能自由流动。如果颗粒太细，则流动性差，易成粉尘或结块；颗粒太大则会影响使用时的溶解性。

3. 洗衣粉的应用

洗衣粉可以用来洗衣服和其他不直接进入人体或不长期与人体接触的物品。洗衣粉中的主要成分烷基苯磺酸钠具有中等毒性，如果它的微粒附着在餐具和瓜果蔬菜上，通过胃肠道进入人体后，可抑制胃蛋白酶和胰酶的活性，从而影响胃肠的消化功能，同时还会损害肝细胞，导致肝功能障碍，久而久之，会使人消化不良、肝肾异常，甚至导致肿瘤和血液疾病。因此，不能用洗衣粉洗涤瓜果、蔬菜等食物，以及餐具等直接与人体接触的物品。

8.2.4　洗洁精

洗洁精是又一款深受大众欢迎的日用化学品，外观为透明或不透明的黏稠液体，一般无色，也可以是浅黄色、浅蓝色等。洗洁精给我们最深的印象可能是能迅速清除餐具上的油腻。洗洁精虽然看起来是均一的液体，但也是一个混合体系，不过其中成分比洗衣粉少。和一般液体洗涤剂一样，洗洁精也是由一定量的表面活性剂，少量的增稠剂、螯合剂、增溶剂、防腐剂、香精、色素和大量水组成，调整各部分的比例就得到不同的洗洁精配方。

1. 洗洁精的配方

洗洁精有很多品牌，每个品牌又有不同的品种，每个品种都有自己的配方。下面是一个洗洁精配方：

[洗洁精配方]

成分名称	质量分数/%
十二烷基硫酸钠	2
烷基醇酰胺	6
脂肪醇聚氧乙烯醚硫酸钠	2
精盐	0.4
苯甲酸钠	0.1
柠檬香精	0.1
水	加至100

2. 洗洁精的生产工艺

洗洁精生产工艺包括原料准备、混配或乳化、后处理和成品包装等工序。例如上述配方洗洁精的制备过程如下：将水置于容器中，加入十二烷基硫酸钠，慢慢搅拌，使其完全溶解。再加入烷基醇酰胺，搅拌均匀。然后，向水中慢慢地加入精盐，边加边搅拌，直至产品黏稠为止。加入苯甲酸钠，搅拌均匀。再加香精和脂肪醇聚氧乙烯醚硫酸钠，搅拌均匀即为产品。

好的洗洁精外观应颜色浅、无异味、不分层、无悬浮物、无沉淀，可以带有浅黄色等明亮悦目的颜色，有一定黏度。洗洁精黏度太小，可能是活性物太少而水太多，洗涤效果不好，但洗洁精也并非越黏稠越好，因为洗洁精去污力与黏稠度无必然联系，黏稠也许只是多加了并无去污作用的增稠剂。真正决定洗洁精去污效果的是表面活性剂，在一定范围内，表面活性剂添加越多去污能力越强，但价格越贵。

3. 洗洁精的应用

洗洁精用途比较广泛，可用于餐具、果蔬、衣物、玻璃、地板等有油污物品的清洗，也可用于洁手。用洗洁精清洗餐具时，要根据油污情况适量取用，并且最后一定要用流动清水冲洗干净。用洗洁精洗涤蔬菜、水果时，将洗洁精用水稀释 200～500 倍，浸泡时间以 5 分钟为宜，洗洁精有助于除去蔬菜和水果上残留的农药等物质，但浸泡后必须用流动清水冲洗干净，因为每次洗后残留的微量洗洁精中的化学成分，长期累积作用也会对人体产生毒害。另外，一些不法厂家使用甲醛作为防腐剂以保证洗洁精不变质，使用甲醇促进水相物质和有机相物质的相互溶解，更增大了洗洁精的毒性。

8.2.5　洗涤原理

从广义上讲，洗涤是从被洗涤对象（又称基质或载体）中除去不需要的成分并达到某种目的的过程。通常意义洗涤是指除去固体被洗物表面的污垢。按近代表面化学的观点，污垢是处于错误位置的物质。污垢种类包括：油污（主要是碳氢化合物），无机物（主要是泥沙和灰尘），水溶性污垢（主要有脂肪酸和水溶性无机盐）和蛋白质污垢（例如牛奶和血渍）。

虽然要清除的污垢多种多样，但洗涤的原理大致相同，即通过一些化学物质（如洗涤剂等）的作用减弱或消除污垢与基质之间的相互作用，使污垢与基质的结合转变为污垢与洗涤剂的结合，最终使污垢与基质脱离。合成洗涤剂的洗涤去污作用是由于表面活性剂降低了表面张力而产生的润湿、渗透、乳化、分散、增溶等多种作用的综合结果。家用洗涤剂和工业清洗剂等所有的合成洗涤剂，起主要作用的成分都是表面活性剂。

一个典型的由织物表面洗去油垢的过程如图 8-4 所示。被污物放入洗涤剂水溶液中，先被充分润湿、渗透，表面活性剂水溶液进入被污物内部并包围油垢（图 8-4（a））；接着表面活性剂分子在油垢表面定向，其疏水端插入油垢内部，亲水端向着水溶液（图 8-4（b）和（c）），逐渐将油垢分散包围起来（图 8-4（d））；再经搓揉、滚动、摩擦等外力作用，被包围的油垢离开织物进入洗涤剂水溶液中；进一步被乳化、分散，最后增溶到表面活性剂胶束中，被反复用清水冲洗除去。过程中同时发生表面活性剂分子在织物表面定向，疏水端朝向织物，亲水端朝向水溶液（图 8-4（d）），将油垢与织物隔开，以防油垢再次沉积至织物上。

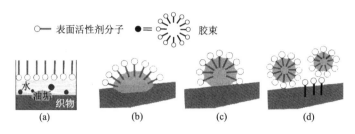

图 8-4 表面活性剂去除油垢的原理

8.2.6 正确认识合成洗涤剂

合成洗涤剂,因其去污效果明显、使用方便、价格低廉,已广泛应用到生活的各个方面,成了不可或缺的日常用品。合成洗涤剂的正确使用可以给我们带来很多便利,不正确使用则会对人体健康造成很大的潜在危害。

合成洗涤剂的潜在危险主要有

(1)损伤皮肤。表面活性剂会溶解皮肤表面的油脂,常使用合成洗涤剂的人容易发生手部皮肤干裂,尤其是强力去污粉及洁厕剂,由于强调能够迅速分解油污,去除污垢,所含的化学成分更容易损伤皮肤。

(2)污染环境。一方面,大量洗涤废水进入河流和地下水道,污染水体和土壤,甚至毒害其中的动植物;另一方面,合成洗涤剂中不少化学物质不易分解,经长期累积,再加上食物链的作用,将对人体及环境造成很大的危害。另外,若在厕所水箱内放消毒液,会杀死化粪池内的厌氧菌,不利于粪便分解,也会造成环境污染。

(3)危害人体健康。如果每天吃下残留在食物或餐具上的洗涤剂,积少成多,会损害人体的肝脏,甚至致癌。有人从市场上买来 9 种洗洁精做实验,餐具用洗洁精洗过后,用自来水冲洗 12 遍,平均仍有 0.03％来自洗涤剂的残留物。

人们对合成洗涤剂存在一些误解:

(1)增加洗洁精的用量可以清除餐具上的细菌。目前市面上销售的普通餐具洗洁精不具有消毒作用,相反地,它极易感染细菌,这些细菌可能随依附在碗碟上的洗涤剂残液进入人体。

(2)多种洗涤剂、消毒剂混合使用去污效果更佳。洗涤剂不能随意混合使用,尤其是洁厕剂不能与漂白水或消毒剂混合使用。如果将洁厕灵和"84"消毒液混和使用,由于"84"消毒液主要成分为次氯酸钠,洁厕灵里含有盐酸,两者会发生如下化学反应产生有毒的氯气:

$$2HCl + NaClO \!=\!=\! NaCl + Cl_2\uparrow + H_2O$$

常温常压下,氯气为黄绿色、有强烈刺激性气味的剧毒气体,密度比空气大,可溶于水和碱溶液，易溶于有机溶剂，具有氧化性和窒息性。氯气主要通过呼吸道侵入人体并溶解在黏膜所含的水分里，生成次氯酸（HClO 水溶液）和盐酸（HCl 水溶液），次氯酸能氧化破坏组织蛋白，盐酸使黏膜发生炎性肿胀，大量分泌黏液。氯气中毒的明显症状是发生剧烈的咳嗽，重症者会发生肺水肿，呼吸困难，甚至窒息死亡。在第一次世界大战中氯气曾被用作化学武器。

可以从以下几个方面正确使用合成洗涤剂：

（1）选择合适品种。最好选用无磷、无苯、无荧光增白剂的合成洗涤剂。

（2）控制用量、使用温度和时间。洗蔬菜、水果时，洗涤液浓度为 0.2%左右，浸泡时间以 5 分钟为宜。洗碗筷时，洗涤液浓度为 0.2%～0.5%，浸泡时间以 2～5 分钟为宜。洗衣服时，如果洗衣粉中含有过氧酸盐漂白剂，温度要高于 80℃才能达到漂白效果；如用加酶洗衣粉，衣服最好在 40～60℃下浸泡 30 分钟左右再洗。

（3）洗后用清水充分冲洗干净。尤其是洗涤食物和餐具时，一定要用流动的清水冲洗干净。

（4）一般情况下洗涤剂不可混合使用。各种洗涤剂最好单独存放，单独使用，在不了解其成分和性能时不可随意混合使用。

8.3 化 妆 品

8.3.1 化妆品概述

1. 化妆品的概念

一般说来，化妆品（cosmetic）是用以清洁和美化皮肤、面部、毛发或牙齿等部位而使用的日常用品。欧盟的化妆品规程中规定：化妆品系指用于人体外部或牙齿和口腔黏膜的物质或制品，主要起清洁、香化或保护作用，以达到保护健康、改变外形或消除体臭的目的。中国《化妆品卫生监督条例》中对化妆品的定义是化妆品是以涂擦、喷洒或其他类似的方法，散布于人体表面任何部位，以达到清洁、消除不良气味、护肤、美容和修饰等目的的日用化学工业产品。

2. 化妆品的作用

化妆品的作用很多，归纳起来有以下几个方面：

（1）清洁作用。如牙膏和沐浴露是起清洁作用的化妆品的代表。

（2）保护作用。如雪花膏和护手霜是常用的起保护作用的化妆品。

（3）美化作用。如染发剂和指甲油是美化头发和指甲的化妆品。

（4）营养作用。如精华素和珍珠霜是典型的含有营养成分的化妆品。

（5）治疗作用。如雀斑霜和粉刺霜是常见的有治疗作用的化妆品。

3. 化妆品的分类

化妆品可以按照原料来源、使用部位、使用目的等多种方法进行分类。按原料来源不同可以将化妆品分成天然化妆品和合成化妆品；按使用部位不同可以将化妆品分成黏膜用化妆品、头发用化妆品、指甲用化妆品、口腔用化妆品等；按使用目的不同化妆品可以分成清洁用化妆品、护肤用化妆品、美容用化妆品、治疗用化妆品和其他类化妆品。其中护肤用化妆品又称基础化妆品，美容用化妆品又称修饰类化妆品或粉饰类化妆品，治疗用化妆品又称特殊用途化妆品。

4. 化妆品的质量要求

化妆品有三个方面的质量要求：

（1）化妆品包装标签的要求。 化妆品标签规定有必须标注的内容和不得标注的内容。成分、生产日期和保质期等重要信息必须标注；而"特效""高效""奇效""第 X 代""抗过敏"等对消费者有诱导倾向的内容不得标注。

（2）感官质量要求。如目测色泽柔和而鲜明、液体均匀、膏体和粉质细腻、不皱缩、不分层等。感官质量要求还有铺展性、湿润度、厚重感、光亮度、滑爽感、柔软感、黏滞感等感官指标。

（3）安全卫生要求。主要是细菌和其他污染物不能超标。

评价化妆品的四大要素：安全性、稳定性、使用性（又称舒适性）和有效性，即化妆品必须保证长期使用的安全性，在保质期内稳定，使用后有舒适感，或者至少不产生不适感，以及在保持使用部位正常生理功能的前提下达到使用者需要的效果。

8.3.2 化妆品组成

不同用途和性能的化妆品都可以看成由基质原料和辅助原料两部分组成。

1. 基质原料

基质原料包括油性原料、粉质原料、胶质类原料和溶剂四个部分。

（1）油性原料。油性原料是指油脂和蜡，是膏霜、乳液、发乳、发蜡、唇膏等化妆品的基质原料。

（2）粉质原料。粉质原料吸附性强，遮盖力大，是香粉、爽身粉、胭脂、眼影粉和牙膏的基质原料，有滑石粉、高岭土、黏土、膨润土、钛白粉、硬脂酸锌、磷酸钙、碳酸钙等。

（3）胶质类原料。胶质类原料主要是水溶性的高分子化合物。在化妆品中被用做胶合剂、增稠剂、悬浮剂和助乳化剂，如：淀粉、胶原蛋白、羧甲基纤维素、海藻酸钠、聚乙烯吡咯烷酮、聚丙烯酸钠、胶性硅酸镁铝等。

（4）溶剂。溶剂是雪花膏、润肤乳、沐浴露、香水等膏状、浆状、液状化妆品的重要成分，主要有水、醇、酮等。

2. 辅助原料

辅助原料包括表面活性剂、防腐剂、抗氧剂、色素、香精以及功能性添加剂。

（1）表面活性剂。表面活性剂在化妆品中起润湿、渗透、乳化、分散、增溶等多种作用。有硬脂酸皂、脂肪醇硫酸钠、脂肪醇聚氧乙烯醚硫酸钠、烷基醇酰胺、烷基甜菜碱、烷基氧化胺（又称胺氧化物）、阿拉伯树胶、海藻酸钠、脂肪酸蔗糖酯、卵磷脂等，以及氨基酸表面活性剂。

（2）防腐剂和抗氧剂。防腐剂和抗氧剂是防止化妆品变质的原料。防腐剂有水杨酸、对羟基苯甲酸酯、季铵盐类阳离子表面活性剂等。抗氧剂有叔丁基对羟基苯甲醚（BHA）、二叔丁基对羟基甲苯（BHT）、维生素 E 等。

（3）色素和香精。色素用以提供赏心悦目的色彩；香精则负责散发出令人愉快的香气。

（4）功能性添加剂。功能性添加剂是具有某种特定功能的添加剂。例如：甘油和聚乙二醇等保湿剂；维生素、胶原蛋白和瓜果提取液等营养剂；中草药调理剂；防晒霜中的紫外线吸收剂和屏蔽剂等。

8.3.3　清洁用化妆品

清洁用化妆品顾名思义是用于人体清洁卫生的化妆品。牙膏、洗面奶、卸妆油、磨砂膏、去死皮膏、沐浴露、洗发香波等都属于清洁用化妆品。

1. 牙膏

牙膏是以清洁牙齿为目的的口腔卫生用品。小小牙膏主要成分不少，包括摩擦剂、保湿剂、发泡剂、增稠剂、甜味剂、色素、香精、具有特定功能的成分、其他助剂和水。具有特定功能的成分有氟化物防龋剂、脱敏镇痛剂、消炎止血剂、除渍剂、保健调理剂等。

按用途牙膏可以分为洁齿型（又称普通型）和疗效型（又称加药型）。按牙膏中主要成分可以分为碳酸钙型、磷酸钙型、氢氧化铝型和二氧化硅型牙膏。以下是一个牙膏配方：

[牙膏配方]

成分名称	质量分数/%
磷酸氢钙	45～50
羧甲基纤维素钠	0.06～0.15
硅酸镁铝	0.4～0.8
甘油	10～12
山梨醇（70%）	13～15
焦磷酸钠	0.5～1.0
月桂醇硫酸钠	2.0～2.8
糖精	0.2～0.3
香精	0.9～1.1
去离子水	加至 100

2. 洗面奶

洗面奶又称洁面乳，是清洁面部的化妆品，也是目前非常流行的洁肤用品。洗面奶主要成分有表面活性剂、油性原料、保湿剂、营养添加剂、硼砂等。营养添加剂有蜂蜜、水解蛋白、海藻精华、维生素 C、水果和植物提取液等。表 8-1 是一个普通洗面奶的配方。

表 8-1　一个普通洗面奶配方

成分名称	质量分数/%	成分名称	质量分数/%
硬脂酸	7.0	甘油	4.0
硬脂酸单甘油酯	8.0	三乙醇胺	0.9
十六醇或十八醇	2.0	防腐剂	适量
辛酸（或癸酸）三甘油酯	5.0	香精	适量
蓖麻油	1.0	去离子水	68.1
葵花油	4.0		

3. 卸妆乳

卸妆乳是以植物油为主体的卸妆用品。主要成分有植物油、蜂蜡、蛋白质、植物提取液。

4. 磨砂膏

磨砂膏是含有极微细的砂质颗粒的洁肤用品。主要成分是膏霜类基质原料和摩砂剂等。

5. 去死皮膏

去死皮膏是可以帮助剥脱皮肤老化角质的洁肤用品。主要成分包含膏霜类基质原料、摩砂剂、角质软化素（如果酸、水杨酸）等。

6. 沐浴露

沐浴露是用于洗澡时清洁皮肤，带来清凉舒爽、滋润柔滑感受的洁肤用品，非常流行。主要成分包括表面活性剂、泡沫稳定剂、护肤剂、增稠剂、螯合剂、香精、色素、去离子水等。一个沐浴露的配方见表 8-2。

表 8-2　一个沐浴露配方

成分名称	质量分数/%	成分名称	质量分数/%
脂肪醇聚氧乙烯醚硫酸钠 （70%）	18.0	甘油	4.0
脂肪醇聚氧乙烯醚磺基琥珀酸单酯二钠（30%）	8.0	柠檬酸	适量
椰油酰胺丙基甜菜碱	10.0	防腐剂	适量
月桂醇二乙醇胺	4.0	香精、色素	适量
水溶性羊毛脂	2.0	去离子水	54.0

7. 洗发香波

香波是英文 shampoo 的谐音译名，洗发香波又名洗发水，是一种清洁和保养头发的化妆品。洗发香波既具有去污能力，又不会过分除去头发自然的皮脂，所以既可以清洁头发，又能使头发有光泽、易梳理。

若用肥皂洗发，洗后可能会有一层灰白色膜状物包裹在头发上，使头发又黏又硬，这是钙离子和镁离子和肥皂作用产生的"皂垢"，香波可以克服这一缺点。表面活性剂为洗发香波提供了良好的去污力和丰富的泡沫，使香波具有很好的清洗作用。辅助表面活性剂及各种添加剂可增加表面活性剂的去污力和泡沫的稳定性，进一步改善香波的洗涤功能，增强香波的调理作用，并与硬水中的钙、镁离子相结合，在洗发后不会发生"皂垢"黏附在头发上的现象。

洗发香波有以下性能特点：

（1）有良好的去污性；

（2）有适中的黏稠度；

（3）泡沫细腻丰富；

（4）能使洗后的头发具有光泽；

（5）对头发和眼睛的刺激性小。

现代洗发香波主要有三种成分：表面活性剂（主要成分）、辅助表面活性剂及添加剂。用这三类原料进行配方设计，可以制成形态和功能不同的香波。

洗发香波按外观形态一般可分为透明液体香波、乳浊型香波、珠光香波、膏状香波等；按主要成分可分为肥皂型、合成洗涤剂型及两者混合型；依据功效可分为调理香波、中性香波、油性香波、干性香波、去屑香波、染发香波等。

1）透明液体香波

透明液体香波是比较常见的一种洗发用品，外观清澈透明，常带有悦目的色泽。透明液体香波必须使用浊点（在一定条件下由于溶解度减小而开始出现浑浊的温度）较低的原料，以确保产品在低温下透明澄清。配方中常用的表面活性剂有脂肪醇硫酸钠、脂肪醇聚氧乙烯醚硫酸钠、烷基醇酰胺。在脂肪醇聚氧乙烯醚硫酸钠体系中，可用无机盐来调节黏度。

2）珠光香波

珠光香波是在透明香波的配方中加入十六醇、十八醇、硬脂酸镁、聚乙二醇硬脂酸酯等水不溶的物质，使其均匀悬浮在香波中，反射部分入射光，折射和透射入射光中的剩余光线，从而产生珍珠般的光泽，给人以高档的感觉。珠光来自香波中的结晶，珠光的效果和结晶大小有关，可以通过控制制备过程中的搅拌速度和温度进行调节。

3）膏状香波

膏状香波是中国国内较早开发的专用洗发产品，目前虽已不占主导地位，但由于具有价格低廉、使用方便的优点，仍有一定市场。

最早的膏状香波是以脂肪酸皂为主体配制的（肥皂型），虽然价格便宜，洗净力强，但脂肪酸皂不耐硬水，脱脂力强，洗后头发没有光泽，不易梳理，所以现在的膏状香波大多用脂肪酸皂和其他表面活性剂复配（肥皂和合成洗涤剂混合型），或完全不含脂肪酸皂（合成洗涤剂型）。

4）调理香波

调理香波是最常见的洗发香波品种，这种香波除了具有清洁头发的功能外，主要特点是改善头发的梳理性，防止静电产生，洗后头发不黏结缠绕、易梳理、有光泽及柔软感。

洗发香波生产工艺有冷混法和热混法。冷混法适用于配方中原料水溶性较好的制品；热混法是指在加热的条件下制作洗发香波，加热温度一般不超过80℃，并控制冷却和搅拌速度。以下是一个透明液体洗发香波的配方及制作方法：

[洗发香波配方]

成分名称	质量分数/%
十二烷基硫酸钠	9.3

烷基醇酰胺	6.3
甘油	3.3
硼砂	0.6
氯化钠	1.5
防腐剂、香精、色素	少量
去离子水	79

制作方法：在洁净的容器中，加入烷基醇酰胺和甘油，再加去离子水，在搅拌下加热至 45～50℃，再加入硼砂，继续搅拌均匀，然后加十二烷基硫酸钠，继续搅拌，直至固体全部溶解，得到无色透明溶液，加少量防腐剂，搅拌，待溶解后，加入适量氯化钠，搅拌，待溶解后，加少量色素，搅拌均匀，冷却至室温，加少量香精即成。

8.3.4　护肤用化妆品

护肤用化妆品包括按摩膏、润肤霜、乳液、防晒霜、化妆水等。

1. 按摩膏

按摩膏是用以按摩皮肤的护肤品，能使手与皮肤之间具有润滑感，并使被按摩的肌肤得到舒缓。主要成分有植物油、蜂蜡、卵磷脂、乳化剂、抗氧剂和去离子水等。

2. 润肤霜

润肤霜是用以保持皮肤滋润、光滑、柔软、有弹性的护肤品。润肤霜一般由植物油、矿物质蜡、水解胶原蛋白、海藻提取物、卵磷脂、维生素 E、氨基酸、丙二醇、聚乙二醇、甘油和透明质酸（又称玻尿酸）等保湿剂和柔软剂、防腐剂、抗氧剂、香精、去离子水等组成，有的还含有美白成分和抗皱成分。

3. 乳液

乳液是一种呈黏稠流动状的护肤品，乳液类化妆品含水量高，多为水包油型乳化体，使用后使皮肤滋润、清爽。乳液的主要成分有动植物油脂、精油等营养物质、乳化剂、增稠剂、防腐剂、抗氧剂、香精、去离子水等。

4. 化妆水

化妆水有使皮肤柔软滋润的润肤化妆水，收缩毛孔绷紧皮肤的收敛型化妆水，保湿性强的柔软性化妆水和补充皮肤营养成分的营养化妆水，其主要成分相似，为表面活性剂、保湿剂、植物提取液、去离子水等，不同之处在于根据各自的使用目的加入一些功能性添加剂。

5. 雪花膏

雪花膏是以硬脂酸盐类为乳化剂的水包油型乳化体。因色泽洁白似雪花而得名。其作用是在空气相对湿度较低的气候下，能起到保护皮肤不致粗糙或干燥开裂的作用，也可防治因皮肤干燥而引起的瘙痒。

雪花膏的作用原理是涂敷在皮肤上，水分蒸发后留下一层硬脂酸、硬脂酸盐和保湿剂所组成的薄膜，既能使皮肤与外界干燥空气隔离，又能控制皮肤表皮水分的过量蒸发。下面是一款雪花膏小样的制作过程：

称取 2.5 g 三压硬脂酸，0.75 g 十六醇，0.35 g 单硬脂酸甘油酯，2.5 g 甘油，置于 100 mL 烧杯中，缓慢加热，使其融化成透明液体，作为油相。称取 0.125 g KOH 固体于 100 mL 烧杯中，加 25 mL 去离子水溶解，加热至 90℃，得到水相。在快速搅拌下将水相缓慢加入到油相中，全部加完后继续快速搅拌，保持温度在 80～90℃，使体系进行皂化反应，反应结束后，适度冷却，加入适量防腐剂，搅拌均匀，继续冷却至接近室温，加入适量香精，搅拌均匀，转移至选定的容器中，静置冷却即成。

雪花膏的工业生产过程包括原料预热、混和乳化、搅拌冷却、静置冷却、包装等工序。

6. 防晒霜

紫外线照射到真皮层，皮肤容易起皱、增厚以及引发日光性皮炎，或出现灼痛、起泡、肿胀、脱皮等现象，严重的甚至可引起皮肤癌。防晒霜是用于遮挡、吸收或折射紫外线以减少皮肤受到伤害的保护品。

紫外线通常根据波长分为三类：

（1）UVA（ultraviolet A）：对应波长为 320～400 nm，属于紫外线中波长较长的光线，又被称为老化射线（UV aging）。日光中超过 98% 的 UVA 能穿透臭氧层和云层到达地球表面，并且能透过大部分透明的玻璃和塑料，直达人体肌肤的真皮层，损伤弹性纤维和胶原蛋白纤维，加速皮肤中黑色素的生成，使皮肤变黑和老化。

（2）UVB（ultraviolet B）：对应波长为 290～320 nm，也被称为晒伤射线（UV burning），日光中的 UVB 大部分被臭氧层吸收，只有不足 2% 能到达地球表面，而且其波长较短的部分会被透明玻璃吸收。UVB 能促进体内矿物质代谢和维生素 D 的形成，但长时间或大剂量照射会造成严重的皮肤损伤，如红斑、晒伤等，UVB 也能加速皮肤中黑色素的生成。

（3）UVC（ultraviolet C）：是波长为 100～290 nm 的紫外线，也是波长最短

的紫外线，又称为短波灭菌紫外线。短波紫外线能杀菌消毒，对人体的伤害也很大，短时间照射即可灼伤皮肤，长时间或高强度照射还会导致皮肤癌。但是，日光中含有的短波紫外线几乎全部被臭氧层吸收而无法到达地面，UVC 也不能穿透大部分的透明玻璃及塑料，因此防晒品对其基本不设防护。

防晒化妆品主要设计防御 UVA 和 UVB。防护效果可以用两类指标表示，一类称为日光防护指数或防晒指数（sun protection factor，SPF）；另一类称为 UVA 防护等级（protection grade of UVA，PA）。

（1）日光防护指数或防晒指数代表了防晒化妆品对日光中中波段紫外线（UVB）的抵御效果。SPF 值根据以下公式计算：

$$SPF = \frac{已被保护皮肤的最小红斑剂量}{未被保护皮肤的最小红斑剂量}$$

日晒红斑，又称紫外线红斑，指日光中中波段紫外线引起的皮肤红斑反应。最小红斑剂量是指测试条件下发生皮肤红斑反应的最小紫外线剂量。SPF 值越高，防护功效越好。一种量化的解释认为，SPF 后面的数字是指使用防晒产品后，皮肤防晒时间延长的倍数。例如：一个人在没有做任何皮肤防晒保护的情况下，在太阳下 10 分钟后皮肤开始发红，涂抹 SPF15 的防晒霜后，相同情况下，防晒霜会对皮肤进行 10×15=150（分钟）的保护，即 2.5 小时后皮肤才开始发红。但是，在实际使用过程中，由于涂抹不匀、涂抹量不够、出汗和摩擦等对防晒膜的破坏等因素，所以实际防晒时间可能会大大缩短。

中国《化妆品卫生规范》（2002 年版）规定：当所测产品的 SPF 值大于 30，减去标准差后小于或等于 30，则最大只能标识到 SPF30；当所测产品的 SPF 值大于 30，且减去标准差后仍大于 30，最大只能标识为 SPF30+。欧美及日本防晒化妆品的 SPF 值可达 130。

（2）UVA 防护等级代表防晒化妆品对日光中长波段紫外线（UVA）的抵御效果。PA 值是跟据 PFA 试验结果确定的。PFA（protection factor of UVA）是紫外线 UVA 防护因子，可以通过下面的公式计算，其中 MPPD（minimal persistent pigmentation dose）是最小晒黑剂量。

$$PFA = \frac{涂抹防晒化妆品部分的MPPD值}{没有涂抹防晒化妆品部分的MPPD值}$$

与 SPF 不同，在 PA 的后面用"+"号而不是数字表示防护效果，PFA2～3=PA+，PFA4～7=PA++，PFA8=PA+++。"+"越多代表抵御 UVA 的效果越强，目前化妆品行业普遍认同的最高 UVA 防护等级是"PA+++"，但是 2013 年 1 月，日本有关部门宣布将最高 UVA 防护等级由"PA+++"修订为"PA++++"。SPF15 和 PA++就能满足日常防晒要求。

防晒霜主要成分包括：

（1）紫外线吸收剂（对氨基苯甲酸及其酯、水杨酸酯、二苯甲酮、对甲氧基肉桂酸酯等）；

（2）紫外线屏蔽剂（二氧化钛、氧化锌等）；

（3）成膜剂、遮盖剂（高岭土、羟乙基纤维素、黄原胶等）；

（4）植物油、液体石蜡、蜂蜡；

（5）润肤剂、保湿剂；

（6）防腐剂、抗氧剂、香精、去离子水等。

8.3.5　美容用化妆品

美容用化妆品，即粉饰类化妆品，具有遮盖性和修饰性，可以起到改善和美化人的肤色，调整面部轮廓和五官比例的作用。

美容用化妆品包括粉底霜、粉底液、粉饼、胭脂、眼影、眼线液、睫毛膏、唇膏、指甲油、香水、固发剂、烫发剂、染发剂等众多品种，以下选择性地介绍其中的几类。

1. 粉饼和香粉

粉饼和香粉是主要用于面部的化妆品，能遮盖褐斑，调节皮肤的色彩和质感，使之具有魅力，还可以吸收汗液和皮脂，防止皮肤出油过多。

粉饼和香粉要求与皮肤基色相近，香味自然、不遮盖香水的香味，而且要有良好的黏性、伸展力和覆盖性。

粉饼和香粉的基础配方包含的成分有滑石粉、高岭土、淀粉、云母粉、碳酸钙、氧化锌、钛白粉、金属皂、香精、色素、珠光颜料等。

2. 粉霜

粉霜兼有雪花膏和香粉两者的使用效果，不仅有护肤作用，而且有较好的遮盖力，能掩盖面部皮肤表面的某些缺陷。

粉霜类型一般有两种，一种是以雪花膏为基体的粉霜，适用于中性和油性皮肤；另一种是以润肤霜为基体的粉霜，含有较多油脂和其他护肤成分，适用于中性和干性皮肤。以下是一例粉霜配方。

[粉霜配方]

成分名称	质量分数/%
硬脂酸	12.0
十六醇	2.0

硬脂酸甘油单酯	2.0
二氧化钛	1.0
氧化铁（红色）	0.1
氧化铁（黄色）	0.4
氢氧化钾	0.3
丙二醇	10.0
香料	0.5
防腐剂、抗氧剂	适量
去离子水	71.1

3. 胭脂

胭脂是搽在脸上使之呈现立体感和红润、健康气息的化妆品。

现代胭脂主要由滑石粉、碳酸锌、氧化锌、二氧化钛、云母、脂肪酸锌、色素、香料、黏合剂及防腐剂等按一定比例混合均匀、压成粉饼制成。

4. 唇膏

唇膏有两大类，一类是色彩唇膏，也就是口红，用于美容化妆，多用于女性或演员；另一类是无色唇膏，又称护唇膏，或润唇膏，用于保护嘴唇，防干裂，老少皆宜。两类唇膏最主要的区别在于是否添加色素。

唇膏必须要对人体无害、无刺激、易涂抹、保留时间长，在一般的温度和压力下，不变形、不出油、不干裂。

口红主要成分是羊毛脂等滋润性成分、蜡质等锁水保湿成分、色素和抗氧化成分。润唇膏的组成包括羊毛脂等滋润性成分、维生素 A 和 E 等营养成分及抗氧化成分，以及凡士林、蜡质等锁水保湿成分。

唇膏生产工艺一般包括颜料混合、原料融化、真空脱泡、保温浇铸和包装工序。润唇膏也可以自己动手制作，下面是自制 100% 蜂蜜润唇膏的步骤：

（1）准备材料：蜂蜡 5 g，蜂蜜 20 mL，椰子油或橄榄油 10 mL；

（2）将蜂蜡切成碎丁状（易于融化）；

（3）把蜂蜡和油混合好，放入微波炉，加热至融化；

（4）加入蜂蜜；

（5）充分调和均匀后，倒入唇膏管中，待自然凝固即可使用。

5. 香水

香水是香精和定香剂等成分溶于乙醇和水等混合溶剂形成的一种溶液，作用是给人体或其他物体提供持久且悦人的气味。香水可以分为两大类：

（1）花香香水：以玫瑰、茉莉、铃兰、桂花、紫丁香等单一花香香精配制的单香型香水和以素馨兰、康乃馨等几种花香香精复配而成的多香型香水。

（2）幻想香水：用具有花香以外天然香气的香精配制而成的香水。这种香水可以引发自然现象、风俗、景色、地名、音乐、情绪等方面的想象。如青香型、苔香型、百花型、飞蝶型、果香型、海风型香水。用于幻想香水的天然香气主要有树、草、木、土等的香气。

香水的生产工艺大致包括以下步骤：香精和定香剂溶于乙醇（或乙酸乙酯），然后与水混合、加入染料着色、静置、冷冻、过滤，最后包装。

6. 花露水

花露水是用花露油作为主体香料，配以乙醇、水等制成的一种香水类产品。花露油是指制作花露水所需要香精的香料，包括清香型的薰衣草油、橙花油、玫瑰香叶油、柠檬油等。有些花露水中还含有玫瑰麝香型香料。

花露水一般由香精、乙醇、水、少量螯合剂柠檬酸钠、抗氧剂 2,6-二叔丁基对甲基苯酚配制而成，具有杀菌、防痱、止痒、祛除汗臭等功效，是一种良好的提神卫生用品。花露水的消毒杀菌作用是由于其中含有浓度为 70%～75% 的乙醇，这个浓度的乙醇容易渗入细菌体内致其死亡。花露水的提神、除臭功能来自其中的香精，有些花露水还含有薄荷醇或冰片，从而更具清凉提神作用。

驱蚊花露水中还含有驱蚊酯，又称为伊默宁，化学名称为 3-（N-正丁基乙酰胺基）-丙酸乙酯，是一种广谱、高效的昆虫驱避剂，它可以使蚊虫丧失对人叮咬的意识。有的花露水配方中还加入了具有清热解毒、消肿止痛作用的中药，进一步强化了花露水的功能。

花露水中所用的香精比香水中的略差，含量也较少，香水中的香精含量为5%～20%，而花露水中一般为 1%～3%，所以香气不如香水持久。

7. 烫发剂

烫发剂是一种用于改变头发形状和特性，使头发变得卷曲、蓬松或垂顺的化学品，属于美容化妆品。早在古埃及时代，人们就尝试将潮湿的头发卷在木棒上用黏土固定，然后在日光下晒干，称为黏土烫。后来人们又用一种半圆形金属钳子在火上烤热后进行烫发，即火烫。1872 年，法国化学家马尔塞尔哥拉德（Maersaier Gela De）发明了一种药剂，涂在头发上后，用电热夹子加热，使头发弯曲，这是最早的电烫。到了 1936 年，英国化学家斯皮克曼（Speakmann）发明了一种药剂，不需要加热就可以使头发卷曲，这是流行至今的一种烫发方法，叫做冷烫或化学烫。

头发的主要成分是角质蛋白，由多种氨基酸组成，其中以胱氨酸的含量最高，可达 15%～16%，因此头发的蛋白质分子中存在很多二硫键，另外还有离子键、氢键、范德瓦尔斯力等多种作用。头发的形状主要由二硫键决定，要使头发的形状和特性发生变化，就要想办法改变二硫键的性状，冷烫就具有这种作用。

冷烫的原理：首先冷烫液还原二硫键使其断裂；然后头发在外力作用下变形；最后中和剂氧化变形的头发重新生成二硫键而定型，由此原理形成了下面的冷烫三步曲：

第一步：头发的软化。在此过程中，有三方面因素削弱头发中的作用力，从而使头发软化易于变形。

（1）水对头发的软化作用：主要是水解离头发中的氢键；

（2）pH 对头发的软化作用：改变 pH 破坏头发中的离子键；

（3）冷烫液的软化作用：冷烫液的还原作用切断二硫键。

第二步：头发的卷曲或拉伸。这个过程要借助于卷发器或直发器卷曲或拉伸头发。

第三步：头发的定型。在头发的定型过程中，也有三方面因素增强头发中的作用力从而使头发定型。

（1）干燥失去水分使氢键恢复；

（2）pH 恢复至 4～7 使离子键重新形成；

（3）中和剂的氧化作用使二硫键重新生成。

从上面的冷烫三步曲可知，冷烫要用到两种烫发剂，一种是冷烫液，或称化学卷发液，主要成分包括巯基乙酸或巯基乙酸铵、氨水、丙二醇、乙二胺四乙酸二钠、石蜡、油醇聚氧乙烯醚、去离子水。另一种是中和剂，中和剂主要成分是冷烫液中还原成分的氧化剂，对头发起定型作用，还可以除去头发上残留的冷烫液，主要有过氧化氢、溴酸钠等。中和剂中还可以加入 pH 调节剂、表面活性剂、香精和去离子水等。值得注意的是，烫发后，头发蛋白质中胱氨酸含量大大下降，同时出现了烫发前没有的半胱氨酸，说明烫发有损发质。

8. 染发剂

染发剂是一种能改变头发颜色的化学品，也是一种常用的美容化妆品。染发能让老年人重新拥有黑发而显得年轻和精神，而年轻人可以通过染发展现另一个更加富有个性的自我。

根据所用染料可以将染发剂分为植物性、矿物性和合成染发剂；根据染发原理可以将染发剂分为暂时性、半永久性和永久性染发剂；根据剂型可以将染发剂分为乳膏、凝胶、粉剂、香波等。下面介绍按照染发原理分类的染发剂。

1）暂时性染发剂

暂时性染发剂中的染料或颜料只是吸附或黏附于头发表面，不能穿过头发的角质层，经一次洗涤即可全部除去。暂时性染发剂对皮肤和头发刺激性小，主要成分有着色剂（可以采用天然染料或合成染料及颜料）、溶剂、增稠剂、保湿剂、乳化剂、螯合剂、香精、防腐剂等，可以制成喷雾、啫喱、发蜡等，使用时直接均匀涂抹到头发上即可。下面是一个暂时性染发膏的配方。

[暂时性染发膏配方]

成分名称	质量分数/%
硬脂酸	13.0
硬脂酸甘油单酯	5.0
蜂蜡	22.0
甘油	10.0
三乙醇胺	7.0
阿拉伯树胶	3.0
色素	15.0
去离子水	25.0

2）半永久性染发剂

半永久性染发剂使用分子较小、与头发亲和力较强的染料，不需经过化学反应就能透过头发角质层使头发染色，能耐受用洗发香波洗头 6～12 次。对皮肤和头发的刺激性以及染色持久性均居中，主要成分有着色剂、溶剂、增稠剂、保湿剂、乳化剂、螯合剂、香精、防腐剂等。使用时均匀涂抹到头发上后停留一段时间，然后洗去剩余膏体，也可以在焗油膏中加入相应染料，将焗油膏均匀涂抹到头发上后加热 30 分钟左右，然后温水洗净。下面是一个半永久性染发凝胶的配方。

[半永久性染发凝胶配方]

成分名称	质量分数/%
酸性染料	1.0
苄醇	6.0
异丙醇	20.0
黄原胶	1.0
柠檬酸	0.3
去离子水	71.7

3）永久性染发剂

永久性染发剂，又称氧化染发剂，是指着色鲜明、固着力强、不易褪色的染发剂。一般不直接使用染料，而是由染料中间体和偶合剂（又称成色剂）代替，在染色过程中通过化学反应在头发上生成稳定的染料，染料不仅遮盖头发表面，而且能进入头发内皮质层，甚至髓质，因此不易洗去，可保持 1～3 个月，永久性染发剂是染发剂中用量最大的一类。

永久性染发剂一般制成 A、B 二剂型，A 剂有效成分为染料中间体、偶合组分和碱性物质，B 剂主要成分为氧化剂（又称漂白剂或显色剂）。染料中间体包括天然植物提取物、金属盐类以及合成氧化染料中间体；偶合剂有对苯二酚等；碱性物质有氨水、乙醇胺；氧化剂有过氧化氢、过硼酸钠等。另外，永久性染发剂中还可能含有缓冲剂（油酸）、增泡和增稠剂（月桂酸二乙醇胺）及其他表面活性剂、溶剂（醇、甘油、水）、调理剂（水溶性羊毛脂、水解蛋白）、pH 调节剂、抗氧剂、螯合剂、香精等。染料中间体中以合成氧化染料中间体最为常见，其特点是染发效果好、色调变化范围宽、保持时间长，其中用得最多的是对苯二胺及其衍生物。使用时染料中间体与偶合剂以小分子的形态渗入到头发内部，在碱和氧化剂的作用下，发生一系列复杂的氧化、偶合、缩合等化学反应，形成稳定的染料分子，通过选择不同种类的染料中间体和偶合剂、并借助于不同浓度氧化剂对头发进行不同时间的漂白，可使头发呈现各种不同色调和深浅的颜色。一个永久性二剂型黑色染发膏配方见表 8-3。

表 8-3　一个永久性二剂型黑色染发膏配方

A 剂（还原组分）		B 剂（氧化组分）	
成分名称	质量分数/%	成分名称	质量分数/%
对苯二胺	3.0	过氧化氢（30%）	20
2,4-二氨基甲氧基苯	1.0	稳定剂、增稠剂	适量
间苯二酚	0.2	pH 调节剂	适量
油醇聚氧乙烯醚	15.0	去离子水	80
油酸	20.0		
异丙醇	10.0		
氨水（28%）	10.0		
抗氧剂	适量		
螯合剂	适量		
去离子水	40.8		

永久性染发剂中的染料中间体、偶合剂、碱性物质、氧化剂及其他化学物质，如果与皮肤直接接触都可能会引起红肿、荨麻疹等过敏问题，甚至可能致癌、致畸。虽然表现出明显致癌作用的间苯二胺等染料中间体已被禁用，但是用永久性染发剂染发仍是个颇有争议和值得斟酌的问题。

8.3.6 治疗用化妆品

治疗用化妆品含有某种药物成分，主要用于问题性皮肤。这类产品在化妆品中占的份额较小，常见的有祛斑霜、祛痘霜、抑汗除臭化妆品和脱毛化妆品。

祛斑霜是在润肤霜或乳剂产品中添加中药成分及维生素的制品。它可以渗透进入皮肤，改善色斑状况。祛斑霜的主要添加成分有当归、白芍、枸杞、芦荟、维生素 C（简称 VC）等。其中 VC 有抑制皮肤黑色素形成的功效。

祛痘霜是用于治疗粉刺和痤疮皮肤的化妆品。主要添加成分有紫草、川芎、牛蒡等中草药、胶原蛋白、甘草酸二钾等。

抑汗除臭化妆品是用于抑汗、除臭、杀菌的化妆品。主要添加物质有硫酸铝钾、氧化锌、六氯酚、季铵盐阳离子表面活性剂等。

脱毛化妆品是用于减少或消除体毛的化妆品。原理是破坏蛋白质二硫键从而切断体毛。主要添加成分为还原剂和碱性物质。

8.3.7 其他类化妆品

除了上面讨论的各种化妆品以外，还有一些其他类型的化妆品。例如剃须膏和面膜。

剃须膏是专门供男士剃须时增加剃须舒适度、加强剃须效果的化妆品，为水包油型乳化膏霜，由油、水、表面活性剂及保湿剂等组成。剃须前将本品涂敷于胡须上，可使胡须膨润、柔软，易于剃刮，并具有防止剃须后局部皮肤粗糙和毛孔扩大、缓和剃须时的机械刺激、使皮肤感到舒适的功能，有的还有杀菌功能。

面膜是清洁和保养面部的化妆品。面膜的作用原理是利用覆盖在脸部的一段时间，暂时隔离外界的空气与污染，提高肌肤温度，皮肤的毛孔扩张，促进汗腺分泌与新陈代谢，使肌肤的含氧量上升，有利于肌肤排除表皮细胞新陈代谢的产物和累积的油脂类物质，面膜中的水和有效成分渗入肌肤表层的角质层，皮肤变得柔软、自然、光亮有弹性，并呈现好气色。面膜的主要成分是皮膜形成剂、增黏剂、保湿剂、柔软剂、营养成分、去离子水等。按照形状有片状、膏状、粉状等种类。

8.3.8 正确认识化妆品

化妆品能清洁、保护、营养、调理肌肤、美化容颜，给我们的健康和美丽提供了极大的帮助，因此深受男女老少的喜爱，几乎已成为人们日常生活的必需品。

但是，我们也不能忽视化妆品可能引起的问题。化妆品中除了少部分营养成分以外，大部分物质对皮肤及人体存在潜在危险，可能引起刺激、过敏、中毒等症状。化妆品中可能有害的物质可以归纳成以下几类：

（1）表面活性剂；

（2）有机溶剂：如乙醇、异丙醇、正丁醇、丙酮、乙酸乙酯、乙酸丁酯等；

（3）激素、香料、色素、防腐剂等；

（4）重金属：如汞、铅、砷；

（5）其他有害杂质或细菌。

因此，一定要合理选用化妆品。根据年龄、皮肤、发质、季节、时间、使用目的等因素选用相应的化妆品。另外选购化妆品时应看清其标签，了解其中的主要成分，新产品在使用前应遵循先局部试用的原则。

思　考　题

1. 肥皂的主要化学成分是什么？肥皂里还可能有哪些添加物？

2. 什么是水体富营养化？有什么现象和危害？

3. 洗衣粉中常用的漂白剂有哪些？其各自的漂白原理是什么？

4. 荧光增白、加蓝增白和漂白有什么相同和不同之处？

5. 如何正确使用合成洗涤剂？

6. 紫外线怎么分类？紫外线防护效果指标有哪些？

7. 花露水主要成分和作用是什么？

8. 化学烫发和永久性染发剂染发的原理是什么？各有什么危害？

第9章

环境中的化学

本章要点：介绍环境概念和特点，以及大气、水、土壤的化学组成，大气、水、土壤和居室中的污染物及其来源，典型污染事件和污染防治对策。

9.1　环　境　概　述

9.1.1　环境概念和特点

环境（environment）是指围绕着某一有生命主体的外部世界。人类生存环境是指围绕着人群的、充满各种有生命和无生命物质的空间，是直接或间接影响人类生存、繁衍和发展的各种外界事物和力量的总和。这是一个巨大的可及至宇宙的系统，可分为自然环境和社会环境。环境科学所研究的环境范围主要是指自然环境。

自然环境是人类周围各种自然因素的总和，是人类生存、繁衍和发展所必需的自然条件和自然资源的总和，包括阳光、空气、水、土壤、动植物、微生物、岩石、地磁、气候、温度以及地壳稳定性等，简单而言就是直接或间接影响到人类的一切自然形成的物质、能量和自然现象。

自然环境要素一般是指大气、水、土壤、岩石、生物、阳光等，由它们组成环境的结构单元，再由这些单元组成环境整体，又称环境系统。由大气组成大气层，全部大气层组成大气圈；由水组成水体，全部水体组成水圈；由土壤形成农田、草地、林地，组成土壤圈；由岩石形成岩体，组成岩石圈；由生物体组成生物群落，全部生物群落组成生物圈。大气圈、水圈、土壤圈、岩石圈、生物圈之间的关系如图 9-1 所示。

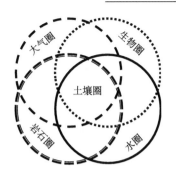

图 9-1　环境系统圈层之间的关系

生物圈定义为地球上所有生物体的总和。生物圈位于大气圈底层和地壳表层，一般包括深度在 11 km 以内的海洋和高度在 9 km 以内的大陆表面和海岛，以及高出海平面 12 km 以内的大气层。几乎所有的生物都在这个圈的范围内。目前已知动植物约有 120 万种，实际上约有 300 万～400 万种，主要分布在地表 100 m 范围之内。

自然环境具有四个特点：

（1）范围广大。例如土地、湖泊、海洋、天空和宇宙可以大到一望无际、无穷无尽。

（2）多样性。无论是有生命的物种、无生命的物体，还是固体、液体、气体，应有尽有、不胜枚举。

（3）动态性。自然环境中的一切都在不停地运动变化，人类和其他生物的一举一动都会引起环境发生变化。

（4）有自净力。环境具有自净力。环境自净力是指当污染物进入环境之后，环境对污染物发生各种作用，包括稀释、扩散、挥发等物理作用，氧化、还原等化学作用，以及微生物对有机物的分解等生物作用，逐步把有毒有害的物质转变为无毒无害的物质，使其含量恢复到本底值水平的能力。

9.1.2　环境问题及成因

环境问题是人类在生存和发展过程中与周围环境之间的矛盾和相互制约。人类的活动一方面创造了美好的环境和舒适的生活条件，另一方面由于认识能力和科学水平的限制以及某些不合理的行为，使人类所处的环境明显恶化，出现环境问题。当今全球环境问题很多，下面是几个主要方面及其成因：

（1）人口膨胀导致过度开发。世界人口快速增长，每年净增近 1 亿！为供养如此庞大的人口，已出现冲破自然规律制约、掠夺性开发自然资源的问题，导致资源耗竭、植被减少、土地沙化、水土流失，出现生态环境恶化现象。

（2）能耗过大，导致大气污染。人类生产的发展、消费水平的提高，对能源的需求不断增长。20 世纪初，全世界每年消耗的矿物燃料不足 1.5×10^9 t（标准煤相当量），70 年代增至（$7 \sim 8$）$\times 10^9$ t，而今已超过 10^{10} t。地球森林面积，1862 年约为 55 亿 hm^2，20 世纪 60 年代约为 38 亿 hm^2，70 年代末只剩下不到 26 亿 hm^2，全球森林损失过半，二氧化碳循环失衡，大气污染日益严重，人类不仅面临能源问题，还面临一系列生态环境恶化问题。

（3）淡水匮乏和水质变坏。地球上的淡水只占总水量的 3% 左右，且大部分以冰雪形态存在于地球两极和高山上，一部分处在地下深处。可供人类使用的河、湖和浅层地下淡水仅占淡水总储量的 0.35% 左右。随着人口增长、生活水平提高和工农业生产发展，近半个世纪以来，全世界淡水使用量已增加 4 倍以上。另一方面，水源污染日益严重，可用水资源日益减少，人类的发展受淡水资源的制约日益明显。

（4）垃圾成灾、污染环境。人类生产和生活的废弃物数量，随着工农业生产的发展和生活水平的提高不断增加。单以生活垃圾人均每日为 1 kg 计，全世界排放的垃圾每年达 2×10^9 t 左右。工业生产的废渣和垃圾，其数量不少于生活垃圾。垃圾种类繁多、成分复杂，堆积在土地上，随着物质的自然扩散及风吹雨淋，其中部分水溶的和悬浮于水中的物质，将进入土壤和部分地下水源；一部分挥发性、漂浮性的垃圾飘逸到大气中，进入居室等人类生活的环境；还有一部分垃圾进入江河湖海，污染水质。许多近海区域，污染物已超过海洋的自净能力，海洋污染也日趋严重。

（5）有毒有害的化学物质的污染危害和转移。全球每年产生的有毒有害化学废物有 3 亿～4 亿 t，其中对生态危害最大、扩散最广的是持久性有机污染物（persistent organic pollutant，POP），如多氯联苯和滴滴涕。

以上环境问题除了少部分是自然因素导致外，即自然界各因素间相互作用或自然界自身不断运动产生的那些危及人类生存的问题，大部分是人为因素，即人类生产和生活所引起。这些因素包括：资源开发（例如化石燃料、矿物、木材等的开采）、物质生产、日常生活排放"三废"（废气、废水和固体废弃物的简称）、经济建设（如农村城市化、围湖造田、南水北调）、人口增长等。而人口增长是其中最主要、最根本的原因。

面对日益严重的环境问题，人们在不断探索解决的途径，首先要提高对环境问题的认识和重视程度。早在 1972 年，联合国人类环境会议在斯德哥尔摩举行，发表了《人类环境宣言》。《人类环境宣言》中提到："在现代，人类改造其环境的能力，如果明智地加以使用的话，就可以给各国人民带来开发的利益和提高生活质量的机会。如果使用不当，或轻率地使用，这种能力就会给人类和人类环境造成无法估量的损害。在地球上许多地区，我们可以看到周围有越来越多的人为损害迹象：在水、空气、土壤以及生物中污染已达到危险的程度；生物界的生态平衡受到严重和不适当的扰乱；一些无法取代的资源受到破坏或陷于枯竭；在人为的环境，特别是生活和工作环境里存在着有害于人类身体、精神和社会健康的严重缺陷。"1992 年，联合国环境与发展会议在里约热内卢举行，发表了《环境与发展宣言》，其中原则 4 指出："为了实现可持续的发展，环境保护工作应是发展进程的一个整体组成部分，不能脱离这一进程来考虑。"

可持续发展就是满足现代人需要而不损害后代人需要的能力。可持续发展意味着顾及地球的负担而不损害其总资源，对可更新的自然资源的消耗维持在可以再补充的极限内。可持续发展意味着传给后人的不只是人造的财富，比如建筑物、道路、粮食和金钱，而是还有自然财富，如清洁和充足的水源、肥沃的耕地、多种多样的野生动植物和广阔的森林等。

9.2　大气与化学

广义的大气泛指宇宙中各个星球周围的气体。本章中大气是指包围地球的气体，与人类和生命密切相关的则是地球大气层中靠近地球表面的部分，就是我们熟悉的空气。空气是生命的第一要素，因此被称为"生命气体"，一个成年人每天大约要呼吸 10000 L 空气。

9.2.1　空气的化学成分

空气属于混合物，由氮气、氧气、稀有气体、二氧化碳、水蒸气，以及 CH_4、SO_2、NH_3、CO、O_3 等其他物质组成。其中氮气约为 78%（体积分数，下同），氧气约为 21%，稀有气体约为 0.94%，二氧化碳约为 0.04%（2017 年数据），水蒸气和其他物质约为 0.02%。稀有气体又称惰性气体，包括自然存在的氦、氖、氩、氪、氙、氡和人造的鿔（音 ào，元素符号为 Og，曾用临时元素符号为 Uuo）。需要指出的是，空气的成分不是固定的，随着高度、气压等条件的改变，空气的组成和比例也会有所改变。

9.2.2　大气污染

大气污染是指由于自然过程和人类活动引起大气中一些物质的含量达到有害的程度以至破坏生态系统和人类正常生存和发展的条件，对人或其他生物造成危害的现象。造成大气污染的有害物质称为大气污染物，它们主要有以下几类：

1）硫化物

大气中的硫化物包括氧硫化碳（COS）、硫化氢（H_2S）、二氧化硫（SO_2）、三氧化硫（SO_3）、硫酸（H_2SO_4）、亚硫酸根（SO_3^{2-}）、硫酸根（SO_4^{2-}）、二甲基硫 $[(CH_3)_2S]$等。H_2S 和 SO_2 等主要来源于火山喷发，H_2S 还来源于土壤厌氧微生物和植物释放，SO_4^{2-}主要来自风吹起的海盐和 SO_2 的转化，除了以上自然来源以外，硫化物还有一个重要来源是人类活动，如含硫燃料的燃烧是大气中 SO_2 的一大来源。

2）含氮化合物

大气中的含氮化合物有一氧化二氮（N_2O）、一氧化氮（NO）、二氧化氮（NO_2）、五氧化二氮（N_2O_5）、氨气（NH_3）、硝酸根（NO_3^-）、亚硝酸根（NO_2^-）、铵根（NH_4^+）等，主要来自光化学反应、闪电、火山爆发、森林失火、土壤反硝化和硝化过程等自然现象，以及燃烧燃料和使用氮肥、染料、炸药等人类活动。

3）含碳化合物

大气中的含碳化合物有 CO、CO_2、脂肪烃和芳香烃等，来源于海洋中生物作用、动物的呼吸作用、有机物腐烂、森林火灾等自然途径和工业上大量燃烧含碳的燃料、焚烧垃圾、汽车尾气等人为途径。

二噁英（dioxins）是芳烃污染物的一个代表，它是由 2 个或 1 个氧键连结 2 个苯环的含氯有机化合物。二噁英的化学性质稳定、耐高温，一旦被人体摄入，不易排出，不易分解，逐渐积累，危害人体健康。根据其分子中氯原子的取代数目和取代位置，有多种异构体，其中 2,3,7,8-四氯代二苯并[b,e][1,4]-二噁英（简称 TCDD 或二噁英）的毒性相当于氰化钾的 1000 倍以上，被称为地球上毒性最强的毒物，具有致癌性、生殖毒性、免疫毒性和内分泌毒性等。世界卫生组织将其列为与 DDT 杀虫剂毒性相当的剧毒物质；国际癌症研究中心将其列为人类一级致癌物。二噁英主要进入大气，通过生物累积，进入生物链，再通过饲料污染畜禽产品。人主要是通过受污染的动物性食品而中毒。代表性二噁英的化学结构式如下所示：

2,3,7,8-四氯代二苯并[b,e][1,4]-二噁英的化学结构式

二噁英是如何生成的？自然界中森林火灾能够产生二噁英，但其更主要的是来自人类活动。发达国家城市生活垃圾焚烧过程中所产生的二噁英约占已知二噁英各生成源生成量的 95%，在生产杀虫剂、防腐剂、除草剂和涂料添加剂等化工过程中，二噁英往往作为副产品和杂质的形式存在其中，还有纸浆漂白、汽车尾气和金属的熔炼等都能产生二噁英，香烟燃烧时也可产生二噁英。

1999 年比利时生产的鸡饲料中被发现含有二噁英。由于这种遭污染的饲料还涉及荷兰、法国和德国，且这些国家生产的畜禽类产品及乳制品在欧洲和世界其

他地区广为销售，因此世界上许多国家都接到了食物链可能被污染的警告。世界各国纷纷作出反应，禁止进口、销售，甚至销毁上述四国的相关产品。这是继英国"疯牛病"之后，欧洲发生的又一次因饲料问题而引发的全球食品安全大恐慌。

4）含卤素化合物

大气中的含卤素化合物指含有氟、氯、溴的烃类，它们会破坏臭氧层，主要有来源于冰箱和空调制冷、泡沫塑料发泡、电子器件清洗的氯氟烷烃（CF_xCl_{4-x}，英文名为 Freon，译名：氟利昂），以及用于特殊场合灭火的溴氟烷烃（CF_xBr_{4-x}，英文名为 Halons，译名：哈龙）。这些含氟、氯、溴的有机化合物又可以统称为卤代烃。

5）大气颗粒物

大气颗粒物（particulate matter，PM）是指均匀地分散在大气中的各种固体或液体微粒，属于气溶胶体系，沉降速度极小，常用粉尘、烟、沉粒、雾、霾等来描述。大气颗粒物天然来源有地面扬尘（其组成和土壤相似）、海浪溅出的浪沫（主要是无机盐类）、自然界中的火山爆发和森林火灾等，人为来源有煤烟、粉尘、工业排放、汽车尾气等。

通常把大气中粒径在 10 μm 以下的颗粒物称为可吸入颗粒物，简称 PM_{10}。$PM_{2.5}$ 是指其中直径小于或等于 2.5 μm 的颗粒物，也称为可入肺颗粒物，其尺寸与头发丝直径和细沙粒大小相比较的情况如图 9-2 所示，可见 $PM_{2.5}$ 大小约为头发丝直径的 1/20。

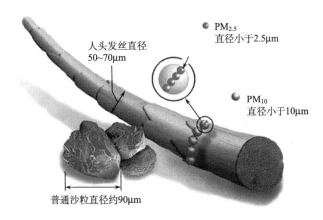

图 9-2　$PM_{2.5}$ 的大小

资料来源：http://cs.auto.sina.com.cn/cshh/2015-03-17/detail-iawzuney0775669.shtml

$PM_{2.5}$ 粒径小，富含重金属、病毒、细菌等有毒、有害物质，且在大气中的停留时间长、输送距离远，可以到达支气管部位，因而比 PM_7 等粒径较大的颗粒物对人体健康和大气环境质量的影响更大。一般而言，颗粒物的直径越小，进入呼吸道的部位越深。10 μm 直径的颗粒物通常沉积在上呼吸道，5 μm 直径的可进入呼吸道深处，2 μm 以下的可深入到细支气管和肺泡。大气颗粒物的种类及其能达到的人体内部位如图 9-3 所示。

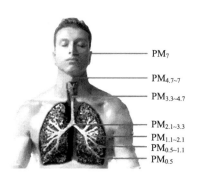

PM$_7$
PM$_{4.7\sim7}$
PM$_{3.3\sim4.7}$
PM$_{2.1\sim3.3}$
PM$_{1.1\sim2.1}$
PM$_{0.5\sim1.1}$
PM$_{0.5}$

图 9-3　大气颗粒物种类及其能达到的人体内部位

资料来源：http://biz.zjol.com.cn/system/2013/11/01/019679892.shtml

大气中以上的一种或几种污染物达到一定量就属于大气污染，大气污染引起了臭氧空洞、酸雨、温室效应等一系列环境问题。

1）臭氧空洞（ozone hole）

臭氧层存在于大气层中对流层上面的平流层中，是平流层中臭氧浓度高的部位，距地面约 20~25 km，臭氧层吸收 99% 以上来自太阳的紫外线辐射，从而保护地球生物不受伤害，维持地球的生态平衡。当水蒸气、氮氧化物、氟氯烃等进入平流层后会起催化作用，加速臭氧（O_3）的消耗，破坏臭氧层。超音速飞机排放氮氧化物（NO$_x$）是破坏 O_3 层的人为因素。

臭氧空洞指的是因空气污染物，特别是氮氧化物和卤代烃等气溶胶污染物的扩散、侵蚀而造成大气臭氧层被破坏和减少的现象。结果将会使人类受到过量的太阳紫外线辐射，导致皮肤癌等疾病的发病率显著增加。自 1985 年南极上空出现臭氧层空洞以来，地球上空臭氧层被损耗的现象一直有增无减。到 1994 年，南极上空的臭氧层破坏面积已达 2400 万 km^2 左右。美国、加拿大、西欧、俄罗斯、中国、日本等国家或地区的上空，臭氧层开始变薄。全世界向大气排放的消耗臭氧层物质（ozone depleting substance，ODS）已达到 2000 万 t。由于 ODS 相当稳定，可在大气层中存在 50~100 年，会不断与臭氧发生反应，即使全世界完全停止排放 ODS，也要再过 20 年，人类才能看到臭氧层恢复的迹象。

2）酸雨（acid rain）

酸雨泛指酸性物质以湿沉降（雨或雪）或干沉降（酸性颗粒物）的形式从大气转移到地面上的现象。但是在大多数场合，酸雨是指酸性降水，即通过降水将大气中的酸性物质迁移到地面的现象，又称湿沉降。中国 20 世纪 70 年代末期，北京、上海、南京、重庆、贵阳等地均出现过酸雨，其中以西南地区最为严重。酸雨中的化学成分有 H^+、Ca^{2+}、NH_4^+、Na^+、K^+、Mg^{2+}、SO_4^{2-}、NO_3^-、Cl^-、HCO_3^-，其中危害最大的是 SO_4^{2-}，大气颗粒物中的 Fe、Mn、V 等元素是光化学反应的催化剂，而光化学反应的产物 O_3 和 H_2O_2 是 SO_2 的氧化剂，结果进一步增加了大气中 SO_4^{2-} 的量。其次危害大的是 NO_3^- 和 Cl^-。酸雨中绝大部分的酸是硫酸和硝酸，主要来源于人类广泛使用化石燃料，向大气排放大量的二氧化硫和氮氧化物，中国的酸雨主要为硫酸型酸雨。

酸雨有多方面的危害，它能破坏建筑，使全球约 30% 的林区受影响而退化，有些湖泊因酸化改变水生生态，导致鱼类灭绝，使土壤酸化而贫瘠化，以及导致陆地生态系统的退化。

已知普通雨水的 pH 约为 5.6，但是由于大气中可能存在的酸、碱性气态物质如 CO_2、SO_2、H_2SO_4、HNO_3、NH_3 等都对雨水的 pH 有影响，因此不能统一将 pH 5.6 作为未受污染的大气降水的 pH 背景值。作为判断不同地区酸雨的界限，必须根据世界各地不同的自然地理条件，经过长期测定确定一个地区降水的 pH 背景值。

3）温室效应（greenhouse effect）

大气中的二氧化碳能强烈吸收波长 1200～1630 nm 的光，因此二氧化碳对维持地球热平衡起着重要的作用。CO_2 不但能像温室的玻璃一样，允许太阳光中可见光照射到地面，而且能吸收地面辐射出来的红外光，把能量截留于大气中，从而使大气温度升高，这种现象称为温室效应。像 CO_2 这样能引起温室效应的气体称温室气体（greenhouse gas），它们还有水蒸气、甲烷、一氧化碳、一氧化二氮（N_2O）、臭氧、二氯乙烷、四氯化碳、氟氯烃（CF_2Cl_2 和 $CFCl_3$）、氢氟碳化合物（hydrofluorocarbons，HFCs）、全氟碳化合物（perfluorocarbons，PFCs）、六氟化硫（SF_6）等。由于人为活动使大气中温室气体增多，便有过多的能量保留在大气中而不能正常地向外空间辐射，就会破坏地球的热平衡。因此温室效应引起全球气候变暖等一系列环境问题。温室效应的最大危害是气候变暖，使极地或高山上的冰川融化，导致海平面上升。经专家预测，到 21 世纪末，地球平均气温上升 1～3.5℃，海平面升高 15～95 cm，沿海地区某些大城市将被淹没，人类食用水减少，传染病流行。其次是气候变化，亚热带可能会比现在更干，而热带可能变得更湿。由此海洋产生更多的热量和水分，气流更强，台风和飓风将更加频繁。再次，温室效应造成生态环境的变化，可能导致农作物减产和物种灭绝。

4）光化学烟雾（photochemical smog）

大气中碳氢化合物（CH_x）和氮氧化物（NO_x）等一次污染物在阳光照射下，发生光化学反应产生二次污染物，这种由参加反应的一、二次污染物的混合物（包括气体污染物和气溶胶）形成的烟雾污染现象，称为光化学烟雾。如 1943 年的美国洛杉矶烟雾，其特征是蓝色烟雾，具有强刺激性和强氧化性，使大气能见度降低，在白天生成到傍晚消失，高峰在中午。其形成条件是大气中有氮氧化物和碳氢化合物存在，大气湿度较低，有强阳光照射。发生时许多人出现眼睛痛、头痛、呼吸困难等症状，65 岁以上的老人死亡 400 余人。

5）硫酸烟雾（sulfurous smog）

硫酸烟雾是由煤燃烧排放出来的 SO_2、颗粒物以及由 SO_2 氧化所形成的硫酸盐颗粒物所造成的大气污染现象。1952 年 12 月的伦敦烟雾就是一例。烟雾发生时许多人都感到呼吸困难、眼睛刺痛、流泪不止，4 天时间死亡人数达 4000 多。硫酸烟雾的特点是发生在冬季气温低、湿度高、日光弱的天气。硫酸烟雾属于还原性混合物，称还原性烟雾。事实上这种烟雾从 1873 年起已多次出现。

6）雾霾（haze）

雾是由大量悬浮在近地面空气中的微小水滴或冰晶组成的气溶胶体系。而空气中的灰尘、硫酸盐、硝酸盐等颗粒物组成的气溶胶体系造成视觉障碍的叫霾，又叫灰霾（dust-haze），香港天文台则给它取了一个很美的名字——烟霞。现在雾霾是对大气中各种悬浮颗粒物含量超标的笼统表述，表示一种大气污染状态。中国不少地区把阴霾天气现象并入雾霾一起作为灾害性天气预警预报，统称为"雾霾天气"。二氧化硫、氮氧化物以及可吸入颗粒物这三项是雾霾的主要组成成分，前两者为气态污染物，最后一项为颗粒物，尤其是 $PM_{2.5}$，是加重雾霾天气污染的罪魁祸首。雾霾让天空瞬间变得灰蒙，视野模糊并导致能见度大大降低。雾霾里面含有多种对人体有害的细颗粒、有毒物质，包括了酸、碱、盐、胺、酚，以及尘埃、花粉、螨虫、流感病毒、结核杆菌、肺炎球菌等。同时，雾霾天气时，气压降低、空气中可吸入颗粒物骤增、空气流动性差，有害细菌和病毒向周围扩散的速度变慢，导致空气中病毒浓度增高，疾病传播的风险很高。

中国国家环境保护部规定，空气质量依据二氧化硫（SO_2）、二氧化氮（NO_2）、可吸入颗粒物（PM_{10}）三种污染物分为下面五级。

一级：空气污染指数 ≤50，优级；

二级：空气污染指数 ≤100，良好；

三级：空气污染指数 ≤200，轻度污染；

四级：空气污染指数 ≤300，中度污染；

五级：空气污染指数 >300，重度污染。

2013 年，"雾霾"成为中国年度关键词。2014 年 1 月 4 日，国家减灾办、民政部首次将危害健康的雾霾天气纳入 2013 年自然灾情进行通报。2014 年 2 月，中国国家主席习近平在北京考察时指出：应对雾霾污染、改善空气质量的首要任务是控制 $PM_{2.5}$，要从压减燃煤、严格控车、调整产业、强化管理、联防联控、依法治理等方面采取重大举措，聚焦重点领域，严格指标考核，加强环境执法监管，认真进行责任追究。世界其他国家也积极应对雾霾。美国环保署在 1997 年 7 月率先提出将 $PM_{2.5}$ 作为全国环境空气质量指标。美国公民可以对 $PM_{2.5}$ 的标准监控程序进行监督。伦敦市政府在 2003 年开始对进入市中心的私家车征收"拥堵费"。2003 年，日本东京立法要求汽车加装过滤器。东京还规定，新建大楼必须有绿地，必须搞楼顶绿化。2013 年，德国大力鼓励机动车安装尾气清洁装置，安装过滤器的车主可获得国家补贴。意大利米兰市对污染严重的汽车征税，工作日 7 时至 19 时，污染严重的汽车必须缴纳 2～10 欧元税才能进入市区。罗马实行"绿色周日"活动，周日只有电动汽车等环保车才能上街行驶。

9.2.3 大气污染防治

随着工农业和交通运输业的发展和人们生活水平的提高，向大气中排放的污染物大大增加，大气污染现象频繁发生，已经在全世界范围受到关注，各国都在积极应对，总结大气污染防治措施有以下几种：

1. 减少污染物的排放

减少排放是最根本的措施，具体可以从以下方面进行：①改革能源结构，采用无污染能源（如太阳能、风能、水能）和低污染能源（如天然气、沼气、乙醇）。②对燃料进行预处理（如燃料脱硫、煤的液化和汽化），以减少燃烧时产生污染大气的物质。③改进燃烧装置和燃烧技术（如改革炉灶、采用沸腾炉燃烧等）以提高燃烧效率和降低有害气体排放量。④采用无污染或低污染的工业生产工艺（如不用和少用易引起污染的原料，采用闭路循环工艺等）。⑤加强企业管理，减少事故性排放和逸散。⑥及时清理和妥善处置工业、生活和建筑废渣，减少地面扬尘。

2. 治理排放的主要污染物

燃烧过程和工业生产过程在采取上述措施后，仍有一些污染物排入大气，应控制其排放浓度和排放总量使之不超过该地区的环境容量。主要方法有：①利用各种除尘器去除烟尘和各种工业排放中的粉尘。②采用气体吸收塔处理有害气体（如用氨水、氢氧化钠、碳酸钠等碱性溶液吸收废气中的二氧化硫和氮氧化物）。③应用其他物理（如冷凝）、化学（如催化转化）、物理化学（如分子筛、活性炭吸附、膜分离）方法回收利用废气中的有用物质，或使有害气体无害化。

3. 利用环境的自净能力

大气环境的自净有物理、化学作用和生物作用。在排出的污染物总量恒定的情况下，污染物浓度在时间上和空间上的分布与气象条件有关，认识和掌握气象变化规律，充分利用大气自净能力，可以降低大气中污染物浓度，避免或减少大气污染危害。例如，以不同地区、不同高度的大气层的空气动力学和热力学的变化规律为依据，可以合理地确定不同地区的烟囱高度，使经烟囱排放的大气污染物能在大气中迅速得到扩散稀释。

4. 发展植物净化

植物具有美化环境、调节气候、截留粉尘、吸收大气中有害气体等功能，可以在大面积的范围内，长时间地、连续地净化大气。尤其是大气中污染物影响范围广、浓度比较低的情况下，植物净化是行之有效的方法。在城市和工业区有计划地、有选择地扩大绿地面积是具有长效能和多功能的大气污染综合防治措施。

5. 动员全社会参与

深入推进节能减排全民行动，动员全体社会成员积极主动参与节能减排、防治雾霾。办好全国节能宣传周等主题活动。引导消费者购买和使用节能绿色产品、节能省地型住宅。倡导简约适度、绿色低碳、文明健康的生活方式和消费模式，践行绿色低碳交通出行，禁止燃放烟花爆竹等。

9.3 水 与 化 学

水是一种简单的化合物，由氢（H）和氧（O）两种元素组成。一个水分子（H_2O）由两个氢原子和一个氧原子构成。水能载舟亦能覆舟，水能灭火又能起火（遇到钾、钠等活泼金属），可见水是一种神奇的物质。水的神奇还在于它在自然界中能以固态、液态和气态三种形式存在。在地球表面一个标准大气压下，当温度低于0℃时，水分子将通过氢键形成非常有序的排列，此时水呈固态，即冰或雪；当温度高于100℃时，水分子间引力变小，距离增大，分子高速运动，此时水呈气态，即水蒸气；在0~100℃，水以最常见的液态存在。固态、液态和气态虽是物质常见的聚集态，但绝大多数其他物质在自然界中只能以单一状态存在。

水是生命体的主要组成部分，超过人体总质量的50%，而且一个成年人每天大约要喝 2 kg 水，因此水被称为"生命的源泉"。水也是工农业生产的血液和城市的命脉。但是，这么重要的水却正在遭受日趋严重的污染。

9.3.1 水体污染

水体（water body）是指水和水中溶解物质、水中悬浮物质、水生生物和底泥的总称。水体污染是指当污染物进入河流、湖泊、海洋或地下水后，其含量超过水体的自净能力，使水体的理化性质或生物群落组成发生变化，从而降低了水体的使用价值和功能的现象。

随着工农业生产的发展和人类生活水平的提高，若不注意珍惜爱护水资源，很容易造成水体污染。水体污染直接关系到人体的健康，全世界有 70% 左右的人正在饮用不安全的水，平均每天有约 2.5 万人死于因水污染引起的疾病。分析水体污染的原因，可以分为自然污染和人为污染。自然污染是指自然界本身释放有害物质而造成的污染。人为污染是指人类生活和生产活动中产生的废弃物对水体的污染，具体有以下五个方面：

（1）工农业生产等经济活动。工业生产中排放大量的废液、废渣和烟尘。据测算，全世界每天工业生产中排放的废水有约 3×10^8 t，即使一小部分不经处理直接排放也会严重污染水体，工业废渣和垃圾倾倒在水中或岸边经降雨淋洗也会造成水体污染，烟尘则经干、湿沉降污染水体。农业生产中大量施用化肥、农药，这些物质有的未经处理直接排入水体，有的通过风吹雨淋进入水体，有的通过地下水进入水体。

（2）生活污水和城市污水。城市生活废水和生活垃圾大量增加，其中有许多是人和动物的排泄物，含有细菌、病原体和其他有机物，它们排入江河湖海或堆放于地面，直接或间接污染水体。合成洗涤剂的大量使用，洗涤废水大量排放，进入水体，污染水体，对人体也有潜在的危害。

（3）过度砍伐造成水土流失。由于过度砍伐森林，放牧开荒，破坏草原植被，雨水直接冲刷土地，夹带大量泥沙废物，滚滚浊流进入江河湖海，造成水体污染。

（4）用水量增大。人口增长和工农业的发展使有限的淡水资源难以为继，加上大量污水的排放破坏水的正常循环，超过水的自净能力，水资源短缺和水体受到严重污染成为互相加剧影响的两个方面，也是当今人类生存环境的严重问题。

（5）自然过程产生的污染物。如大气降落物、岩石风化及有机物的自然降解。

形形色色的水体污染物可以分成以下六类：

（1）重金属及其化合物。重金属及其化合物主要有汞、镉、铅、铬、砷、钒、钴、铜、镍、锰及其化合物。这些重金属都可以通过食物链富集，累积至一定量，会使人体中毒。

（2）有机污染物。有机污染物主要是农药，以及芳烃及其衍生物。

（3）无机污染物。此处的无机污染物不包括重金属及其化合物，主要指氰化物、酸性污染物、碱性污染物及各种无机盐，包括氮、磷、钾等营养物质。

（4）油类污染物。水体中的油类污染物主要来自石油污染。

（5）放射性物质。放射性物质主要有铯（Cs）、锶（Sr）等放射性元素，它们主要来源于大气层核爆炸、核原料开采、核试验和原子能工业中排出的"三废"。

（6）有害微生物。有害微生物主要是病原微生物，来自生活污水和医院废水、制革、食品加工等工业废水及牲畜养殖污水。

以下选择前面四类进行介绍。

1. 水体中的重金属污染物

在环境污染方面所说的重金属主要是指汞（Hg）、镉（Cd）、铅（Pb）、铬（Cr）以及类金属砷（As）等食物毒性显著的重金属，也指具有一定毒性的锌、钴、镍、锡、钒、铜、锰等其他重金属。重金属污染主要来源于采矿、冶金、化工等工业生产。

重金属污染的特点是重金属可通过食物、饮水、呼吸等多种途径进入人体，微量重金属就可以产生毒性效应。如汞和镉产生毒性的浓度范围是 $0.001\sim 0.01$ mg/L。微生物不仅不能降解重金属，相反地某些重金属元素可在微生物作用下转化为金属有机化合物，产生更大的毒性，而且生物体对重金属有富集作用。下面对几种主要的重金属污染物进行简介。

1）汞（Hg）

汞俗称水银，是常温下唯一呈液态的金属，环境中任何形式的汞均可在一定条件下转化为剧毒的甲基汞。甲基汞进入人体后主要侵害神经系统，尤其是中枢神经系统。甲基汞还可通过胎盘屏障侵害胎儿，使新生儿发生先天性疾病。汞污染还可导致心脏病和高血压等心血管疾病，并可影响人类的肝、甲状腺和皮肤的功能。

水体中 Hg 污染物的来源有开采、冶炼、农药生产和使用，以及燃料燃烧。另外，由于汞对皮肤有一定的漂白作用，因此具有漂白、祛斑作用的化妆品中大多含有汞。高压汞灯需要汞作放电气体。齿科材料充填龋齿的材料之一是银汞合金。汞在水体中主要以 Hg^{2+}、$Hg(OH)_2$、CH_3Hg^+、$CH_3Hg(OH)$、CH_3HgCl、$C_6H_5Hg^+$ 形态存在于水相、悬浮物质、底泥和水生生物中。Hg 及其化合物的毒性高低为

Hg	Hg_2Cl_2	$HgCl_2$	有机汞
低毒	基本无毒	剧毒	更毒

金属汞（水银）从口摄入，一般可排泄，无太大危害，金属汞中毒常由汞蒸气引起。汞蒸气具有高度的扩散性和较大的脂溶性，它经过呼吸道进入肺泡，经血液循环运至全身。血液中的金属汞进入脑组织中积累，达到一定的量，就会对脑组织造成损害(损害中枢神经)。金属汞慢性中毒的临床表现主要是神经性症状，有头痛、头晕、肢体麻木和疼痛、肌肉震颤、运动失调等。大量吸入汞蒸气会出现急性汞中毒，其症状为肝炎、肾炎、蛋白尿、血尿和尿毒症。甲基汞毒性最大，甲基汞在人体肠道内极易被吸收并分布到全身各器官，尤其是肝、肾和脑，有约 15%到脑组织，首先受甲基汞损害的是脑组织的大脑皮层和小脑，表现为向心性视眼缩小、运动失调、肢体感觉障碍等症状。

水体中的汞主要通过水产品对人类产生毒害，而且汞是累积性毒物，鱼、贝可以通过食物链在体内富集。1950 年，日本熊本县水俣湾附近渔村发现了一种奇

怪的病，这种病症最初出现在猫身上，被称为"猫舞蹈症"，病猫步态不稳，抽搐、麻痹，甚至跳海死去，被称为"自杀猫"。从 1953 年开始，当地人也出现类似症状，开始时面目痴呆、步态不稳，然后耳聋眼瞎，最后身体弯弓、精神失常而死。后来这种病被称为水俣病，其病因是由于当地一家化肥厂将含甲基汞的废水排入水中，甲基汞通过食物链富集于鱼体内，最后富集到猫和人体内，侵害神经，引起疾病和死亡。中国规定，地面水和饮用水汞浓度不得超过 0.001 mg/L，汞的最高允许排放浓度为 0.05 mg/L。

2）镉（Cd）

水中的镉主要来源于地表径流和含镉的废水。含镉的废水来源于金属矿山的采选、冶炼、农药、油漆、陶瓷、塑料生产、颜料制造、电镀、纺织印染等工业生产过程。进入水体中的镉一般为 Cd^{2+}，主要存在于水中底泥和悬浮物中。水生生物会富集镉，海产品中镉的含量是海水中的 4500 倍左右。根据中国国家标准（GB5749—2006）中相关规定，饮用水中镉质量浓度的限值为 0.005 mg/L，镉的最高允许排放浓度为 0.1 mg/L。

镉一般从消化道进入人体。含镉的废水流进河水中，河水用于灌溉农田，镉转移到稻米中。人长期食用含镉高达 1 mg/kg 的稻米，镉会在肝脏和肾脏中积累，达到一定浓度时，就会引起肾功能失调，镉还会进入骨质取代钙，引起骨骼软化和骨痛病（又称痛痛病），另外镉还会致癌或致畸。1955～1977 年发生在日本富山县神通川流域的"痛痛病"事件就是当地铝厂将含镉废水排入水体，居民长期食用含镉大米、饮用含镉水，体内镉累积过多造成的。患病后期，患者骨骼软化、萎缩，四肢弯曲，脊柱变形，骨质松脆，就连咳嗽都能引起骨折。图 9-4 是一位痛痛病患者的照片。

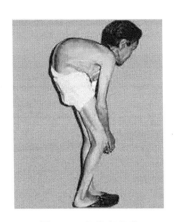

图 9-4 痛痛病患者

资料来源：http://article.pchome.net/content-1566583-all.html

3）铅（Pb）

铅是毒性很大、累积性极强的重金属之一。铅主要以粉尘和气溶胶形式从呼吸道进入人体，少部分从消化道进入人体。铅长期蓄积于人体，严重危害神经系统、造血系统及消化系统，对婴儿的智力和身体发育影响尤其严重。铅中毒会引起神经系统、消化系统和循环系统紊乱，脑麻痹，智力迟钝，肾脏功能受损。儿童铅吸收率高达 42%～53%，约为成人的 5 倍，而排铅能力只有成人的 30%。

水中的铅污染主要来源于岩石矿物溶出，以及炼铅、陶瓷彩釉、涂料、塑料制品等企业和其他利用铅的企业的工业废水。天然水中的铅主要以 Pb^{2+} 状态存在，具体有 $PbOH^+$、$Pb(OH)_2$、$Pb(OH)_3^-$、$PbCl^+$、$PbCl_2$ 等多种形态，而且天然水中的铅含量和形态明显受 CO_3^{2-}、SO_4^{2-}、OH^- 和 Cl^- 等含量的影响。中国规定，生活饮用水含铅不得超过 0.01 mg/L，工业废水排放标准规定铅不得超过 0.1 mg/L。

4）铬（Cr）

铬是银白色质地坚硬、耐腐蚀的重金属。三价铬 Cr（Ⅲ），是人体必需的微量元素，但过量的摄入也会产生毒害。六价铬 Cr（Ⅵ），毒性远大于 Cr（Ⅲ），可经口、呼吸道或皮肤进入人体，引起支气管哮喘、鼻中隔穿孔、变态性皮炎；长期接触六价铬，会发生头痛、流鼻血、肾功能衰竭、肝衰竭、心力衰竭、骨骼或其他器官病变及癌症。六价铬还会进入 DNA 遗传给下一代。

水中的铬污染主要来源于铬化合物生产、冶金（如制造铬铁合金）、电镀、皮革（铬鞣剂重铬酸钾，分子式为 $K_2Cr_2O_7$）、染料和颜料厂的工业废水，尤以生产铬化合物和铬铁合金过程中产生的铬渣数量最大，危害最严重。一些企业将铬渣长期堆置在室外，对地下水和土壤造成严重污染。

水中的铬主要是六价化合物 CrO_4^{2-}，而三价铬 Cr^{3+} 主要被固体物质吸附，存在于沉淀物中。会引起中毒的主要是六价铬，它毒性强，易被人体吸收，而且在体内蓄积。中国规定，生活饮用水含六价铬不得超过 0.05 mg/L，工业废水排放标准规定铬不得超过 0.5 mg/L。

5）砷（As）

砷是类金属元素，化合物多为白色粉末或结晶，均有毒，有机砷的毒性小，无机砷的毒性大。三价砷 As（Ⅲ）的毒性远大于五价砷 As（Ⅴ），而工业生产中的砷多为三价砷化合物。砷的毒性主要是 As（Ⅲ）与人体细胞中酶系统中的巯基结合，使细胞代谢失调。砷通过呼吸道、消化道和皮肤接触进入人体。如摄入量超过排泄量，砷就会在人体的肝、肺、脾、骨髓、肌肉等部位，特别是在毛发和指甲中蓄积，从而引起慢性中毒，潜伏期可达几年甚至几十年。慢性中毒表现为疲劳、乏力、心悸、惊厥；急性中毒的症状是口腔有金属味，口、咽、食道有烧灼感、恶心、剧烈呕吐、腹泻，体温和血压下降，重症病人烦躁不安，四肢疼痛。砷还能引起皮肤损伤，出现角质化、脱皮、脱发、色素沉积（表现为棕黑或灰黑色弥漫性斑块）等。长期食用砷污染食品，饮用砷污染水，可能导致癌症。

砒霜，化学名称为三氧化二砷（As_2O_3），是砷的重要化合物。砒霜是众所周知的剧毒品，对成人致死剂量为 $0.01\sim0.025$ g。古代的生产技术落后，使砒霜里伴有少量的硫和硫化物，与银接触起化学反应生成黑色的硫化银，这便是古代用银针试探食物是否有毒的原理，现代生产的砒霜可以提炼得非常纯净，不再掺有硫和硫化物。砒霜新的受关注点之一是砒霜可以治病。虽然历史上早有将砷化合物用以治疗昏睡病、肺结核、皮肤病等顽疾的记载，但是用砒霜治疗癌症是一种新理念，现在作为药物的口服砒霜是由香港大学成功研制出的治疗白血病的处方药物。有消息称已有超过 100 名血癌病人接受治疗后恢复健康，另有报道，除血癌外，砒霜还可用于淋巴癌等其他癌症的治疗。砒霜新的受关注点之二是有一种爱吃砒霜的细菌可净化水源。澳大利亚科学家研究发现：一种生活在金矿的细菌可以通过吃砷从而净化受砷污染的水源，这种细菌可以将砷转化成无毒性的亚砷酸盐，而且水中的亚砷酸盐可以通过过滤除去。研究人员希望这种细菌可以用于生物复育（一种水污染治理技术），大量用于净化受砷污染的水源。

另一种三价砷化合物是剧毒气体砷化氢（AsH_3），它是一种血溶性毒物，人体吸收后严重者全身呈紫铜色，鼻出血，甚至全身出血，最后因尿毒症而死亡。

在砷和含砷金属的开采、冶炼，用砷或砷化合物作原料的玻璃、颜料、药物、造纸等工业生产，以及煤的燃烧过程中，都可产生含砷废水、废气和废渣。水中的砷主要以无机的 H_3AsO_3、$H_2AsO_4^-$、$HAsO_4^{2-}$ 存在。中国规定，生活饮用水中砷最高不得超过 0.04 mg/L，排放的废水中砷最高含量为 0.5 mg/L。

2. 水体中的有机污染物

水体中毒性很大的有机污染物之一农药包括有机氯农药、有机磷农药、有机汞农药、有机砷农药、氨基甲酸酯及苯酰胺类农药等，主要来源有农药生产和加工企业的废水排放；流失在土壤、水体和空气中的农药（约占施药量的 80% 左右）通过雨水或灌溉水由农田向水体迁移；施药工具的清洗；大气中残留农药随降雨进入水体。

另一类有机污染物芳烃可分为单环芳烃和多环芳烃。单环芳烃只含一个苯环，有较大的挥发性，对水生生物有较大的毒性，主要是苯及苯的氯、硝基、羟基等取代衍生物，苯酚和甲酚及其衍生物是其中的代表，酚类化合物具有高的水溶性和毒性，其中又以苯酚的毒性最大。多环芳烃含两个或两个以上苯环，如联苯、苯并芘、萘、蒽等，它们大多具有致癌性。水体中芳烃类污染物主要来源于各种工业废水和城市污水。单环芳烃还来源于泄漏到水体中的原油，多环芳烃还来源于大气降落物、飞灰、道路径流及被污染土壤的滤液等。

3. 水体中的无机污染物

水体中的无机污染物危害最大的是能引起水体富营养化的污染物。对水体中藻类来说，营养物质指的是那些促进其生长或修复其组织的能源性物质，主要是磷和氮。藻类繁殖的程度主要决定于水体中氮、磷这两种成分的含量。水体中氮、磷营养物质的主要来源有以下几种：

（1）雨水。雨水把大气和土壤中的氮和磷带入水体中。

（2）农业排水。农业排水把含氮和磷的肥料及饲养家禽家畜所产生的废弃物带入水体中。

（3）城市生活污水。生活中大量使用合成洗涤剂和柔软剂等清洁用品，洗涤剂中加有三聚磷酸钠（$Na_5P_3O_{10}$）强化洗涤效果，而洗涤剂中起柔软、杀菌作用的阳离子表面活性剂一般是含氮化合物，因此全世界每天都有大量含有氮和磷的洗涤废水排放到水体中。另外，食品污物和粪便中也常含有氮和磷。

（4）其他来源。如工业废水、受污染的地下水等。

随着经济和人口的增长，资源和环境压力越来越大。中国湖库区域经济快速增长、水资源需求量增大，而湖库来水减少、交换缓慢，水环境纳污能力下降而排污量增加，湖库富营养化问题普遍突出。20 世纪 70 年代，全国 34 个重点湖泊中富营养化的湖泊仅占评价面积的 5%。80 年代末调查的 26 个湖库中，富营养化湖泊 16 个，占调查面积的 36%。90 年代中国东部湖泊全部处于富营养化状态。2002 年，监测的 8 个大型淡水湖泊水库中总氮和总磷平均值除洱海和博斯腾湖不超标外，其余湖泊全部超标，6 个湖泊处于富营养化状态，滇池属于重度富营养化。城市内湖水质普遍较差，统一监测的五个城市内湖中，西湖、昆明湖水质为Ⅳ类（总共有Ⅰ、Ⅱ、Ⅲ、Ⅳ、Ⅴ类，从前往后水质逐渐变差），玄武湖为Ⅴ类，东湖和大明湖为劣Ⅴ类。主要作为大城市饮用水源的 10 个大型水库中的崂山水库和门楼水库水质也为劣Ⅴ类。主要污染物为总氮和总磷。

4. 水体中的油类污染物

水体中的油类污染最典型的是石油污染。石油污染是在石油的开采、炼制、贮运和使用过程中进入海洋环境而造成的污染，是世界性的严重污染之一。石油污染主要是由泄漏和井喷等事故造成。据初步计算，全世界每年流入大海的石油就有约 1000 万 t。每升石油扩展面积可达 $100 \sim 1000$ m^2。当大量石油浮于海面时，原来蓝色的海面覆盖了一层黑色的油膜，因此海面石油污染被称为"黑潮"。图 9-5 为 2014 年美国圣地亚哥黑潮。

图 9-5　2014 年美国圣地亚哥黑潮

资料来源：http://tour.rednet.cn/c/2014/07/15/3405335.htm

黑潮不但破坏海滨风景，还会给海洋生物造成灭顶之灾。油类会沾附在鱼鳃上，使鱼窒息，也会抑制水鸟产卵和孵化，破坏鸟类羽毛的疏水性，黏附在鸟的翅膀上使鸟类无法飞翔，还会降低水产品质量。油膜会阻碍水体的复氧作用，影响海洋浮游生物生长，破坏海洋生态平衡。

鱼是一种主要的水生生物，也是人类的一种主要食物，以上水中的各种有毒物质很容易富集于鱼体中。如何识别受过污染的鱼？可以从以下五个方面进行判断。

（1）看鱼形。污染较重的鱼，其鱼形头大尾小，脊椎、尾脊弯曲僵硬或头特大而身瘦、尾长而尖，这种鱼含有铬、铅等重金属。

（2）观全身。鱼鳞部分脱落，鱼皮发黄，尾部灰青，有的肌肉呈绿色，有的鱼肚膨胀，这是铬污染或鱼塘大量使用碳酸氢铵化肥所致。

（3）辨鱼鳃。有的鱼表面看起来新鲜，但如果鱼鳃形状粗糙，呈暗红色或灰色，这些鱼大都受到污染。

（4）瞧鱼眼。有的鱼看上去体形、鱼鳃正常，但眼睛浑浊失去正常光泽，有的眼球甚至明显向外突起，这也是被污染的鱼。

（5）闻鱼味。被不同毒物污染的鱼有不同的气味。煤油味是被苯酚和甲酚类有机物污染所致。如果人吃了这种鱼，摄入机体的酚量超过人体的解毒能力时，就会发生慢性中毒，出现头痛、头晕、呕吐、腹泻、神经紊乱等病状。有大蒜味的鱼是受到了三硝基甲苯污染；苦杏仁味是硝基苯污染的结果；氨水味、农药味是被铵盐类、农药污染的表现。

9.3.2　水污染防治

水污染防治是指对水体因某种物质的介入，而导致其化学、物理、生物或者放射性等方面特性的改变，造成水质恶化，从而影响水的有效利用，危害人体健康或者破坏生态环境现象的预防和治理。水污染防治措施总结起来有以下几种：

1. 控制废水排放浓度和排放量

工业污染的控制是水污染防治中十分重要的一环，尤其对矿山开采、化工行业、造纸行业和冶炼行业等产生污染比较严重的行业。首先是大力推行清洁生产，采用改革工艺，争取实现工业用水量和废水排放量的零增长和有毒、有害污染物的零排放，或者降低有毒废水的毒性。其次是重复利用废水。尽量采用重复用水及循环用水系统，使废水排放减至最少或将生产废水经适当处理后循环利用。如电镀废水闭路循环，高炉煤气洗涤废水经沉淀、冷却后再用于洗涤。再次是控制废水中污染物浓度，回收有用产品。尽量使流失在废水中的原料和产品就地回收，这样既可减少生产成本，又可降低废水浓度。最后是处理好城市垃圾与工业废渣，避免因降水或径流的冲刷、溶解而污染水体、增加废水量。

2. 加大废水处理力度

废水经过妥善处理后可以回收，供工业、农业、市政等再使用，因此迫切需要加强废水处理厂的建设，开发有区域特色的废水处理工艺技术，对废水进行全面规划和分区治理，提高处理后废水的利用率。废水处理一般分三级进行。一级处理又称物理处理，通过简单的沉淀、过滤或适当的曝气，以除去废水中的悬浮物，调整 pH 及减轻废水的腐化程度。二级处理是经一级处理后的废水再经过具有活性污泥的曝气池及沉淀池，以除去废水中的大量有机污染物。经过二级处理后的废水一般可以达到农灌水的要求和废水排放标准。三级处理（又称深度处理），是指采用超滤、活性炭吸附、离子交换、电渗析、反渗透等方法，进一步除去经过二级处理后的废水中的磷、氮和难以生物降解的有机物、矿物质和病原体等。

3. 改变发展模式，走可持续发展的道路

在城市建设规划、工业区规划时都要考虑水体污染问题，不能只顾发展，不顾环境，或者"先发展，后治理"。要调整产业结构，对于新上的开发项目，必须加强对发展规划和项目的环境影响评价，坚决不上资源消耗多、污染排放量大的工业企业项目，并要坚决淘汰已有的污染严重项目，把工业发展与环境保护协调起来，遵循可持续发展的战略，走新型工业化的道路。

4. 加强监测管理，健全法律和控制标准

建立和健全保护水体、控制和管理水体污染的具体条例和环境保护法律，设立国家级、地方级的环境保护管理机构，执行有关环保法律和控制标准，协调和监督各部门和企业保护环境、保护水源。

9.3.3 水质评价指标

水源的情况由水质反映，水质是指水与水中存在的其他物质共同表现的综合特征，评价水质优劣和受污染程度的参数，称为水质指标。水质指标通常可分为物理性指标、化学性指标和生物性指标三类。物理性指标有温度、色度、浊度、臭、味、电导率、肉眼可见物；化学性指标很多，例如：pH、硬度、生化需氧量（biochemical oxygen demand，BOD）、化学需氧量（chemical oxygen demand，COD）、总有机碳（total organic carbon，TOC）、溶解氧（dissolved oxygen，DO）、铁、锰、铜、锌、氯化物、硫酸盐、含氮化合物、挥发酚及阴离子合成洗涤剂；生物性指标又分细菌学指标和毒理学指标。细菌学指标有：细菌总数、大肠杆菌、游离性余氯；毒理学指标有氟化物、氰化物、砷、硒、汞、镉、铬(Ⅵ)、铅、亚硝酸盐。下面选择一些进行介绍。

清洁的水应该无色、无臭、无异味，没有肉眼可见物。地面水的温度随日照和气温而变化，地下水的温度较恒定。大量工业冷却废水进入地面水可造成热污染，导致溶解氧降低，危害水生生物的生长与繁殖。如果地下水的温度突然发生改变，可能是地面污水大量渗入所致。

水的浑浊程度，是悬浮于水中的胶体颗粒产生的散射现象。浑浊度主要取决于胶体颗粒的种类、大小、形状和折射指数。现行通用的计量方法是把 1 L 水中含有相当于 1 mg 标准硅藻土所形成的浑浊状况，作为 1 个浑浊度单位，简称 1 度。地面水浑浊主要是泥土、有机物、浮游生物和微生物等造成，浑浊度升高表明水体受到胶体物质污染。

电导率是物体传导电流的能力，单位是西门子/米（S/m）。水的电导率可以反映水中溶解性盐类（或称矿物质）的总量，通常用来表示水的纯净度。几种常见的水的电导率：天然水，$0.5 \sim 5 \times 10^{-2}$ S/m；蒸馏水，10^{-3} S/m；去离子水，10^{-4} S/m；纯水，5.5×10^{-6} S/m。

天然水的 pH 一般在 7.2～8.5。当水体受大量有机物污染时，有机物因氧化分解产生游离二氧化碳，可使水的 pH 降低。当大量酸、碱废水污染水体时，水的 pH 可发生明显改变。根据中国制定的生活饮用水国家标准，饮用水的 pH 为 6.5～8.5。

总硬度（total hardness，TH）是指水中多价阳离子盐类的总量，通常是指溶于水中的钙、镁离子盐类的总量，以 $CaCO_3$（mg/L）表示。一般分为碳酸盐硬度（由钙和镁的重碳酸盐和碳酸盐造成的硬度）和非碳酸盐硬度（由钙和镁的硫酸盐和氯化物等引起的硬度）。也可分为暂时硬度和永久硬度。前者是指水经煮沸时，水中重碳酸盐分解形成碳酸盐而沉淀所去除的硬度，但由于钙、镁的碳酸盐并不完全沉淀，故暂时硬度往往小于碳酸盐硬度；后者是指水煮沸后不能除去的硬度。

各地天然水的硬度，因地质条件不同而差异很大。一般而言，地下水的硬度高于地面水，但当地面水受硬度高的工矿废水污染时，或排入水中的有机污染物分解释出 CO_2，使地面水的溶解力增大时，均可使水的硬度增高。

水中有机物在需氧微生物作用下分解时消耗水中溶解氧的量，称为生化需氧量。水中有机物越多，生化需氧量越高。生物氧化过程与水温有关，在一定范围内，温度越高，生物氧化作用越强烈，分解全部有机物所需要的时间越短。为使生化需氧量测定值具有可比性，规定以 20℃培养 5 日后，1 L 水中减少的溶解氧量为 5 日生化需氧量（BOD_5）。它是评价水体污染状况的一项重要指标。清洁水的生化需氧量一般小于 1 mg/L。

化学耗氧量是指在一定条件下（如测定温度等），强氧化剂（如高锰酸钾、重铬酸钾等）氧化水中有机物所消耗的氧量。它是测定水体中有机物含量的间接指标，代表水体中可被氧化的有机物和还原性无机物的总量。虽然它的测定方法简易、迅速，但不能反映有机污染物在水中降解的实际情况，因为水中有机物的降解主要靠生物的作用，因此，广泛采用生化需氧量作为评价水体受有机物污染的指标。

总有机碳是以碳含量表示的水体中有机物质的总量，反映水体中有机物质的多少。总有机碳可以用专门的仪器——总有机碳分析仪来测定，原理是将水溶液中的总有机碳氧化为二氧化碳，并且测定其含量，利用二氧化碳与总有机碳之间的对应关系，得出水溶液中总有机碳含量。

溶解氧指溶解在水中的氧含量。其含量与水温和空气中氧的分压有关，由于空气中氧分压的变化不大，故水温是主要的影响因素，水温越低，水中溶解氧的含量越高。清洁地面水的溶解氧量接近饱和状态。水层越深，溶解氧含量往往越低，特别是湖、塘等静止的水体更是如此。水中有大量藻类植物时，由于光合作用放出氧，可使溶解氧呈过饱和状态。当有机物污染水体或藻类大量死亡时，水中溶解氧可被消耗，若消耗速度超过空气中的氧通过水面溶入水体的速度时，则水中溶解氧不断减少，进而可使水体进入厌氧状态。因此，水中溶解氧的含量可作为有机物污染和水自净能力的间接指标。中国的河流、湖泊、水库水中溶解氧含量大都在 4 mg/L 以上，长江以南的一些河流水中一般较高，可达 6~8 mg/L。中国医促会健康饮水专业委员会标准规定水中溶解氧 6 mg/L 为适中。

天然水中均含有氯化物，其含量随地区不同而有差异。如近海或流经含氯化物地层的水体，氯化物含量较高。在同一地区内，水体中氯化物含量是相当恒定的。当其突然增加时，表明有被人畜粪便、生活污水或工业废水污染的可能。

天然水中均含有硫酸盐，其含量受地质条件的影响很大。地面水中硫酸盐含量骤然增加时，表明有被生活污水、工业废水或农田径流污染的可能。

含氮化合物包括有机氮、蛋白性氮、氨氮、亚硝酸盐氮和硝酸盐氮。有机氮是有机含氮物质的总称。有机氮和蛋白性氮是主要来源于动植物体的有机物，当水中的有机氮和蛋白性氮显著增高时，说明水体新近受到明显的有机物污染。氨氮系含氮有机物在微生物和氧作用下分解的中间产物，可以进一步在亚硝酸菌和硝酸菌作用下，形成亚硝酸盐和硝酸盐，即氨的硝化过程。在排除水体流经沼泽地受植物分解影响导致氨氮增高，及地层中硝酸盐在厌氧微生物作用下还原使氨氮增高外，如发现水中氨氮增高，则有可能是近期受到了人畜粪便的污染。如亚硝酸盐氮含量增高，则说明水中有机物无机化过程尚未完成，污染危害仍然存在。如硝酸盐氮检出量高，而氨氮、亚硝酸盐氮的浓度不高时，表明该水体过去曾受有机物污染，但现已自净。如氨氮、亚硝酸盐氮、硝酸盐氮浓度均增高，则可能是该水体过去和新近均有有机物污染，也可能是过去曾受有机物污染，目前自净还在进行中。

　　合格的饮用水中不应含有已知致病微生物，也不应含有人畜排泄物污染的指示菌。水中游离氯达到一定浓度，在一定时间内可以杀灭水中的细菌和病毒，因此游离性余氯是水质的细菌学指标之一，也是一项评价饮用水微生物学安全性的重要指标。

　　依据地表水水域环境功能和保护目标，综合考虑各种水质指标，2002 年颁布的《中华人民共和国地表水环境质量标准》（GB 3838—2002）中将中国水质按功能高低依次分为五类。

　　Ⅰ类：主要适用于源头水、国家自然保护区。

　　Ⅱ类：主要适用于集中式生活饮用水地表水源地一级保护区、珍稀水生生物栖息地、鱼虾类产卵场、幼鱼的索饵场等。

　　Ⅲ类：主要适用于集中式生活饮用水地表水源地二级保护区、鱼虾类越冬场、洄游通道、水产养殖区等渔业水域及游泳区。

　　Ⅳ类：主要适用于一般工业用水区及人体非直接接触的娱乐用水区。

　　Ⅴ类：主要适用于农业用水区及一般景观要求水域。

　　其中，Ⅰ类水质良好，地下水只需消毒处理，地表水经简易净化处理（如过滤）、消毒后即可供生活饮用。Ⅱ类水质受轻度污染，经常规净化处理（如絮凝、沉淀、过滤、消毒等）后，可供生活饮用。Ⅲ类水质经过处理后也能供生活饮用。Ⅲ类以下水质恶劣，不能作为饮用水源。污染程度已超过Ⅴ类的水被称为劣Ⅴ类水。

9.4　土壤与化学

　　土壤（soil）是地球岩石最表层经亿万年风化和生物活动所形成的物质，是生物圈、岩石圈、大气圈和水圈的交汇点。土壤是植物生长的基体，也是人类、其他动物及大多数微生物赖以栖息、生活、繁衍的场所。通常我们认为土壤只是固体，其实，土壤由固体颗粒、土壤溶液和土壤空气三部分组成，即土壤中存在固相、液相和气相三种相态。其中固相包括由土壤中直径在 0.001～2 μm 范围内的颗粒形成的胶体。土壤由固体颗粒形成有大小孔隙的土壤结构，土壤水分占据土壤的中小孔隙，土壤空气占据土壤的大孔隙。土壤中直径为 0.05～1 mm 的固体大颗粒称为砂粒，直径为 0.001～0.05 mm 的中等粒径的颗粒称为粉粒，直径小于 0.001 mm 的细小颗粒称为黏粒。根据三种土粒含量不同，将土壤分为 12 类，其中较为典型的有三种：砂粒含量大于 50%，黏粒含量小于 30% 的称为砂土；砂粒含量小于 50%，黏粒含量小于 30% 的称为壤土；黏粒含量大于 30% 的是黏土。三种土壤中壤土的土壤耕性最好，土壤水气比例易达到理想范围，土壤温度也较易保持和调整，通气透水、保水保温性能都较好，是较理想的农业土壤；砂土往往气多水少，温度易偏高；黏土则水多气少，紧实黏重，温度易偏低。

9.4.1 土壤的化学成分

土壤是由空气、水、腐殖质和矿物质组成的复杂混合物，是一个比大气和水体更加复杂的生态系统。正常土壤中空气、水、腐殖质和矿物质的体积含量大致为 25%、25%、12% 和 38%。随自然条件的不同土壤的化学成分不尽相同，但组成土壤的化学元素基本是碳、氢、氧、氮、硅、钙、铝、铁，还可能有铜、锰、锌等，其中金属元素大多数以氧化物和硅酸盐的形态存在。

土壤中进行着一些化学反应。例如①有机物的分解反应：土壤中的生物残体在微生物作用下被分解转化为土壤有机质。②金属离子的氧化还原反应：土壤氧化还原电位影响土壤中一些微量元素的有效性，而土壤中的水气比例影响土壤氧化还原电位。水多气少使土壤氧化还原电位降低，铁、锰等离子大多还原为有效态，但也因此容易从土壤中流失。③正、负离子的结合与解离。土壤黏粒带负电，对土壤中的阳离子有吸附性。土壤黏粒所能吸附的盐基阳离子总量称为阳离子交换量，土壤黏粒上吸附的阳离子与土壤溶液中的阳离子不断进行交换，达成动态平衡。施肥或通过其他途径进入土壤溶液的养分阳离子大多先被土壤黏粒吸附，待植物根系吸收利用掉溶液中的养分阳离子时，被吸附的交换性阳离子再逐渐解吸释放进入土壤溶液，补充被吸收的部分。

9.4.2 土壤污染

土壤污染是指具有生理毒性的物质或过量的植物营养元素进入土壤，使土壤组成发生变化，破坏土壤原有物质的平衡，引起土壤性质恶化的现象。工农业发展带来的一个副作用便是石油制品、重金属、化肥、农药等有毒有害的物质破坏了土壤原有的生态平衡。

土壤污染除了来自矿物的自然分解与风化、火山爆发等自然污染源以外，大部分由人为因素造成。土壤污染的来源主要有以下几个方面：

（1）大气沉降。即大气污染物在重力的作用下飘落进入土壤。如有色金属冶炼厂排出的废气中含有镉、铬、铅、铜等重金属离子，会对附近土壤造成重金属污染。

（2）工业废水和生活污水排放。废水中含有多种有毒有害的有机物、无机盐、重金属离子、细菌、病毒，它们都可能被土壤颗粒吸附而污染土壤。

（3）化肥和农药的大量使用。化肥能使土壤物理性质恶化，例如使土壤酸化、板结，农药容易在土壤中残留，有些在土壤中降解一半所需的时间（即农药的降解半衰期）为几年甚至十几年。

（4）工业固废和城市垃圾。如煤炭、冶金等工业产生的粉矸石、粉煤灰、铬渣等固体废物面广量大，城市垃圾更是随着人口增长快速增加，这些污染物的安全处置是一项艰巨的工程，堆积起来难免对土壤造成污染。

以上因素对土壤造成的影响，若在土壤自净能力之内，则可维持正常的生态循环，若超出土壤的自净能力，即产生污染。土壤被污染后，不仅土质变坏，造成农作物减产，更严重的是土壤中的污染物质通过食物链传递在动物和人体内蓄积，直接危害人体健康。土壤污染可以从地下水是否受到污染和作物生长是否受到影响两个方面来判别。

土壤中的污染物主要有以下几类：

（1）重金属，如汞、镉、铅、铬、砷等；

（2）有机物，如 DDT 等农药、多环芳烃和多氯联苯等；

（3）无机物，如氟及其化合物、氮肥和磷肥等化肥；

（4）放射性元素，如铯（Cs）、锶（Sr）；

（5）有害微生物，如肠杆菌科细菌、破伤风杆菌、结核杆菌等。

这些污染物中很多名称与大气和水体中的污染物相同，但是由于所处环境不同，其来源、存在形式和毒性不尽相同，以下分别对前三类进行介绍。

1. 土壤中的重金属污染物

土壤一旦被重金属污染就难以彻底消除。若重金属向地表水或地下水中迁移，可加重水体污染。污染物在菜地中积累到一定程度时，将影响蔬菜的生长发育，蔬菜吸收了重金属元素后，能将其转化为毒性更强的有机化合物。这些有毒物质不但能影响土壤生物群的变化及物质的转化，而且能引起人体的多种疾病。汞、镉、铅、铬、砷五种重金属污染物的危害在水体污染一节中已经介绍过，本节主要介绍土壤中这些污染物的来源和存在形式。

1）汞（Hg）

土壤中汞主要来源于大气沉降、工业废水和生活污水排放、化肥和农药、污水灌溉和污泥施肥、工业固废和城市垃圾。

汞在土壤中以单质汞、无机化合态汞和有机化合态汞存在，其中单质汞是主要形态，占总汞量的90%以上。一般认为单质汞可以通过排泄排出体外，危害较小。通常土壤中汞的含量并不高，但用含汞的废水灌溉农田或作物生长期间施用含汞的农药，汞会在作物体内富集，造成污染，进而对人产生危害。

2）镉（Cd）

土壤中的镉主要来自矿山、冶炼、电镀、颜料、镍镉电池生产等工业"三废"、污水灌溉和污泥施肥。

土壤中的化学物质，大多以各种不同化合物的形态存在，其中溶解于水或弱酸中的能被作物吸收，所以土壤中溶解性的、易被作物吸收的物质状态叫做可给态。有些金属虽然在水中悬浮或沉积，或者被土壤中的某些成分吸附，但在环境条件发生变化时，会重新溶解于水中而被作物吸收，因此它们原来的化学形态被称为可交换态，又称代换态或被吸附态。

Cd 在土壤中一般可分为可给态（以离子态或化合态存在的镉，如 Cd^{2+}）、代换态（被黏土或腐殖质吸附的镉）和难溶态（沉淀或难溶螯合物中的镉，如碳酸盐、硫化物）。三种状态的镉的活动度和毒性依次减小。其中溶解于水的 Cd^{2+}有强毒性。

植物吸收镉的量不仅与土壤的含镉量有关，还受其化学形态的影响：例如，水稻对三种无机镉化合物的吸收量从大到小顺序为 $CdCl_2>CdSO_4>CdS$。不同种类的植物对镉的吸收也存在着明显的差异，例如玉米>小麦>水稻>大豆。

3）铅（Pb）

土壤中的铅主要来自大气沉降、采矿、金属加工、含铅蓄电池、污泥、城市垃圾，以及汽车尾气。含铅汽油是重要的铅污染源，以至靠近公路两侧的蔬菜中的铅含量远远高于远离公路的蔬菜。

土壤中的铅主要在无机化合物中以二价态存在，如 $Pb(OH)_2$、$PbCO_3$、$PbSO_4$等固体形式，容易被有机质和黏土、矿物所吸附。

由于铅在土壤中以固体形式存在，因此通过作物根系吸收量不大，主要是通过叶片从大气吸收。蔬菜中铅含量富集程度以叶最高，其余依次是根、茎、果实。

4）铬（Cr）

土壤中的铬主要来自铬合金制造、皮革、印染、电镀、制药、涂料制造业、城市污水和垃圾，特别是铬合金制造和皮革业排放的废水及处理后的污泥。

土壤中铬主要以无机物和结合态（水体或土壤中的金属与悬浮物、沉积物或土壤的主要成分发生吸附而结合在一起的化学形态）的形式存在，而且以低毒性的 Cr（Ⅲ）为主，其中约90%被土壤固定。土壤中的高毒性的 Cr（Ⅵ）很容易被还原成 Cr（Ⅲ）因而含量很低。但当有氧化剂存在时，Cr（Ⅲ）能转化成 Cr（Ⅵ），土壤的 pH 降低有利于 Cr（Ⅵ）的存在。

植物从土壤中吸收的铬大部分积累在根中，其次是茎叶，籽粒中较少。在铬污染不严重的情况下，粮食作物籽粒中的铬累积不至引起食品安全问题。但是，畜禽吃了含铬的秸秆，人又吃了畜禽肉，铬可能在人体内富集，进而影响健康。

5）砷（As）

砷是一种广泛存在于土壤中的具有致癌作用的类金属，主要来源于大气沉降、含砷农药、化肥的施用及含砷污水灌溉。

土壤中的砷以离子吸附态（被土壤胶体吸附而失去游离活动能力的离子）、结合态、砷酸盐或亚砷酸盐等存在。

不同作物对砷的吸收不同，如甜菜根部含砷 1.0 μg/g，而芋头根部含砷 0.2 μg/g。植物的不同部分对砷的吸收也存在差异，作物中砷含量一般从大到小顺序为根＞茎叶＞籽实，如水稻根中砷含量一般是茎叶中的几十倍，而苹果各部分含砷量为叶＞果皮＞果肉。

2. 土壤中的有机污染物

土壤中毒性很大的有机污染物有农药、多环芳烃和多氯联苯等。

1）滴滴涕

施用杀虫剂、杀菌剂及除草剂等农药是土壤中有机污染物的主要来源之一。光化学降解、化学降解和微生物降解等降解作用是农药消失的主要途径。但有些农药由于无法降解或降解很慢而造成了严重的环境污染。例如：有机氯杀虫剂滴滴涕（代号 DDT），其化学结构式如下：

滴滴涕（DDT）的化学结构式

DDT 理化性质稳定，可以长期保留，脂溶性强，可长期在脂肪组织中蓄积，对虫类作用后，有抗药性。DDT 在环境中的归宿是首先进入土壤中，其次被植物吸收，接着通过食物链在生物体内高度浓集，最后进入人体。南极的企鹅、北极的爱斯基摩人均被查出体内含有 DDT，其影响之广可见一斑。

DDT 对哺乳动物无急性毒杀作用，但能在体内积存，易贮积于甲状腺等富含脂肪的器官中，也会进入肝脏和肾脏，破坏这些器官的正常功能。当人体内 DDT 达到 20 mg/kg 时，神经系统发生障碍；达到 500 mg/kg 时，致人死命。另外，

DDT 会大量灭杀害虫的天敌，破坏生态平衡。由于 DDT 污染属于全球性污染，所以其危害非常大。虽然在确认 DDT 有害 40 年后的 2004 年，联合国已正式禁用 DDT，但其残留仍引起了严重的环境问题。由于它在土壤中挥发、降解、分解速度很慢，据专家估计，全球停止使用 DDT 后，大约需 25～110 年，才能使地球环境恢复到原来的状态。

2）多氯联苯

多氯联苯（代号 PCB），又称氯化联苯，是联苯苯环上的氢原子为氯所取代而形成的一类氯化物。PCB 化学结构的骨架如下所示，除了 1 和 1′位置以外，其他标有数字的位置可以被氯取代。

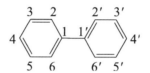

多氯联苯（PCB）的骨架

PCB 的纯化合物为结晶态，混合物则为油状液体。低氯化物呈液态，流动性好，随着氯原子数的增加，黏稠度相应增高，呈糖浆状乃至树脂状。PCB 的物理和化学性质非常稳定，极难溶于水而易溶于脂肪和有机溶剂，极难分解，因而能够在生物体脂肪中大量富集。

PCB 用途很广，可作绝缘油、热载体和润滑油等，还可作为许多种工业产品：如塑料、橡胶、黏合剂、涂料、复写纸、陶釉、防火剂、农药延效剂、染料分散剂的添加剂。使用 PCB 的工厂排出的废弃物，是 PCB 污染的主要来源。

生产和使用中产生的多氯联苯废弃物，污染大气、水、土壤后，通过食物链的传递，富集于生物体内，最后进入人体，也能经皮肤、呼吸道、消化道被人体吸收，并在人体组织中富集，严重时危及人的健康和生命安全。

由于 PCB 应用广泛，PCB 污染的范围也很广，和 DDT 一样已造成全球性环境污染问题。从北极的海豹，到南极的海鸟蛋，以及日本、美国、瑞典等国的人乳中都能检出 PCB。20 世纪 60 年代以来，因环境污染引起的家禽和人的 PCB 中毒，基本上都是由口侵入、经消化道吸收后发生的。动物长期小剂量接触可产生慢性毒作用，中毒症状表现为眼眶周围水肿、脱毛、痤疮样皮肤损害、肝细胞肿大、肝病变，还可能致癌。1968 年日本曾发生因 PCB 污染米糠油而造成的有名的公害病——油症。受害者食用被 PCB 污染的米糠油（每公斤米糠油含 PCB 2000～3000 mg）而中毒。病人表现为痤疮样皮疹，眼睑浮肿和眼分泌物增多，皮肤、黏膜色素沉着，黄疸，四肢麻木，胃肠道功能紊乱等。1973 年以后各国陆续开始减少或停止生产 PCB。

3. 土壤中的无机污染物

土壤中的无机污染物主要是指有害的元素、氧化物、酸、碱和盐类等，它们主要来自采矿、冶炼、机械制造、建筑材料、化工等生产部门排放的"三废"，以及生活垃圾。硝酸盐、硫酸盐、氯化物、可溶性碳酸盐等是常见的且大量存在的无机污染物。这些无机污染物会改变土壤结构，使土壤板结、盐渍化。其中的盐如果涉及有毒重金属离子，则会对动植物和人体造成毒害。另外，像氟及其化合物等虽不常见，但一旦发生污染，则后果也非常严重。

包头钢铁厂（简称包钢）曾发生氟污染事件。包钢的原料白云鄂博铁矿石中含有较高量的元素氟，在烧结矿石和冶炼过程中，氟随冶炼废气排放进入大气，污染了方圆十几公里的土壤。庄稼和牧草吸收了氟，人和牲畜长年吃这里的高含氟食物，氟元素在体内积累，就会得氟斑牙和氟骨病。在 20 世纪 80～90 年代，包钢周围有数万人畜受到毒害，有的村庄大部分村民的牙齿都有氟斑，其中严重的人骨骼变形，行走困难，身体萎缩如孩童大小，村中的牛羊牙齿龇（音 zī）出，又细又长，四肢变形。

9.4.3　土壤污染防治

土壤污染防治是防止土壤遭受污染和对已污染土壤进行改良、治理的活动。土壤污染防治的措施有：

（1）预防为主，预防的重点应放在对各种污染源排放进行浓度和总量控制；

（2）对农业用水进行经常性监测、监督，使之符合农田灌溉水质标准，利用城市污水灌溉时，必须预先对其进行净化处理；

（3）合理施用化肥和农药，慎重使用污泥、河泥、塘泥施肥；

（4）推广病虫草害的生物防治、天敌防治和综合防治；

（5）整治矿山，防止矿毒污染；

（6）制定政策法规和执法机构加强监督。

针对已经污染的土壤，有一些土壤改良和治理的方法：

1）化学法

施用改良剂或抑制剂等化学物质以降低土壤中有害物质的毒害作用。如施用石灰、磷酸盐、氧化铁等化学改良剂，可以减轻土壤中的重金属毒害，该法适用于污染不太严重的土壤。

2）电泳法

电泳法即在土壤中插入两个石墨电极，在稳定的电流作用下，金属离子在电压的驱动下向阴极移动、积聚，然后再进行处理。电泳法是一种比较科学的重金属处理方法，但是其处理速度和效果有待进一步考察。

3）客土法

客土法是向污染土壤中加入大量干净土壤，覆盖在表层或混匀，使污染物含量下降到临界危害含量以下或减少污染物与根系的接触，从而达到减轻危害的目的。该法适用于污染面积不大的土壤，对于污染面积大的土壤来说，成本太高，操作复杂。

4）生物修复法

生物修复法是利用某种特定的动植物和微生物较快地吸走或降解土壤中的污染物质以达到净化土壤的目的。例如种植对镉吸附较强的蕨类和十字花科植物修复被镉污染的土壤。该法经济环保，操作简单，但是周期较长。

9.5 居室环境与化学

居室是人们学习、工作、聚会、娱乐、小憩、睡眠等各种活动的主要场所。居室环境的好坏将直接影响人体健康，而且这种影响是长期的。随着生活水平的提高，人们对生活质量的要求越来越高，根据个人需要和喜欢的风格对居室进行建造和装修也变得越来越普及。居室环境污染也日益突出并受到了广泛的关注。居室环境污染主要是室内空气污染。室内空气污染是指住宅和公共建筑物内化学、物理和生物等因素引起人体不舒适或对人体健康产生急性、慢性或潜在伤害的现象。

9.5.1 居室空气污染物的种类及来源

现代室内空气污染（indoor air pollution）根据污染物性质可以分成化学污染、物理污染和生物污染三大类。其中最主要的是化学污染。化学污染物的种类和来源可以归纳成以下四类：

（1）无机气体化合物，如 CO、CO_2、NO_x、SO_2 等。它们主要来自煤、城市管道煤气、天然气等生活燃料的燃烧，以及室外空气通过扩散进入室内。另外，CO_2 的一大主要来源是人和宠物在室内的呼吸。

（2）挥发性有机化合物（volatile organic compound，VOC），包括脂肪烃类、酯类、醛类、酮类，以及苯等芳香烃类。它们的主要来源是室内建筑和装修装饰材料，如涂料、墙纸、化纤地毯、窗帘、复合地板，以及用各种人造板材（如胶合板、纤维板、刨花板、复合木板）制作的家具、橱柜等。另外还有室内空调中制冷剂的泄漏，气雾杀虫剂、空气清新剂、熏香剂、化妆品等化学药品的使用，以及厨房油烟等，甲醛（HCHO）还有可能来自免熨型衣服。VOC 主要通过呼吸道吸入，对人体有以下几个方面的危害：①对眼睛、黏膜和肺有刺激作用；②对其他系统或器官也有不良作用，例如使人产生眩晕、头痛、恶心、胃痛；③引起皮肤过敏等变态反应；④长期低浓度接触会使人体产生全身变态反应，甚至诱发癌症。例如，甲醛对眼、鼻和上呼吸道有强烈的刺激作用，其对人的致癌性已经在人群流行病学调查中得到证明。刚装修的房屋室内 VOC 污染严重，儿童罹患白血病及淋巴瘤的概率显著增加。

（3）氡及其子体，它们作为室内空气中的主要污染物之一，已引起各国学者的重视。氡的污染主要来源于天然石材、各种砖等建筑和装修材料，并与建筑物下方地质和土壤环境有关。现代建筑材料中有 2%～3%都含有石棉和氡，10%左右有病毒、细菌等微生物，这些会危害建筑物的使用者。氡及氡的短半衰期子代产物（又称子体）皆可吸附于尘粒上而被吸入呼吸道，它们衰变产生的 α 粒子可对人的呼吸系统造成辐射损伤，诱发肺癌。氡气对人体健康的早期危害不易察觉，但长期接触氡气可以致癌。国际癌症研究机构（IARC）已确认氡及其子体对人有致癌性。

（4）颗粒物，室内颗粒物主要来源有三个方面：室外颗粒物随空气流动进入室内，室内燃料的不完全燃烧，抽烟和人在室内的活动。颗粒物及其表面吸附的细菌、病毒等有毒、有害物质对人体健康危害很大，而且颗粒越小危害越大，如 $PM_{2.5}$ 能进入肺泡，$PM_{0.5}$ 能进入血液。

除化学污染外，现代人还面临着物理污染和生物污染。物理污染主要来自室外及室内的电器设备产生的噪声、静电、电磁辐射和光污染。如微波炉产生的电磁波会使人头痛、疲倦、易怒。生物性污染物主要来自寄生于地毯、毛绒玩具、被褥中的螨虫及军团菌属等细菌。军团菌属有时可导致某些传染病，如流感、麻疹、结核、流脑、猩红热、白喉、百日咳、军团病等。尘螨会引起过敏性鼻炎、过敏性湿疹和过敏性哮喘。

常见的居室污染症状有：在居室里有呼吸道及眼部不适、憋闷、恶心、头晕的感觉，或者家人常有群发性的皮肤过敏症状，而且这些感觉和症状反复出现又难以找到明确的原因。类似症状在国外被称为建筑物综合征（sick building syndrome，SBS）。另外，居室污染还可能引起不孕不育或胎儿畸形，以及绿色植物叶片发黄、枯萎，甚至死亡。

9.5.2　居室环境污染的防治

居室环境污染的防治可以从房屋选址、建造、装修、使用、清洁、美化、个人生活习惯等多方面进行。

（1）选用符合国家标准的建筑装修装饰材料进行居室装修。市场上有些大众化的产品价廉但不够环保，例如 107 胶曾被认为是一种价廉物美的黏合剂，因其会释放甲醛等有害物质，国家有关条例已经明令禁止在家庭装修中使用。目前已有多种环保建筑装饰材料。一种加气混凝土砌砖环保墙材，可用木工工具切割成型，用一层薄砂浆砌筑，具有阻热蓄能效果。塑料金属复合而成的环保管材，是替代金属管材的新型产品，其内外两层均为高密度聚乙烯材料，中间为铝，兼有塑料与金属的优良性能，而且不生锈，污染小。生物乳胶漆作为环保涂料，不但施工简便，色彩缤纷，涂刷后散发阵阵清香，具有防霉效果，而且可以重刷或用清洁剂进行处理。草墙纸、麻墙纸、纱绸墙布等环保墙饰具有保湿、驱虫、防霉、透气性好等多种功能。

（2）选择合理的入住时间。新装修的居室不能马上入住，而要进行一段时间的"排毒"，必须等有毒的挥发性物质充分释放和排出室外后再行入住。

（3）保持良好的生活习惯。保持室内整洁、干燥，加强居室通风换气。每天在上午9点至10点，下午2点至4点，开窗通气，这段时间内大气层污染颗粒最少，有利于室内空气的净化。合理使用室内空气净化设施，如使用起居室空气净化器、厨房排油烟机、卫生间臭氧消毒器等进行空气的净化。减少室内气雾杀虫剂、空气清新剂、熏香剂等化学品的使用。

（4）合理进行居室绿化。有些植物、花卉可以有效地降低居室的化学污染，一些观赏植物确实可以吸收某些有毒气体，如可吸收甲醛的植物有仙人掌、吊兰、芦荟、常春藤、铁树、菊花等；而且常春藤、铁树、菊花这三种花卉，都有吸收苯的本领，可以减少苯的污染。但它们所起作用相当有限，面对装修刚结束时的有害气体密集散发期，它们的微弱吸收作用不但不能清除污染，甚至自身的健康都难保，有的绿色植物甚至会被"熏"死。

（5）活性炭或纳米材料吸附。足够量的活性炭，分布在居室内的各个部分，这样也可以降低室内污染，但是使用的量一定要足，如果不够量的话就没有办法达到预期的效果。活性炭吸附甲醛的能力很强，缺点是在一段时间以后就会达到饱和，而且再生费用大，不再生又会带来二次污染。纳米活矿石是一种矿石吸附剂，吸附能力比活性炭强，能优先吸附甲醛和苯等有害气体，但价格贵。

在居室环境污染的多种防治对策中，严格控制石材、人造板材、涂料、黏合剂等居室建筑和装修材料以及家具制造材料的质量，制定各种材料中有毒有害物质的含量标准和室内空气质量标准，从源头上消除污染是改善居室环境的最为有效的方法。

思 考 题

1. 什么是自然环境？它有哪些要素？什么是环境自净力？

2. 大气颗粒物有哪些？各有什么危害？

3. 什么叫臭氧空洞、酸雨、温室效应、雾霾？它们各有什么危害？

4. 汞、镉、铅、铬、砷对人体各有什么危害？

5. 废水处理有哪三级？水质评价指标有哪些？

6. 二噁英、滴滴涕、多氯联苯各有哪些化学特征、来源和危害？

7. 什么叫大气污染、水污染、土壤污染？其各自成因是什么？

8. 大气、水、土壤的化学成分和污染物各有哪些？

主要参考文献

陈卫星. 2014. 功能高分子材料. 北京: 化学工业出版社.

曹守仁. 1989. 室内空气污染与测定方法. 北京: 中国环境科学出版社.

程侣柏. 2007. 精细化工产品的合成及应用. 4版. 大连: 大连理工大学出版社.

蔡萍. 2010. 化学与社会. 北京: 科学出版社.

丁伟. 2015. 化学概念的认知研究. 南宁: 广西教育出版社.

丁会利. 2012. 高分子材料及应用. 北京: 化学工业出版社.

段湘生, 曾宪泽, 王洪成, 等. 1996. 乙酰磺胺酸钾的合成. 精细化工, 13(5): 22-24.

方明建, 郑旭煦. 2009. 化学与社会. 武汉: 华中科技大学出版社.

凤凰壹力. 2012. 化妆品. 天津: 天津人民出版社.

高琼英. 2012. 建筑材料. 武汉: 武汉理工大学出版社.

胡常伟, 李贤均. 2002. 绿色化学原理和应用. 北京: 中国石化出版社.

黄明建. 2011. 走近化学 美在其中. 化学通讯, (3): 1.

贺福. 2010. 碳纤维及石墨纤维. 北京: 化学工业出版社.

霍夫曼. 2017. 大师说化学: 理解世界必修的化学课. 吕慧娟, 储三阳, 译. 桂林: 漓江出版社.

江元汝. 2009. 化学与健康. 北京: 科学出版社.

刘旦初. 2000. 化学与人类. 2版. 上海: 复旦大学出版社.

梁琰. 2016. 美丽的化学结构. 北京: 清华大学出版社.

李东光, 翟怀君. 2008. 精细化学品配方（八）. 南京: 江苏科学技术出版社.

李聚源. 2014. 普通化学简明教程. 北京: 化学工业出版社.

廖家耀. 2012. 普通化学. 北京: 科学出版社.

尼查耶夫. 2009. 化学的奥秘. 左鹏译. 合肥: 时代出版传媒股份有限公司, 安徽人民出版社.

潘鸿章. 2012. 化学与材料. 北京: 北京师范大学出版社.

潘鸿章. 2012. 化学与能源. 北京: 北京师范大学出版社.

濮季行. 1994. 苯胺紫结构式一错七十年. 化学世界, (2): 104-105.

乔玉林, 斯旺, 柯瑞, 等. 2001. 车用精细化学品: 原理及实用配方. 北京: 化学工业出版社.

秦钰慧, 张晓明, 金慧芝, 等. 1991. 室内空气污染的研究. 环境与健康杂志, 8(3): 100-102.

孙胜龙. 2000. 居室污染与人体健康知识问答. 北京: 化学工业出版社.

宋思扬, 罗大民. 2011. 生命科学导论. 北京: 高等教育出版社.

涂长信. 2006. 现代生活与化学. 济南: 山东大学出版社.

唐有祺, 王夔. 1997. 化学与社会. 北京: 高等教育出版社.

唐育民. 2006. 合成洗涤剂及其应用. 北京: 中国纺织出版社.

王军, 刘文彬, 史爱峨. 2006. 汽车用制动液, 传动液及添加剂. 北京: 化学工业出版社.

王培义. 2006. 化妆品. 北京: 化学工业出版社.

王彦广, 吕萍. 2010. 化学与人类文明. 杭州: 浙江大学出版社.

王秀玲. 2013. 环境化学. 上海: 华东理工大学出版社.

尤军丽. 2013. 生命科学知多少. 合肥: 安徽美术出版社.

杨华. 2013. 纤维. 北京: 现代出版社.

叶世柏. 1989. 化学性食物中毒与检验. 北京: 北京大学出版社.

中国石油和石化工程研究会. 2012. 合成纤维. 北京: 中国石化出版社.

朱永泰, 张振宇. 2013. 化学（基础版）. 2 版. 北京: 化学工业出版社.

周为群, 杨文. 2014. 现代生活与化学. 苏州: 苏州大学出版社.

张家治. 2011. 化学史教程. 3 版. 太原: 山西教育出版社.

赵艳芳, 朱国强, 徐鲁斌. 2016. 蛋壳膜负载双硫腙吸附富集-火焰原子吸收光谱法测定饮用水中镉. 理化检验（化学分册）, 52(2): 176-178.

Gray T. 2011. 视觉之旅: 神奇的化学元素. 陈沛然, 译. 北京: 人民邮电出版社.

Manahan S E. 2013. 环境化学. 9 版. 孙红文, 汪磊, 王翠萍, 等译. 北京: 高等教育出版社.

R. 布里斯罗. 1998. 化学的今天和明天. 华彤文, 宋心琦, 张德和, 等译. 北京: 科学出版社.

Timberlake T C. 2012. 化学. 影印版. 11 版. 北京: 清华大学出版社.

附 录

附录一 单位说明

单位符号	单位意义	备注
kg	千克	
g	克	
mg	毫克	质量单位
μg	微克	
km	千米	
m	米	
cm	厘米	
mm	毫米	长度单位
μm	微米	
nm	纳米	
hm^2	公顷	面积单位
L	升	
mL	毫升	体积单位
kJ	千焦	能量单位
mol	摩尔	
mmol	毫摩尔	物质的量单位
℃	摄氏度	温度单位
ppm	百万分比	浓度单位
kPa	千帕	
MPa	兆帕	压强单位
Pa·s	帕·秒	黏度单位
V	伏	电压单位
S/m	西门子/米	电导率单位
g/d	克/旦	纤维弹性模量单位

附录二　部分名称缩写或代号

缩写或代号	英文名称	中文名称
AEO		脂肪醇聚氧乙烯醚
AES		脂肪醇聚氧乙烯醚硫酸钠
AOS		α-烯烃磺酸钠
ATP	Adenosine-5′-triphosphate	三磷酸腺苷
Avgas	aviation gasoline	航空汽油
BHA		3-(和少量 2-)叔丁基-4-羟基苯甲醚，又称叔丁基对羟基苯甲醚
BHT		2,6-二叔丁基对甲基苯酚，又称二叔丁基对羟基甲苯
BOD	biochemical oxygen demand	生化需氧量
BOD$_5$		5 日生化需氧量
CHOL		总胆固醇
CIP	Cahn-Ingold-Prelog	卡恩-英格尔-普雷洛格
cmc	critical micelle concentration	临界胶束浓度
CMY	cyan、magenta、yellow	青、品红、黄
CMYK	cyan、magenta、yellow、black	青、品红、黄、黑
COD	chemical oxygen demand	化学需氧量
DDT		2,2-双(对氯苯基)-1,1,1-三氯乙烷，简称滴滴涕
DEHP/DOP		邻苯二甲酸二(2-乙基)己酯
DIY	Do It Yourself	自己动手
DNA	deoxyribonucleic acid	脱氧核糖核酸
DO	dissolved oxygen	溶解氧
dsRNA	double-stranded RNA	双链 RNA
ECU	electronic control unit	电子控制单元
EDTA		乙二胺四乙酸
FAO	Food and Agriculture Organization of the United Nations	联合国粮食及农业组织，简称联合国粮农组织
FAS		脂肪醇硫酸钠
FB	fluorescent brightener	荧光增白剂
FDA	Food and Drug Administration	美国食品药品监督管理局
HDL-C		高密度脂蛋白胆固醇
HFCs	hydrofluorocarbons	氢氟碳化合物
HIV	human immunodeficiency virus	人类免疫缺陷病毒
HM		高甲氧基
IARC	International Agency for Research on Cancer	国际癌症研究中心
IUPAC	International Union of Pure and Applied Chemistry	国际纯粹与应用化学联合会
LAS		直链烷基苯磺酸钠
LCD	liquid crystal display	液晶显示
LDL-C		低密度脂蛋白胆固醇
LM		低甲氧基

续表

缩写或代号	英文名称	中文名称
MP	Melt & Pour	融化再制法
MPPD	minima persistent pigmentation dose	最小晒黑剂量
mRNA	messenger RNA	信使 RNA
NaCMC		羧甲基纤维素钠
NFE	nitrogen free extract	无氮浸出物
NTA		氮川三乙酸
ODS	ozone depleting substance	消耗臭氧层物质
PA	protection grade of UVA	UVA 防护等级
PCB		多氯联苯
PFA	protection factor of UVA	紫外线 UVA 防护因子
PFCs	perfluorocarbons	全氟碳化合物
PGI	Polymer Group Inc.	美国聚合物集团公司
PM	particulate matter	颗粒物
PM_{10}		可吸入颗粒物
$PM_{2.5}$		可入肺颗粒物
POP	persistent organic pollutant	持久性有机污染物
RGB	red、green、blue	红、绿、蓝
RNA	ribonucleic acid	核糖核酸
RNAi	RNA interfere	RNA 干扰
rRNA	ribosomal RNA	核糖体 RNA
SBS	sick building syndrome	建筑物综合征
SPF	sun protection factor	日光防护指数或防晒指数
SPI	Society of Plastics Industry	美国塑料工业协会
SRS	supplemental restraint system	安全气囊系统
STPP		三聚磷酸钠
TBHQ		叔丁基对苯二酚或叔丁基氢醌
TCDD		2,3,7,8-四氯二苯并-p-二噁英，简称二噁英
TG		甘油三酯
TOC	total organic carbon	总有机碳
TH	total hardness	总硬度
TPS		支链十二烷基苯磺酸钠
tRNA	transfer RNA	转移 RNA
UVA	ultraviolet A（320～400 nm）	长波紫外线
UVB	ultraviolet B（290～320 nm）	中波紫外线
UVC	ultraviolet C（100～290 nm）	短波紫外线
VOC	volatile organic compound	挥发性有机化合物
WFD	World Food Day	世界粮食日纪念日，简称世界粮食日
WHO	World Health Organization	世界卫生组织

附录三　历年诺贝尔化学奖得主及其主要贡献[*]

年份	获奖者	国籍	主要贡献
1901	雅各布斯·亨里克斯·范托夫 Jacobus Henricus van't Hoff	荷兰	在渗透压和化学动力学方面的贡献
1902	赫尔曼·埃米尔·费歇尔 Hermann Emil Fischer	德国	在糖类和嘌呤合成中的工作
1903	斯凡特·奥古斯特·阿伦尼乌斯 Svante August Arrhenius	瑞典	提出了电离理论和阿伦尼乌斯方程
1904	威廉·拉姆齐 William Ramsay	英国	发现了空气中的惰性气体元素并确定了它们在元素周期表里的位置
1905	阿道夫·冯·贝耶尔 Adolf Von Baeyer	德国	对有机染料以及芳香族化合物的研究
1906	亨利·莫瓦桑 Henri Moissan	法国	首次通过电解法制备了单质氟
1907	爱德华·比希纳 Eduard Buchner	德国	发现无细胞发酵
1908	欧内斯特·卢瑟福 Ernest Rutherford	英国/新西兰	对元素蜕变及放射化学的研究
1909	威廉·奥斯特瓦尔德 Friedrich Wilhelm Ostwald	德国	对催化剂作用、化学平衡理论、以及化学反应速率的研究
1910	奥托·瓦拉赫 Otto Wallach	德国	首次人工合成香料，以及在脂环族化合物领域的开创性工作
1911	玛丽亚·斯克沃多夫斯卡·居里 Marie Sklodowska Curie	法国	发现镭元素，提纯了镭，并研究了镭的性质
1912	维克多·格林尼亚　　Francois Auguste Victor Grignard	法国	发明了格氏试剂
	保罗·萨巴捷 Paul Sabatier	法国	发明了在细金属粉存在下的有机化合物的加氢法
1913	阿尔弗雷德·维尔纳 Alfred Werner	瑞士	提出了分子结构配位理论
1914	西奥多·威廉·理查兹 Theodore William Richards	美国	精确测定了大量化学元素的原子量
1915	里夏德·梅尔廷·维尔施泰特 Richard Martin Willstätter	德国	对植物色素的研究，特别是对叶绿素的研究
1918	弗里茨·哈伯 Fritz Haber	德国	发明合成氨的方法
1920	瓦尔特·赫尔曼·能斯特 Walther Hermann Nernst	德国	对化学热力学的研究，提出热力学第三定律
1921	弗雷德里克·索迪 Frederick Soddy	英国	提出同位素假说及放射性元素的位移规律
1922	弗朗西斯·威廉·阿斯顿 Francis William Aston	英国	发明质谱仪，发现非放射性元素的同位素及其质量的整数法则
1923	弗里茨·普雷格尔 Fritz Pregl	奥地利	创立了有机化合物的微量分析法
1925	里夏德·阿道夫·席格蒙迪 Richard Adolf Zsigmondy	德国	阐明了胶体溶液的异相性质，奠定了胶体化学的基础
1926	特奥多尔·斯韦德贝里 Theodor Svedberg	瑞典	发现超速离心机，以及对悬浊液和胶体化学的研究

续表

年份	获奖者	国籍	主要贡献
1927	海因里希·奥托·威兰 Heinrich Otto Wieland	德国	对胆汁酸及相关物质结构的研究
1928	阿道夫·温道斯 Adolf Otto Reinhold Windaus	德国	研究了胆固醇和维生素的结构
1929	阿瑟·哈登 Arthur Harden	英国	对糖类的发酵以及发酵酶的研究
	汉斯·冯·奥伊勒-切尔平 Hans Karl August Simon von Euler-Chelpin	德国	
1930	汉斯·费歇尔 Hans Fischer	德国	对血红素和叶绿素结构的研究，并合成了血红素
1931	卡尔·博施 Carl Bosch	德国	发明与发展了化学高压技术
	弗里德里希·贝吉乌斯 Friedrich Karl Rudolf Bergius	德国	
1932	欧文·兰米尔 Irving Langmuir	美国	提出气体表面吸附理论和吸附催化理论
1934	哈罗德·克莱顿·尤里 Harold Clayton Urey	美国	发现了重氢（氘）
1935	让·弗雷德里克·约里奥-居里 Jean Frédéric Joliot-Curie	法国	研究和成功制备了人造放射性元素
	伊雷娜·约里奥-居里 Irène Joliot-Curie	法国	
1936	彼得·约瑟夫·威廉·德拜 Peter Joseph William Debye	荷兰	对偶极矩、X 射线和气体中光散射的研究
1937	沃尔特·霍沃思 Walter Haworth	英国	对碳水化合物和维生素 C 的研究
	保罗·卡勒 Paul Karrer	瑞士	对维生素 A 和维生素 B_2 的研究
1938	里夏德·库恩 Richard Kuhn	奥地利-德国	对类胡萝卜素和维生素的研究
1939	阿道夫·布特南特 Adolf Friedrich Johann Butenandt	德国	对性激素的研究
	拉沃斯拉夫·斯捷潘·鲁日奇卡 Lavoslav Stjepan Ružička	瑞士	
1943	乔治·查尔斯·德海韦西 George Charles de Hevesy	匈牙利	使用同位素作为示踪物研究化学过程
1944	奥托·哈恩 Otto Hahn	德国	发现重核的裂变
1945	阿尔图里·伊尔马里·维尔塔宁 Artturi Ilmari Virtanen	芬兰	对农业和营养化学的研究，发明了酸化贮存新鲜饲料的方法
1946	詹姆斯·B·萨姆纳 James Batcheller Sumner	美国	发现了酶可以结晶
	约翰·霍华德·诺思罗普 John Howard Northrop	美国	制备了结晶酶和病毒蛋白酶
	温德尔·梅雷迪思·斯坦利 Wendell Meredith Stanley	美国	

续表

年份	获奖者	国籍	主要贡献
1947	罗伯特·鲁宾逊 Robert Robinson	英国	确定了吗啡、盘尼西林、马钱子碱的结构
1948	阿尔内·蒂塞利乌斯 Arne Wilhelm Kaurin Tiselius	瑞典	发明了电泳法，发现了血清蛋白的复杂性质
1949	威廉·吉奥克 William Francis Giauque	美国	在化学热力学领域的贡献，特别是对超低温状态下物质性质的研究
1950	奥托·迪尔斯 Otto Diels	西德	发现并发展了双烯合成法
	库尔特·阿尔德 Kurt Alder	西德	
1951	埃德温·麦克米伦 Edwin Mattison McMillan	美国	发现了超铀元素
	格伦·西奥多·西博格 Glenn Theodore Seaborg	美国	
1952	阿彻·约翰·波特·马丁 Archer John Porter Martin	英国	发明了分配色谱法
	理查德·劳伦斯·米林顿·辛格 Richard Laurence Millington Synge	英国	
1953	赫尔曼·施陶丁格 Hermann Staudinger	西德	首次提出大分子的概念
1954	莱纳斯·鲍林 Linus Pauling	美国	对化学键性质的研究，及其在解释复杂物质结构方面的应用
1955	文森特·迪维尼奥 Vincent du Vigneaud	美国	最早用人工方法合成了蛋白质激素
1956	西里尔·欣谢尔伍德 Cyril Norman Hinshelwood	英国	对化学反应动力学的研究，提出了分支链式反应理论
	尼古拉·谢苗诺夫 Nikolay Semyonov	苏联	
1957	亚历山大·R·托德 Alexander Robertus Todd	英国	在核苷酸和核苷酸辅酶方面的研究
1958	弗雷德里克·桑格 Frederick Sanger	英国	测定胰岛素的分子结构
1959	雅罗斯拉夫·海罗夫斯基 Jaroslav Heyrovsky	捷克	创立极谱理论，并发明极谱仪
1960	威拉得·利比 Willard Frank Libby	美国	创立了用碳14同位素进行年代测定的方法
1961	梅尔文·卡尔文 Melvin Calvin	美国	对植物中二氧化碳进行光合作用的研究
1962	马克斯·佩鲁茨 Max Ferdinand Perutz	英国	用X射线衍射法研究球蛋白和纤维蛋白的结构
	约翰·肯德鲁 John Cowdery Kendrew	英国	
1963	卡尔·齐格勒 Karl Waldemar Ziegler	西德	首次在催化剂作用下合成立体定向高分子
	居里奥·纳塔 Giulio Natta	意大利	

年份	获奖者	国籍	主要贡献
1964	多萝西·克劳福特·霍奇金 Dorothy Crowfoot Hodgkin	英国	利用 X 射线技术解析了一些重要生化物质的结构
1965	罗伯特·伯恩斯·伍德沃德 Robert Burns Woodward	美国	人工合成类固醇、叶绿素、维生素 B_{12}、马钱子碱等近 20 种复杂有机物
1966	罗伯特·S·马利肯 Robert Sanderson Mulliken	美国	利用分子轨道法研究化学键以及分子的电子结构
1967	曼弗雷德·艾根 Manfred Eigen	西德	对高速化学反应的研究
	罗纳德·乔治·雷伊福特·诺里什 Ronald george Wreyford Norrish	英国	
	乔治·波特 Ceorge Porte	英国	
1968	拉斯·昂萨格 Lars Onsager	美国	建立了不可逆过程热力学理论
1969	德里克·巴顿 Derek Harold Richard Barton	英国	发展了分子结构的立体构象分析理论
	奥德·哈塞尔 Odd Hassel	挪威	
1970	卢伊斯·弗德里科·莱洛伊尔 Luis Federico Leloir	阿根廷	研究了糖类代谢，发现了糖核苷酸及其作用
1971	格哈德·赫茨贝格 Gerhard herzberg	加拿大	对分子的电子结构，尤其是自由基电子结构的研究
1972	克里斯蒂安·B·安芬森 Christian Borhmer Anfinsen	美国	对核糖核酸酶的研究，特别是对其氨基酸序列与生物活性构象之间联系的研究
	斯坦福·摩尔 Stanford Moore	美国	对核糖核酸酶分子活性中心的催化活性与其化学结构之间关系的研究
	威廉·霍华德·斯坦 William H. Stein	美国	
1973	恩斯特·奥托·菲舍尔 Ernst Otto Fischer	西德	对二茂铁及其他二茂化合物（又称夹心化合物）的合成和性质的开创性研究
	杰弗里·威尔金森 Geoffrey Wilkinson	英国	
1974	保罗·弗洛里 Paul John Flory	美国	对高分子物理化学的理论与实验两个方面的研究
1975	约翰·康福思 John Warcup Cornforth	英国	对酶催化反应立体化学的研究
	弗拉迪米尔·普雷洛格 Vladumir Prelog	瑞士	有机分子和反应中立体化学的研究
1976	威廉·利普斯科姆 William Nunn Lipscomb	美国	对硼烷和碳硼烷结构和性能的研究
1977	伊利亚·普里高津 lya Prigogine	比利时	对非平衡态热力学的贡献，特别是提出了耗散结构理论
1978	彼得·米切尔 Peter D. Mitchell	英国	在生物能量传递方面的研究

续表

年份	获奖者	国籍	主要贡献
1979	赫伯特·布朗 Herbert Charles Brown	美国	分别将含硼和含磷化合物发展为有机合成中的重要试剂
	格奥尔格·维蒂希 Georg Wittig	西德	
1980	保罗·伯格 Paul Berg	美国	基因和染色体解剖、DNA 和重建 DNA 核苷酸顺序测定及基因结构研究
	沃特·吉尔伯特 Walter Gilbert	美国	
	弗雷德里克·桑格 Frederick Sanger	英国	
1981	福井谦一（Fukui Kenichi） ふくいけんいち	日本	提出分子轨道对称守恒原理和前线轨道理论
	罗德·霍夫曼 Roald Hoffmann	美国	
1982	阿龙·克卢格 Aaron Klug	英国	发展了晶体电子显微术，并研究了核酸-蛋白质复合物的结构
1983	亨利·陶布 Henry Taube	美国	对金属配合物中电子转移反应机理的研究
1984	罗伯特·布鲁斯·梅里尔德 Robert Bruce Merrifield	美国	提出了合成多肽和蛋白质的方法
1985	赫伯特·豪普特曼 Herbert A. Hauptman	美国	开发了测定晶体结构的直接计算法
	杰尔姆·卡尔 Jerome Karle	美国	
1986	达德利·赫施巴赫 Dudley R. Hercshbach	美国	对化学基元反应动力学过程的研究
	李远哲 Yuan Tseh Lee	美国	
	约翰·查尔斯·波拉尼 John Charles Polanyi	加拿大	
1987	唐纳德·克拉姆 Donald James Cram	美国	发展和使用了可以进行高选择性结构特异性相互作用的分子
	让-马里·莱恩 Jean-Marie Lehn	法国	
	查尔斯·佩德森 Charles Pedersen	美国	
1988	约翰·戴森霍费尔 Johann Deisehofer	西德	确定了光合作用反应中心的立体结构
	罗伯特·胡贝尔 Robert Huber	西德	
	哈特穆特·米歇尔 Hartmut Michel	西德	

续表

年份	获奖者	国籍	主要贡献
1989	悉尼·奥尔特曼 Sidney Altman	加拿大	发现了 RNA 的催化性质
	托马斯·切赫 Thomas Robert Cech	美国	
1990	艾里亚斯·詹姆斯·科里 Elias James Corey	美国	发展了有机合成的理论和方法学
1991	理查德·恩斯特 Richard Robert Ernst	瑞士	在高分辨率核磁共振波谱方面的开创性工作
1992	鲁道夫·马库斯 Rudolph Arthur Marcus	美国	提出了电子转移反应理论
1993	凯利·穆利斯 Kary Banks Mullis	美国	发明了用于遗传物质研究的聚合酶链反应法
	迈克尔·史密斯 Michael Smith	加拿大	创立了用于蛋白质研究的低聚核苷酸定向诱变法
1994	乔治·安德鲁·欧拉（George Andrew Olah） Oláh György	美国	对碳正离子化学的研究
1995	保罗·克鲁岑 Paul Jozef Crutzen	荷兰	对大气化学的研究，特别是有关臭氧形成和分解的研究
	马里奥·莫利纳 Mario Molina	美国	
	弗兰克·舍伍德·罗兰 Frank Sherwood Rowland	美国	
1996	罗伯特·柯尔 Robert Floyd Curl	美国	合成富勒烯 C_{60} 并发现其碳笼结构
	哈罗德·克罗托 Harold Kroto	英国	
	理查德·斯莫利 Richard Errett Smalley	美国	
1997	保罗·博耶 Paul Delos Boyer	美国	揭示了三磷酸腺苷（ATP）合成中的酶催化机理
	约翰·沃克 John E. Walker	英国	
	延斯·克里斯蒂安·斯科 Jens Christian Skou	丹麦	
1998	沃尔特·科恩 Walter Kohn	美国	创立了密度泛函理论
	约翰·波普 John Anthony Pople	英国	发展了量子化学中的计算方法
1999	亚米德·齐威尔（Ahmed Hassan Zewail） حمد زويل	埃及	用飞秒光谱学对化学反应过渡态的研究
2000	艾伦·黑格 Alan J. Heeger	美国	发现和发展了导电聚合物
	艾伦·麦克德尔米德 Alan Graham MacDiarmid ONZ	美国	
	白川英树（Hideki Shirakawa） しらかわひでき	日本	

年份	获奖者	国籍	主要贡献
2001	威廉·斯坦迪什·诺尔斯 William Standish Knowles	美国	在不对称合成方面的研究
	野依良治（Ryoji Noyori） のよりりょうじ	日本	
	巴里·夏普莱斯 K. Barry Sharpless	美国	
2002	约翰·贝内特·芬恩 John Bennett Fenn	美国	发明了用质谱法对生物大分子进行结构分析和鉴定
	田中耕一（Koichi Tanaka） たなかこういち	日本	
	库尔特·维特里希 Kurt Wiithrich	瑞士	发明了用核磁共振谱学解析溶液中生物大分子的三维结构
2003	彼得·阿格雷 Peter Agre	美国	对细胞膜中离子通道的研究
	罗德里克·麦金农 Roderick MacKinnon	美国	
2004	阿龙·切哈诺沃 Aaron Ciechanover	以色列	发现了泛素介导的蛋白质降解
	阿夫拉姆·赫什科 Avram Hershko	以色列	
	欧文·罗斯 Irwin Rose	美国	
2005	伊夫·肖万 Yves Chauvin	法国	发展了有机合成中的复分解法
	罗伯特·格拉布 Robert H. Grubbs	美国	
	理查德·施罗克 Richard R. Schrock	美国	
2006	罗杰·科恩伯格 Roger David Kornberg	美国	对真核转录的分子基础的研究
2007	格哈德·埃特尔 Gerhard Ertl	德国	对固体表面化学进程的研究
2008	下村脩（Osamu Shimomura） しもむらおさむ	美国	发现和改造了绿色荧光蛋白（GFP）
	马丁·查尔菲 Martin Chalfie	美国	
	钱永健 Roger Yonchien Tsien	美国	
2009	文卡特拉曼·拉马克里希南 Venkatraman Ramakrishnan	英国	对核糖体结构和功能方面的研究
	托马斯·施泰茨 Thomas Steitz	美国	
	阿达·约纳特 Ada Yonath	以色列	

续表

年份	获奖者	国籍	主要贡献
2010	理查德·F·赫克 Richard F·Heck	美国	对有机合成中钯催化偶联反应的研究
	根岸英一（Ei-ichiNegishi） ねぎしえいいち	日本	
	铃木章（Akira Suzuki） すずきあきら	日本	
2011	达尼埃尔·谢赫特曼 Daniel Shechtman	以色列	准晶体的发现
2012	罗伯特·约瑟夫·莱夫科维茨 Robert Joseph Leflcowitz	美国	对 G 蛋白偶联受体方面的研究
	布莱恩·肯特·科比尔卡 Brian Kent Kobitka		
2013	马丁·卡普拉斯 Martin Karplus	美国	给复杂化学体系设计了多尺度模型
	迈克尔·莱维特 Michael Levitt		
	亚利耶·瓦谢尔 Arieh Warshel		
2014	埃里克·白兹格 Eric Betzig	美国	在超分辨率荧光显微技术领域取得的成就
	斯特凡·W·赫尔 Stefan W. Hell	德国	
	威廉姆·艾斯科·莫尔纳尔 William E. Moerner	美国	
2015	托马斯·林达尔 Tomas Lindahl	瑞典	DNA 修复的细胞机制研究
	保罗·莫德里奇 Paul Modrich	美国	
	阿齐兹·桑贾尔 Aziz Sancar	土耳其	
2016	让·皮埃尔·索维奇 Jean-Pierre Sauvage	法国	只有头发丝千分之一粗细的分子机器的设计与合成
	J.弗雷泽·斯托达特 J. Fraser Stoddart	美国	
	伯纳德·L·费林加 Bernard L. Feringa	荷兰	
2017	雅克·迪波什 Jacques Dubochet	瑞士	发展了冷冻电子显微镜技术，以很高的分辨率确定了溶液里生物分子的结构
	约阿基姆·弗兰克 Joachim Frank	美国	
	理查德·亨德森 Richard Henderson	英国	

*：1916、1917、1919、1924、1933、1940、1941、1942 年未评奖。